高等学校机械设计制造及自动化专业系列教材

# 材料成型工艺基础

## （第四版）

主　编　刘建华

主　审　杨思一

西安电子科技大学出版社

# 内 容 简 介

"材料成型工艺基础"是高等工科院校机械类本科专业的技术基础课程。本书主要阐述了工程中常用材料的分类、成分、组织、性能特点,以及各种材料成型的原理、方法、工艺特点及其应用。全书共10章,主要内容包括金属材料与热处理,铸造、压力加工、焊接成型技术,粉末冶金、高分子材料、工业陶瓷、复合材料及其成型,并简要介绍了快速成型技术及成型材料与方法选择。每章均附有一定数量的习题,附录中附有习题参考答案。

本书可作为高等工科院校机械类及近机械类专业的教材,还可作为职工大学、成人大学、广播电视大学相关专业基础课程教材和工程技术人员的参考书。

## 图书在版编目(CIP)数据

材料成型工艺基础/刘建华主编. —4版. —西安:西安电子科技大学出版社,2021.6
(2023.11重印)
ISBN 978-7-5606-6070-7

Ⅰ. ①材… Ⅱ. ①刘… Ⅲ. ①工程材料－成型－生产－工艺－高等学校－教材
Ⅳ. ①TB3

中国版本图书馆 CIP 数据核字(2021)第 103623 号

策  划 马乐惠
责任编辑 郭 静 马乐惠
出版发行 西安电子科技大学出版社(西安市太白南路 2 号)
电  话 (029)88202421 88201467   邮  编 710071
网  址 www.xduph.com      电子邮箱 xdupfxb001@163.com
经  销 新华书店
印刷单位 陕西天意印务有限责任公司
版  次 2021 年 6 月第 4 版 2023 年 11 月第 10 次印刷
开  本 787 毫米×1092 毫米 1/16 印 张 17
字  数 400 千字
印  数 28 001~31 000 册
定  价 38.00 元
ISBN 978-7-5606-6070-7/TB
XDUP 6372004-10

# 前　言

本书在原第三版的基础上，结合近年来的教学实践经验及广大读者的意见，对书中内容作了进一步修订，主要体现在以下两个方面：

（1）参照最新国家标准，对常用材料的牌号及性能参数等相关内容进行了更新、修订。

（2）增加了习题参考答案，以供教师和学生参考。

参加本书编写修订的有长安大学黄超雷（第 1 章、第 3 章、第 4 章）、刘建华（第 2 章、第 5 章、第 6 章）、张力平（第 7 章、第 8 章、第 9 章、第 10 章）。

本书在编写修订过程中，得到了西安电子科技大学出版社的大力支持，在此表示感谢！

编　者

2021 年 1 月于西安

# 目　　录

# 第 1 章　金属材料与热处理

　　工业生产中所用的纯金属材料和合金材料统称为金属材料。通常我们把金属材料分为黑色金属材料、有色金属材料和特种金属材料三大类：铁、锰、铬或以它们为主形成的合金称为黑色金属材料，如合金钢、铸铁和碳素钢等；除黑色金属以外的金属和合金称为有色金属材料，如铜合金、铝合金、钛合金和镁合金等；包括不同用途的结构金属材料和功能金属材料称为特种金属材料，如金属复合材料、非晶态金属材料和特殊功能合金等。

　　金属材料是现代机械制造工业中应用最广泛的材料之一。它不仅资源丰富，具有优良的物理、化学和力学性能，而且还具有较简单的成型方法和良好的成型工艺性能。因此，金属材料在各种机械设备中所用的比例达 90% 以上。

　　金属材料的性能主要与其成分、组织和表面结构特性有关。热处理就是通过改变金属材料的组织以及改变表面成分和组织来改变其性能的一种热加工工艺。

## 1.1　金属的晶体结构与结晶

　　金属材料的化学成分不同，其性能也不同。对于化学成分相同的金属材料，通过不同的方法改变材料内部的组织结构，可使其性能发生很大的变化。这种变化，从本质上来说，除化学成分外，金属的内部结构和组织状态也是决定金属材料机械性能的重要因素。因此，了解金属的内部微观结构及其对金属性能的影响，对于选用和加工金属材料具有非常重要的意义。

### 1.1.1　金属的晶体结构

#### 1. 晶体和非晶体

　　自然界中的一切物质都是由原子组成的，根据固态物质内部原子的聚集状态，固体分为晶体和非晶体两大类。

　　原子无规律地堆积在一起的物质称为非晶体，如沥青、玻璃、松香等；原子按一定几何形状作有规律的、重复排列的物质称为晶体，如冰、结晶盐、金刚石、石墨及固态金属与合金等。晶体和非晶体的原子排列不同，进而显示出不同的特性。晶体具有固定的熔点，性能具有各向异性；而非晶体没有固定的熔点，性能具有各向同性。

#### 2. 金属的晶体结构

　　金属晶体是由许多金属原子（或离子）在空间中按一定的几何形式有规则地紧密排列而成的，如图 1-1(a)所示。为了便于研究各种晶体内部原子排列的规律及几何形状，可以把每一个原子假想为一个几何结点，并用直线从其中心连接起来形成空间的格子，称为结晶格子，简称晶格，如图 1-1(b)所示。晶格的结点为原子振动的平衡中心位置。晶格中各种方位的原子面称为晶面。晶体是由层层的晶面堆砌而成的，晶格中由原子组成的任一直线都能代表晶体空间的一个方向，称为晶向。晶格的最小几何单元称为晶胞，如图 1-1(c)所示。晶胞中各棱边尺寸 $a$、$b$、$c$ 称为晶格常数，单位为 Å(埃，1 Å$=10^{-8}$ cm)。晶胞各棱边之间的夹角分别以 $\alpha$、$\beta$、$\gamma$ 表示。当晶格常数 $a=b=c$，棱边夹角 $\alpha=\beta=\gamma=90°$ 时，这种晶胞称为简单立方。

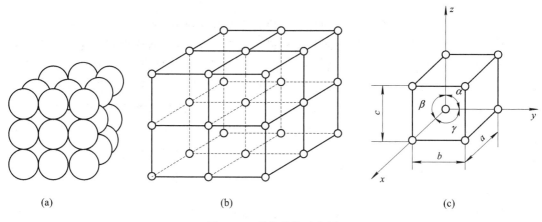

图 1-1  晶格结构示意图

(a) 晶体模型；(b) 晶格；(c) 晶胞

晶胞可以描述晶格的排列规律，组成晶胞的结构就是该金属的晶格结构，不同的晶格结构具有不同的性能，而相同的晶胞类型若有不同的晶格常数，也会使金属具有不同的性能。

**3. 常见金属的晶体结构**

在金属原子中，约有 90% 以上的金属晶体都属于以下三种密排的晶格结构。

1) 体心立方晶格

如图 1-2 所示，体心立方晶格是一个正立方体。原子位于立方体的中心和 8 个顶点上，顶点上的每个原子为相邻的 8 个晶胞所共有，其晶格常数 $a=b=c$，晶胞棱边夹角 $\alpha=\beta=\gamma=90°$。属于这种晶格类型的金属有铬(Cr)、钨(W)、钼(Mo)、钒(V)及 $\alpha$-铁(Fe) 等。晶胞中原子排列的紧密程度可用致密度来表示，致密度是指晶胞中原子所占的体积与该晶胞体积之比。体心立方晶格中的晶胞的致密度为 0.68，表明体心立方晶格中有 68% 的体积被原子占据，其余 32% 的体积为空隙。

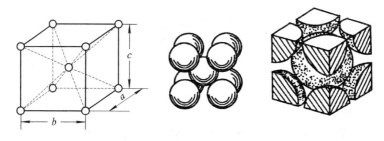

图 1-2  体心立方晶格示意图

2) 面心立方晶格

如图 1-3 所示，面心立方晶格也是一个正立方体，原子位于立方体 6 个面的中心和 8 个顶点，顶点上的每个原子为相邻 8 个晶胞所共有，面心的每个原子为其相邻晶胞所共有，其晶格常数 $a=b=c$，$\alpha=\beta=\gamma=90°$。属于这种晶格类型的金属有铝(Al)、铜(Cu)、镍(Ni)、银(Ag)、$\gamma$-铁(Fe)等。面心立方晶格的致密度为 0.74。

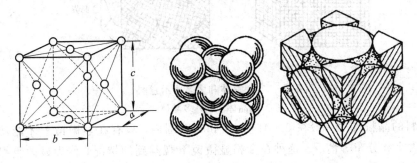

图 1-3 面心立方晶格示意图

3) 密排六方晶格

如图 1-4 所示，密排六方晶格是一个正六方柱体，原子位于 2 个底面的中心处和 12 个顶点上，柱体内部还包含着 3 个原子，其晶格常数 $a=b\neq c$，$\alpha=\beta=90°$，$\gamma=120°$。顶点的每个原子同时为相邻的 6 个晶胞所共有，上下底面中心的原子同时属于相邻的 2 个晶胞，而体中心的 3 个原子为该晶胞所独有。属于这类晶格的金属有镁(Mg)、锌(Zn)、铍(Be)、镉(Cd)等。密排六方晶格的致密度为 0.74。

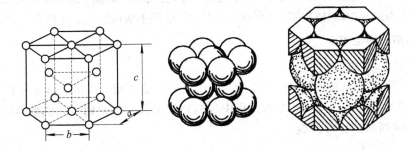

图 1-4 密排六方晶格示意图

**4. 实际使用的金属的晶体结构**

上述讨论的晶体中，原子排列规律相同，晶格位向完全一致，这种晶体称为单晶体，见图 1-5(a)。生产中只有采用特殊的方法才能制成单晶体。单晶体材料只在特定情况下使用，如制造半导体硅元件所用的单晶硅。实际使用的金属材料都是由许多小晶体组成的。由于每个小晶体外形不规则，且呈颗粒状，因而称为"晶粒"。每个晶粒内的晶格位向是一致的，但各个晶粒之间的彼此位向都不同(相差 30°~40°)，晶粒与晶粒之间的界面称为"晶界"，如图 1-5(b)所示。晶界是两个相邻晶粒的不同晶格位向的过渡区，其上的原子总是不规则排列的。由许多晶粒组成的晶体称为多晶体，金属材料一般都是多晶体，虽然每个晶粒具有各向异性，但从不同方向测试出的金属的性能是很多位向不同晶粒的平均性能，故可以认为金属(多晶体)是各向同性的。

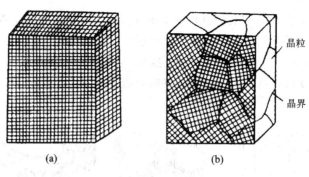

图 1-5 单晶体和多晶体示意图

（a）单晶体；（b）多晶体

钢铁材料的晶粒尺寸一般在 0.001~0.1 mm 范围内，只有在显微镜下才能观察到晶粒的形态、大小和分布等情况。这种在金相显微镜下观察到的情况，称为显微组织或金相组织。有色金属的晶粒尺寸一般都比钢铁的晶粒尺寸大，有时用肉眼可以看到。

实验证明，在每个晶粒内，其晶格位向并不像理想晶体那样完全一致，而是存在着许多尺寸很小、位向差很小（一般小于 $2°$）的小晶块。这些小晶块称为亚晶粒，两个相邻亚晶粒的交界处称为亚晶界，亚晶界的原子排列不规则，会产生晶格畸变。因此，晶界和亚晶界的存在会使金属的强度提高，同时还使塑性、韧性改善，这称为细晶强化。

## 1.1.2 纯金属的结晶

金属由液态转变为原子呈规则排列的固态晶体的过程称为结晶，而金属在固态下由一种晶体结构转变为另一种晶体结构的过程称为重结晶。结晶形成的组织，直接影响金属的性能。

### 1. 金属结晶的温度

1）理论结晶温度

金属结晶形成晶体过程中的温度变化，可用热分析法测定，即将液态金属放在坩埚中以极其缓慢的速度进行冷却，在冷却过程中观测并记录温度随时间变化的数据，并将其绘制成如图 1-6 所示的冷却曲线。

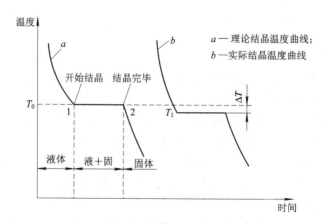

图 1-6 金属结晶的冷却曲线示意图

从图 1-6 中的曲线 $a$ 可知，当液态金属冷却到温度 $T_0$ 时，出现水平段 1—2，其对应的温度就是金属的理论结晶温度 $T_0$，冷却曲线上的水平段表示温度保持不变。纯金属的结晶是在恒温下进行的，这是因为金属在 1 点开始结晶时放出结晶潜热，补偿了向外界散失的热量，2 点结晶终止后，冷却曲线又连续下降。

2）实际结晶温度

实际生产中，金属不可能极其缓慢地由液体冷却到固体，其冷却速度是相当快的，金属总是要在理论结晶温度 $T_0$ 以下的某一温度 $T_1$ 才能开始结晶。如图 1-6 中的曲线 $b$ 所示，$T_1$ 称为实际结晶温度，$T_0$ 和 $T_1$ 之差称为过冷度 $\Delta T$，其大小和冷却速度、金属性质及纯度有关，冷却速度越快，过冷度越大，实际金属的结晶温度也越低。

**2. 金属结晶的规律**

液态金属冷却到 $T_0$ 以下时，首先在液体中某些局部微小的体积内出现原子规则排列的细微小集团，这些细微小集团是不稳定的，时聚时散，有些稳定下来成为结晶的核心，称为晶核。当温度下降到 $T_0$ 时，晶核不断吸收周围液体中的金属原子而逐渐长大，液态金属不断减少，新的晶核逐渐增多且长大，直到全部液体转变为固态晶体为止，一个晶核长大成为一个晶粒，最后形成由许多外形不规则的晶粒所组成的晶体，如图 1-7 所示。

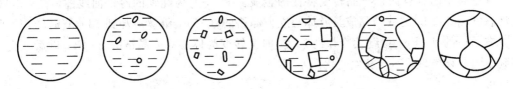

图 1-7 纯金属结晶过程示意图

1）金属晶核形成的方式

（1）自发形核：对于很纯净的液态金属，加快其冷却速度，使其在具有足够大的过冷度下，不断产生许多类似晶体中原子排列的小集团，形成结晶核心，即为自发形核。

（2）非自发形核：实际金属中往往存在异类固相质点，并且在冷却时金属总会与铸型内壁接触，因此这些已有的固体颗粒或表面被优先依附，从而形成晶核，这种方式称为非自发形核。

2）金属晶核的长大方式

晶核形成后，液相原子不断迁移到晶核表面而促使晶核长大形成晶粒。但晶核长大程度取决于液态金属的过冷度，当过冷度很小时，晶核在长大过程中保持规则外形，直至长成晶粒并相互接触时，规则外形才被破坏；反之，则以树枝晶形态生长。这是因为随着过冷度的增大，具有规则外形的晶核长大时需要将较多的结晶潜热散发掉，而其棱角部位因具有优先的散热条件，因而便得到优先生长，如树枝一样先长出枝干，再长出分枝，最后把晶间填满。

**3. 金属晶粒的细化方法**

金属结晶后变成由许多晶粒组成的多晶体，而晶粒大小是金属组织的重要标志之一。金属内部晶粒越细小，则晶界越多，晶界面也越多，晶界就越曲折，晶格畸变就越大，从而使金属强度、硬度提高，并使变形均匀分布在许多晶粒上，塑性、韧性也好。

金属结晶后，晶粒大小与单位时间、单位体积内的形核数量即形核率 $N(1/(s \cdot cm^3))$ 和长大速度 $G(mm/s)$ 有关，若晶核的形成速率很大而成长速率很小，则可得到很细小的晶粒。生产中常采用增加过冷度 $\Delta T$、变质处理和附加震动等细化晶粒的方法。

### 1.1.3 金属的同素异晶转变

金属经过结晶后都具有一定的晶格结构，且多数不再发生晶格变化。但 Fe、Co、Ti、Mn 等少数金属在固态下会随温度的变化而具有不同类型的晶体结构。

金属在固态下由一种晶格类型转变为另一种晶格类型的变化称为金属的同素异晶（构）转变。由金属的同素异晶转变所得到的不同类型的晶体称为同素异晶体。金属的同素异晶转变也是原子重新排列的过程，称为重结晶或二次结晶。固态下的重结晶和液态下的结晶相似，也遵循晶体结晶的一般规律：转变在恒温下进行，也是形核与长大的过程，也必须在一定的过冷度下转变才能完成。同素异晶转变与液态金属的结晶存在着明显的区别，主要表现在：同素异晶转变时晶界处能量较高，新的晶核往往在原晶界上形成；固态下原子扩散比较困难，固态转变需要较大的过冷度；固态转变会产生体积变化，在金属中引起较大的内应力。

铁是典型的具有同素异晶转变特性的金属。图 1-8 为纯铁的冷却曲线图，在 1538℃ 时液态（Liquid，L）纯铁结晶成具有体心立方晶格的 $\delta$-Fe，继续冷却到 1394℃ 时转变为面心立方晶格的 $\gamma$-Fe，再继续冷却到 912℃ 时又转变为体心立方晶格的 $\alpha$-Fe，以后一直冷却到室温晶格类型，不再发生变化。

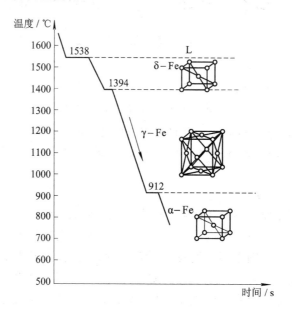

图 1-8 纯铁的冷却曲线图

纯铁的同素异晶转变同样存在于铁基的钢铁材料中，这是钢铁材料能通过各种热处理方法改善其组织和性能的基础，从而可使钢铁材料的性能多样。

# 1.2　合金与铁碳合金

纯金属虽然具有许多优良的性能，如导电性、导热性、塑性等，并已获得广泛的应用，但其强度和硬度都比较低，且冶炼困难、成本高，满足不了工程技术上提出的高强度、高硬度、高耐磨性等各种性能要求。因此，在机械工业中大量使用的金属材料绝大多数都是合金材料，如碳钢、铸铁、黄铜、青铜、铸铝、硬铝等，尤其以钢铁材料用得最多最广。

## 1.2.1　合金的基本概念和结构

### 1. 基本概念

1）合金

合金就是两种或两种以上的金属元素（或金属与非金属元素）熔合在一起形成的具有金属特征的物质。例如，黄铜是由铜、锌等元素组成的合金；碳钢和铸铁是由铁和碳组成的铁碳合金。

2）组元

组元是指组成合金的最基本的、能独立存在的物质。组元一般就是组成合金的元素。例如，普通黄铜的组元是铜和锌；铁碳合金中的组元是铁和碳。合金中有几种组元就称之为几元合金，如普通黄铜是二元合金，硬铝是由铝、铜、镁组成的三元合金。

3）合金系

合金系是指有相同组元，而成分比例不同的一系列合金。例如，各种碳素钢，虽然碳的质量分数各不相同，却都是铁碳二元合金系中的一部分。按照组成合金的组元数不同，合金系可以分为二元系、三元系等。

4）相

相是指合金中具有同一化学成分和相同结晶结构的组成部分。合金中相与相之间有明显的界面使之相互分开。如纯铁在同素异晶转变过程中，出现的 $\alpha$ - Fe 和 $\gamma$ - Fe 是两种不同的相，这是因为 $\alpha$ - Fe 是体心立方晶格，而 $\gamma$ - Fe 是面心立方晶格，它们的原子排列规律不同。在一个相中可以有多个晶粒，但一个晶粒之中只能是同一个相。

5）显微组织

显微组织是指在显微镜下看到的相和晶粒的形态、大小和分布。合金的显微组织可以看作是由各个相所组成的，也可以看作是由基本组织所组成的。合金的基本组织是指由一个单独的相构成的单相组织或由两个以上的相按一定的比例组成的机械混合物，机械混合物的性能取决于组成相的数量、形状、大小和分布等，如铁素体、珠光体等。一种合金的机械性能不仅取决于它的化学成分，更取决于它的显微组织。

### 2. 合金的相结构

合金的相结构是指合金组织中相的晶体结构。在合金中，相的结构和性质对合金性能起决定性作用。同时，合金中各相的相对数量、晶粒大小、形状和分布情况对合金性能也会产生很大的影响。根据合金中各类组元的相互作用，合金中的相结构主要有固溶体和金属化合物两大类。

**1) 固溶体**

当合金由液态结晶为固态时，组成元素之间可像液态合金一样相互溶解，形成一种晶格结构与合金中某一组元晶格结构相同的新相，称为固溶体。固溶体中晶格结构保持不变的组元称为溶剂，晶格结构消失的组元称为溶质。固溶体按溶质原子的溶解度不同，可分为有限固溶体(溶质原子在固溶体中的浓度有一定的限度)和无限固溶体(溶质原子可以任意比例溶入溶剂晶格结构中)。根据溶质原子在溶剂晶格结构中所占位置的不同，又可将固溶体分为间隙固溶体与置换固溶体两类。

**2) 金属化合物**

当溶质含量超过溶剂的溶解度时，溶质元素和溶剂元素相互作用形成一种不同于任一组元晶格的新物质，即金属化合物。金属化合物一般可用分子式来表示其组成，但往往不符合化合价规律，具有比较复杂的晶体结构。例如，含碳元素的合金形成的金属化合物 $Fe_3C$、$Cr_7C_3$ 和 VC 等均具有复杂的晶体结构，并具有很高的熔点和硬度，脆性大，很少单独使用。生产中常利用将金属化合物相分布在固溶体相的基体上来提高合金的强度、硬度，从而达到强化金属材料的目的，此时合金的绝大多数组织是机械混合物。

## 1.2.2　铁碳合金的基本组织

工业中应用最广泛的钢铁材料属于铁碳合金。固态下的铁碳合金中，铁和碳的基本结合方式有两种：一是碳原子溶解到铁的晶格中形成固溶体；二是铁和碳按一定比例相互化合成化合物。

铁碳合金的基本组织有铁素体、奥氏体、渗碳体、珠光体和莱氏体。

**1. 铁素体**

碳溶于 $\alpha$-Fe 形成的间隙固溶体称为铁素体，用符号 F 表示。它仍保持 $\alpha$-Fe 的体心立方晶格。铁素体的晶粒显示出边界比较平缓的多边形特征。铁素体的晶格间隙很小，因而溶碳能力极差，在 727℃时溶碳量($\omega_C$)最大为 0.0218%，在室温下溶碳量仅为 0.0008%。因而，固溶强化效果不明显，铁素体的性能与纯铁相近，表现为强度、硬度较低，而塑性、韧性较好。低碳钢中含有较多的铁素体，故具有较好的塑性。

**2. 奥氏体**

碳溶于 $\gamma$-Fe 形成的间隙固溶体称为奥氏体，用符号 A 表示。它仍保持 $\gamma$-Fe 的面心立方晶格。奥氏体晶粒显示出边界比较平直的多边形特征。虽然面心立方晶格的 $\gamma$-Fe 的致密度(0.74)高于体心立方晶格 $\alpha$-Fe 的致密度(0.68)，但是 $\gamma$-Fe 的晶格间隙的直径要比 $\alpha$-Fe 的大，故溶碳能力也较强。在 1148℃时溶碳量最大，即 $\omega_C=2.11\%$，随着温度下降溶碳量逐渐减少，在 727℃时溶碳量为 $\omega_C=0.77\%$。由于 $\gamma$-Fe 是在高温时存在的，因此奥氏体为高温组织，其强度、硬度一般随碳含量的增加而提高，但强度、硬度仍然很低，而塑性较好。

**3. 渗碳体**

渗碳体是铁和碳相互作用形成的一种具有复杂晶格结构的间隙化合物，用符号 $Fe_3C$ 表示，其碳含量 $\omega_C=6.69\%$，熔点为 1227℃，其硬度很高，约为 800HBW，而塑性、韧性极差，几乎为零。渗碳体不能单独使用，在钢和铸铁中与其他物质相共存时，呈片状、球状、网状和细板状，其数量、形状、大小和分布状况对钢和铸铁的性能有很大的影响，它是钢中的主要强化相。渗碳体在一定条件下会发生分解，形成石墨状的自由碳和铁。

**4. 珠光体**

奥氏体从高温稳定状态缓慢冷却到 727℃时，将分解为铁素体和渗碳体呈均匀分布的两相混合物，其立体形态为铁素体薄层和渗碳体薄层交替重叠的层状机械混合物，称为珠光体组织，用符号 P 表示。珠光体的碳含量 $\omega_C = 0.77\%$，其组织特征可以看成是在铁素体的基体上均匀分布着强化相渗碳体(F+Fe₃C)。珠光体的机械性能介于铁素体和渗碳体之间，具有较高的强度和硬度，又有一定塑性和韧性，其组织也适合于形变加工。

**5. 莱氏体**

碳含量为 4.3%的液态合金，缓冷到 1148℃时，同时结晶出奥氏体和渗碳体呈均匀分布的混合物，称为高温莱氏体组织，用符号 Ld 表示。在 727℃以下，莱氏体中的奥氏体将转变为珠光体，由珠光体和渗碳体组成的莱氏体称为低温莱氏体，用符号 L'd 表示。莱氏体的性能与渗碳体相似，硬度很高，塑性、韧性极差。

## 1.2.3 铁碳合金相图

相图是表示合金在缓慢冷却的平衡状态下，相或组织与温度、成分间关系的图形，又称状态图或平衡图。一般用热分析法作出合金系中一系列不同成分合金的冷却曲线，并确定冷却曲线上的结晶转变温度(临界点)，然后把这些临界点画在"温度-成分"坐标图上，最后把坐标图上的各相应点连接起来，就得出该合金的相图。图 1-9 为简化的铁碳合金相图，即 Fe-Fe₃C 相图。

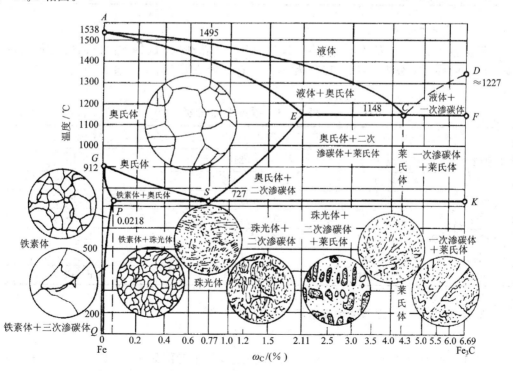

图 1-9  简化的 Fe-Fe₃C 相图

**1. Fe-Fe₃C 相图分析**

1）相图中的特征点

相图中的重要特征点——温度、成分及其说明如表 1-1 所示。

表 1-1　Fe-Fe₃C 相图中的特征点

| 点的符号 | 温度/℃ | 含碳量/(%) | 说　　明 |
|---|---|---|---|
| $A$ | 1538 | 0 | 纯铁熔点 |
| $C$ | 1148 | 4.3 | 共晶点 |
| $D$ | 1227 | 6.69 | 渗碳体熔点 |
| $E$ | 1148 | 2.11 | 碳在 $\gamma$-Fe 中的最大溶解度 |
| $G$ | 912 | 0 | 纯铁的同素异构转变点 $\alpha$-Fe 转变为 $\gamma$-Fe |
| $S$ | 727 | 0.77 | 组织为 F+Fe₃C 时处于共析点 A |

2）相图中的特征线

相图中的重要特征线如表 1-2 所示。

表 1-2　Fe-Fe₃C 相图中的特征线

| 特征线 | 说　　明 | 特征线 | 说　　明 |
|---|---|---|---|
| ACD | 铁碳合金的液相线 | ES | 碳在奥氏体中的溶解度线，常用 A$_{cm}$ 表示 |
| AECF | 铁碳合金的固相线 | ECF | 共晶转变线 |
| GS | 冷却时从奥氏体析出铁素体的开始线，常用 A₃ 表示 | PSK | 共析转变线，常用 A₁ 表示 |

3）相图中的合金分类

根据相图上的 $P$、$E$ 两点，可将铁碳合金分为工业纯铁、碳钢和白口铸铁三类。其中碳钢和白口铸铁又可分为三种，因此，相图上共有七种典型合金，其各自的碳含量和室温组织如表 1-3 所示。

表 1-3　铁碳合金分类

| 分　类 | 名　　称 | 碳含量 $\omega_C$/(%) | 室　温　组　织 |
|---|---|---|---|
| 工业纯铁 | 工业纯铁 | <0.0218 | F |
| 碳钢 | 亚共析钢 | 0.0218~0.77 | F+P |
|  | 共析钢 | 0.77 | P |
|  | 过共析钢 | 0.77~2.11 | P+ Fe₃C$_{II}$ |
| 白口铸铁 | 亚共晶白口铸铁 | 2.11~4.3 | P+ L′d+Fe₃C$_{II}$ |
|  | 共晶白口铸铁 | 4.3 | L′d |
|  | 过共晶白口铸铁 | 4.3~6.69 | L′d+Fe₃C$_{I}$ |

**2. 典型合金平衡结晶过程及组织**

1）共析钢的结晶

图 1-10 所示的合金 Ⅰ 为共析钢，其结晶过程的示意图如图 1-11 所示。合金 Ⅰ 在液相线以上处于液体状态，缓冷至 1 点时，液相(L)开始结晶出奥氏体(A)晶粒，在 1~2 点区间

的基本组织为 L+A,冷到 2 点时,结晶完毕,全部为单相均匀奥氏体晶粒。2~3 点是单相奥氏体,缓冷到 3 点(727℃)时,将发生共析转变形成珠光体(P),即 A→P(F+Fe₃C)。

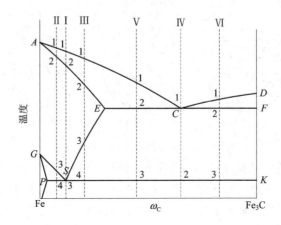

图 1-10　典型铁碳合金结晶过程分析

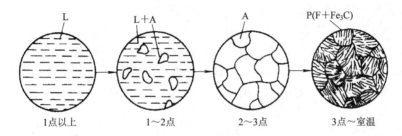

图 1-11　共析钢结晶过程示意图

珠光体中的渗碳体为共析渗碳体。当温度从 727℃继续降低时,珠光体将不再发生变化,因此,共析钢的室温平衡组织为珠光体。

2)亚共析钢的结晶

如图 1-10 所示,合金Ⅱ为亚共析钢,其结晶过程如图 1-12 所示。

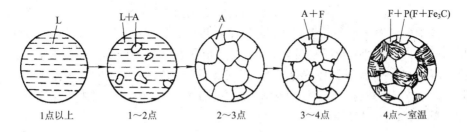

图 1-12　亚共析钢结晶过程示意图

合金Ⅱ在 1 点以上为液相 L,当温度降到 1 点后,液相 L 开始结晶出奥氏体,在 1 点~2 点间为 L+A,至 2 点全部结晶为奥氏体。2~3 点是单相奥氏体。当温度降至 3 点时,从奥氏体的边界上开始析出铁素体(F),随着温度继续降低,不断析出铁素体并逐渐长大,铁素体含碳量沿 GP 线逐渐增加,剩余的奥氏体量减少,其碳含量沿 GS 线不断增加,当温度降至 4 点时,未转变的奥氏体中的碳含量增加到 0.77%,发生共析转变,形成珠光体。因此,亚共析钢的室温平衡组织为铁素体和珠光体。在亚共析钢中,碳含量越高,珠光体越多,铁素体越少。

3）过共析钢的结晶

如图 1-10 所示，合金 Ⅲ 为过共析钢，其结晶过程如图 1-13 所示。

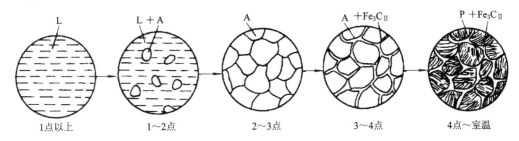

1点以上　　　1～2点　　　2～3点　　　3～4点　　　4点～室温

图 1-13　过共析钢结晶过程示意图

合金 Ⅲ 冷却到 1 点，开始从液相中结晶出奥氏体，直到 2 点结晶完毕，形成单相奥氏体。当冷却到 3 点时，开始从奥氏体中沿晶界先析出二次渗碳体（$Fe_3C_{II}$），并沿奥氏体晶界呈网状分布。随着温度的降低，$Fe_3C_{II}$ 逐渐增加，未转变奥氏体中的碳含量沿 $ES$ 线不断减少，至 4 点时剩余奥氏体中的碳含量达到 0.77%，于是发生共析转变形成珠光体。过共析钢的室温平衡组织为珠光体与网状二次渗碳体组成的共析体。

4）共晶白口铸铁的结晶

图 1-10 中合金 Ⅳ 为共晶白口铸铁，其结晶过程如图 1-14 所示。温度在 1 点以上是均匀的液相，当温度冷却到 1 点（即 $C$ 点）时，液态合金将发生共晶反应，同时结晶出奥氏体和渗碳体的机械混合物，形成高温莱氏体（Ld），即 $L \rightarrow Ld(A+Fe_3C)$。

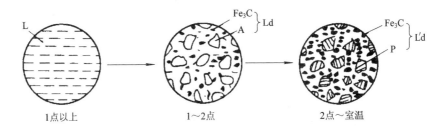

1点以上　　　　　1～2点　　　　　2点～室温

图 1-14　共晶白口铸铁结晶过程示意图

莱氏体中的渗碳体称共晶渗碳体，奥氏体为共晶奥氏体。继续冷却到 1～2 点区间，莱氏体中的奥氏体将不断析出 $Fe_3C_{II}$，$Fe_3C_{II}$ 通常依附在共晶渗碳体上不能分解。当温度降到 2 点（727℃）时，共晶奥氏体成分为 $S$ 点（碳含量为 0.77%），此时在恒温下发生共析转变，形成珠光体，而共晶渗碳体不发生变化。共晶白口铸铁的室温组织为珠光体和渗碳体组成的低温莱氏体组织（$L'd$）。

5）亚共晶白口铸铁的结晶

图 1-10 中的合金 Ⅴ 为亚共晶白口铸铁，结晶过程如图 1-15 所示。

合金温度在 1 点以上为液相，缓冷至 1 点时，开始析出奥氏体晶体。在 1～2 点温度区间，随着温度下降，析出的奥氏体含量不断增加，液相不断减少，当温度降到 2 点（1148℃）时，奥氏体的碳浓度为 2.11%，液相碳含量达到 4.3%，发生共晶转变，形成高温莱氏体。合金在 2 点的组织为奥氏体和高温莱氏体，继续降低温度时，从奥氏体（包括 Ld 中的 A）中不断以 $Fe_3C_{II}$ 形式析出碳，使得奥氏体中的碳含量不断降低，高温莱氏体成分不变，2～3 点的温度区间组织是：A+ $Fe_3C_{II}$ +Ld。当冷却 3 点时，奥氏体碳含量降到

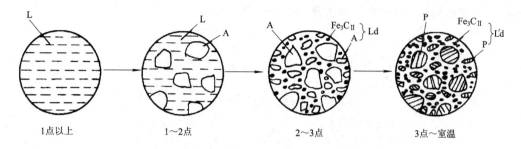

图 1-15 亚共晶白口铸铁结晶过程示意图

共析点 $S(\omega_C = 0.77\%)$，发生共析转变，奥氏体转变为珠光体，高温莱氏体 Ld 转变为低温莱氏体 L'd，再冷却直到室温，亚共晶白口铸铁组织不再转变，其室温组织为珠光体、二次渗碳体和低温莱氏体 L'd。

6）过共晶白口铸铁的结晶

图 1-10 中合金Ⅵ为过共晶白口铸铁，其结晶过程如图 1-16 所示。

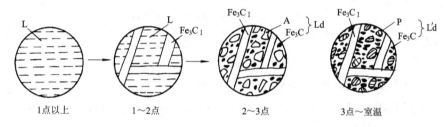

图 1-16 过共晶白口铸铁结晶过程示意图

当合金冷却到 1 点时，开始从液相中析出一次渗碳体（$Fe_3C_I$），一次渗碳体呈粗大片状。当温度继续下降到 2 点时，剩余液相碳含量达到 4.3%，发生共晶转变形成高温莱氏体。过共晶白口铸铁的室温组织为一次渗碳体和低温莱氏体。

**3. 碳对铁碳合金平衡组织和机械性能的影响**

1）对平衡组织的影响

由上面的分析可知，随着碳的质量分数增高，铁碳合金的组织发生了如下变化：

$$F + Fe_3C_{III} \Longrightarrow F + P \rightarrow P \rightarrow P + Fe_3C_{II} \rightarrow P + Fe_3C_{II} + L'd \rightarrow L'd \rightarrow L'd + Fe_3C_I$$
工业纯铁　亚共析钢　共析钢　过共析钢　亚共晶白口铸铁　共晶白口铸铁　过共晶白口铸铁

当碳的质量分数增大时，不仅其组织中渗碳体数量增加，而且渗碳体的分布和形态发生了如下变化：

$Fe_3C_{III}$（沿铁素体晶界分布的薄片状）→共析 $Fe_3C$（分布在铁素体内的片层状）→$Fe_3C_{II}$（沿奥氏体晶界分布的网状）→共晶 $Fe_3C$（为莱氏体的基体）→$Fe_3C_I$（分布在莱氏体上的粗大片状）

2）对机械性能的影响

图 1-17 为含碳量对碳钢力学性能的影响。由图可见，随着含碳量增加，钢的硬度直线上升，但塑性、韧性明显降低。碳含量对碳钢力学性能的影响：当钢中碳的质量分数小于 0.9% 时，因二次渗碳体的数量随碳含量的增加而急剧增多且明显地呈网状分布于奥氏体晶界上，不仅降低了碳钢的塑性和韧性，而且明显地降低了碳钢的强度。所以，为了保证工业用钢具有足够的强度和一定的塑性、韧性，其碳的质量分数一般不超过 1.4%。碳的质量分数大于 2.11% 的白口铸铁，由于组织中含有较多的渗碳体，性能上显得硬而脆，

难以进行切削加工，因此在一般机械工业中应用得不多。

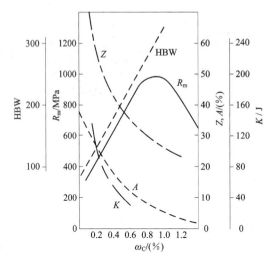

图 1-17　碳对钢的力学性能的影响

上图 1-17 中，$Z$ 表示断面收缩率，$A$ 表示（断后）伸长率或延伸率，$R_m$ 表示抗拉强度，$K$ 表示冲击韧性，HBW 表示硬度。

**4. Fe - Fe₃C 相图的应用**

Fe - Fe$_3$C 相图（见图 1-9）在生产中具有很大的实际意义，主要应用在钢铁材料的选用和热加工工艺的制定两个方面。

1）在选材方面的应用

Fe - Fe$_3$C 相图所表明的成分-组织-性能的规律，为钢铁材料的选用提供了根据。若需要塑性、韧性、冷变形性及焊接性能好的型钢，应采用低碳钢（$\omega_C < 0.25\%$），如船体、桥梁、锅炉及建筑结构用钢；各种机器零件需要强度、塑性及韧性都比较好的材料，应选用中碳钢（$0.25\% < \omega_C < 0.55\%$），如船用柴油机的曲轴、连杆及机床上的齿轮、轴类零件；各种工具要用硬度高和耐磨性好的材料，则应采用高碳钢（$\omega_C > 0.60\%$）。白口铸铁（$2.11\% < \omega_C < 6.69\%$）的硬度高、脆性大，不能切削加工，也不能锻造，但其耐磨性好，铸造性能优良，适用于耐磨、不受冲击、形状复杂的铸件，例如拔丝模、冷轧辊、火车车轮、球磨机的磨球等。另外，白口铸铁还用于生产可锻铸铁的毛坯。

2）为制定热加工工艺提供依据

（1）在铸造工艺方面的应用：根据 Fe - Fe$_3$C 相图可以确定合金的浇注温度。浇注温度一般在液相线以上 50～100℃。从相图上可看出，纯铁（$\omega_C < 0.0218\%$）和共晶白口铸铁（$\omega_C = 4.3\%$）的凝固温度区间最小，流动性好，分散缩孔少，可以获得致密的铸件，因而铸造性能最好。铸铁在生产上总是选在共晶线成分附近。在铸钢生产中，碳的质量分数规定在 0.15%～0.60% 之间，因为在这个范围内钢的结晶温度区间较小，铸造性能较好。

（2）在锻造工艺方面的应用：钢处于奥氏体状态时，强度低、塑性好，因此锻造或轧制温度必须选择在单相奥氏体区的适当温度范围。始轧和始锻温度不能过高，以免钢材氧化严重和发生奥氏体晶界熔化（称为过烧），一般控制在固相线以下 100～200℃。而终止轧制温度或锻造温度不能过低，以防止钢材因塑性差而产生裂纹。一般对亚共析钢的热加工终止温度控制在稍高于 $GS$ 线；过共析钢控制在稍高于 $PSK$ 线。各种碳钢的始轧和始锻温度为 1150～1250℃，终轧和终锻温度为 750～850℃。

（3）在热处理工艺方面的应用：Fe-Fe₃C 相图对于制定热处理工艺有着特别重要的意义。一些热处理工艺，如退火、正火、淬火的加热温度都是依据 $Fe-Fe_3C$ 相图来确定的，这将在 1.3.3 小节"钢的热处理"中详细阐述。

（4）在焊接工艺方面的应用：$Fe-Fe_3C$ 相图可以指导焊接的选材及焊后热处理等工艺措施，如焊后正火、退火工艺的制定，从而改善焊缝组织，提高机械性能，得到优质焊缝。

在运用 $Fe-Fe_3C$ 相图时应注意以下两点：

（1）$Fe-Fe_3C$ 相图只反映铁碳二元合金中相的平衡状态，如含有其他元素，相图将发生变化。

（2）$Fe-Fe_3C$ 相图反映的是平衡条件下铁碳合金中相的状态，若冷却或加热速度较快，其组织转变就不能只用相图来分析了。

# 1.3　金属材料热处理

金属材料的热处理是指将金属或合金在固态范围内采用适当的方式进行加热、保温和冷却，以改变其组织，从而获得所需要性能的一种工艺方法。热处理不仅可以强化金属材料、充分发挥钢材的潜力，提高或改善工件的使用性能和加工工艺性，而且还是提高加工质量、延长工件和刀具使用寿命、节约材料、降低成本的重要手段。

热处理工艺与其他工艺相比有不同的特点。如铸造、压力加工、焊接、切削加工，都是为了使金属材料成为具有一定形状和尺寸的半成品或成品；而热处理的任务是不改变原有形状和尺寸，仅改变金属材料的性能。

热处理方法很多，但任何一种热处理工艺都是由加热、保温和冷却三个阶段组成的，通常采用所谓的热处理工艺曲线来表示，见图 1-18。

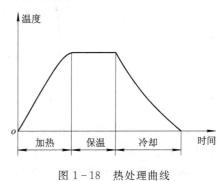

图 1-18　热处理曲线

根据热处理的目的及加热和冷却方式的不同，热处理可以分为以下几种类型：

热处理
- 普通热处理
  - 退火
  - 正火
  - 淬火
  - 回火
- 表面热处理
  - 表面淬火
    - 火焰加热表面淬火
    - 感应加热表面淬火
    - 接触电阻加热表面淬火
  - 化学热处理
    - 渗碳
    - 渗氮
    - 碳氮共渗
    - 渗金属

下面以钢的热处理过程为例，讨论其在冶炼过程中的组织转变及其热处理工艺。

### 1.3.1 钢在加热时的组织转变

为了使钢件在热处理后获得所需的性能，对于大多数热处理工艺，都要将钢加热到相变温度以上，使其组织发生变化，对于碳素钢来说，在缓慢加热和冷却过程中，相变温度可以根据 Fe-Fe$_3$C 相图来确定。然而由于 Fe-Fe$_3$C 相图中的相变温度 A$_1$、A$_3$、A$_{cm}$ 是在极其缓慢的加热和冷却条件下测定的，与实际热处理的相变温度有一些差异，加热时相变温度因有过热现象而偏高，冷却时因有过冷现象而偏低，随着加热和冷却速度的增加，这一偏离现象愈加严重，因此，常将实际加热时偏离的相变温度用 Ac$_1$、Ac$_3$、Ac$_{cm}$ 表示，将实际冷却时偏离的相变温度用 Ar$_1$、Ar$_3$、Ar$_{cm}$ 表示，如图 1-19 所示。

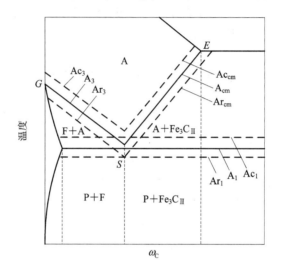

图 1-19　加热（或冷却）时相变温度变化

碳钢的室温组织基本上由铁素体和渗碳体两个相组成，只有在奥氏体状态下才能通过不同的冷却方式使钢转变为不同组织，获得所需要的性能。因此，热处理时须将钢加热到一定温度，使其组织全部或部分变为奥氏体。

将共析钢加热到 Ac$_1$ 以上时，珠光体将转变为碳含量 $\omega_C = 0.77\%$ 的奥氏体，奥氏体的形成过程是一个形核、晶核长大、残余 Fe$_3$C 分解和均匀化的过程。适当的加热温度和保温时间可使奥氏体具有一定的形核率、较慢的晶核长大速度和均匀的成分，从而获得细小均匀的奥氏体晶粒。加热温度过高或在高温下保温时间过长，都会产生粗大的奥氏体晶粒。奥氏体冷却转变时，转变产物的晶粒大小主要取决于奥氏体晶粒的大小，如细晶奥氏体的转变产物也细小，从而钢的力学性能较好。因此，控制钢的加热温度和加热时间很重要。

对亚共析钢或过共析钢，当加热到 Ac$_1$ 时，钢中只有珠光体转变为奥氏体，其余的铁素体或二次渗碳体仍不发生变化，随着加热温度的升高，亚共析钢中的铁素体或过共析钢中的二次渗碳体不断向奥氏体转变，直至加热温度超过 Ac$_3$ 或 Ac$_{cm}$ 时，钢中的铁素体才完全消失，二次渗碳体逐渐溶解于奥氏体中，全部组织均转变为细而均匀的单一奥氏体，但过共析钢奥氏体晶粒较粗大。

### 1.3.2　钢在冷却时的组织转变

热处理后钢的力学性能主要取决于奥氏体经冷却转变后所获得的组织，而冷却方式和冷却速度对奥氏体的组织转变有直接关系。实际生产中常用的冷却方式有以下两种。

**1. 等温冷却**

使奥氏体化的钢先以较快的冷却速度降到相变点（$A_1$ 线）以下一定的温度，这时奥氏体尚未转变，但成为过冷奥氏体。然后进行保温，使过冷奥氏体在等温下发生组织转变，转变完成后再冷却到室温。例如等温退火、等温淬火等均属于等温冷却方式。

等温冷却方式对研究冷却过程中的组织转变较为方便。以共析碳钢为例，将奥氏体化的共析碳钢以不同的冷却速度急冷至 $A_1$ 线以下不同温度保温，使过冷奥氏体在等温条件下发生相变。测出不同温度下过冷奥氏体发生相变的开始时间和终了时间，并分别画在温度-时间坐标上，然后将转变开始时间和转变终了时间分别连接起来，即得到共析碳钢的过冷奥氏体等温转变曲线，如图 1 - 20 所示。过冷奥氏体等温转变曲线颇似"C"字，故简称为 C 曲线，又称为 TTT 曲线。图 1 - 20 中，$A_1$、$M_s$ 两条温度线划分出上、中、下三个区域：$A_1$ 线以上是稳定奥氏体区，$M_s$ 线以下是马氏体（M）转变区，$A_1$ 和 $M_s$ 线之间的区域是过冷奥氏体等温转变区。

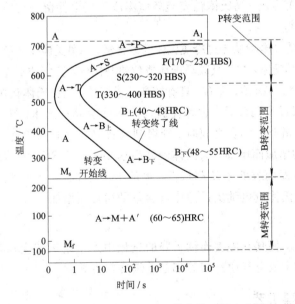

图 1 - 20　共析钢过冷奥氏体的等温转变曲线

图 1 - 20 中两条 C 曲线又把等温转变区划分为左、中、右三个区域：左边一条 C 曲线为转变开始线，其左侧是过冷奥氏体区；右边一条 C 曲线为转变终了线，其右侧是转变产物区；两条 C 曲线之间是过冷奥氏体部分转变区。C 曲线表示了一定成分的钢经奥氏体化后等温冷却转变的时间-温度-组织关系，是制定钢热处理工艺的重要依据。

共析钢过冷奥氏体等温转变产物可分为如下三个类型：

（1）高温转变产物：在 $727 \sim 550 ℃$ 之间等温转变的产物属珠光体组织，都是由铁素体和渗碳体的层片组成的机械混合物。过冷度越大，层片越细小，钢的强度和硬度也越高。依据组织中层片的尺寸,又把 727～650℃ 之间等温转变的组织称为粗片状珠光体;在 650～600℃ 之间等温转变的组织称为索氏体(S);在 600～500℃ 之间等温转变的组织称为屈氏体(T)。

(2)中温转变产物:在 550～230℃ 之间等温转变的产物属贝氏体型组织,它是由含碳量过饱和的铁素体和微小的渗碳体混合而成的一种非层片组织。在 550～350℃ 范围内,碳原子有一定的扩散能力,在铁素体片的晶界上析出不连续短杆状的渗碳体,这种组织称为上贝氏体($B_上$),其形态在光学显微镜下呈羽毛状。由于上贝氏体强度、硬度较高(40～48HRC),而塑性较低,脆性较大,因此生产中很少采用。在 350℃～$M_s$ 范围内,碳原子的扩散能力更弱,难以扩散到片状铁素体的晶界上,只能沿与晶轴呈 55°～60° 夹角的晶面上析出断续条状渗碳体,这种组织称为下贝氏体($B_下$),其形态在光学显微镜下呈黑色针状。下贝氏体具有较高的强度和硬度(约 48～55HRC)及良好的塑性和韧性,综合力学性能好,生产中常采用等温转变获得下贝氏体组织。

(3)低温转变产物:在 $M_s$ 线以下范围内,铁、碳原子都已失去扩散的能力,但过冷度很大,相变驱动力足以改变过冷奥氏体的晶格结构,并将碳全部过饱和固溶于 $\alpha$-Fe 晶格内,这种转变属于非扩散型转变,也称作低温转变,转变产物为马氏体。$M_s$ 为马氏体转变开始温度,$M_f$ 为马氏体转变终了温度。马氏体的转变是在 $M_s$～$M_f$ 范围内不断降温的过程中进行的,冷却中断,转变随即停止,只有继续降温,马氏体转变才能继续进行,直至冷却到 $M_f$ 点温度,转变终止。马氏体转变至环境温度下仍会保留一定数量的奥氏体,称为残余奥氏体,以 $A'$ 或 $A_残$ 表示。

马氏体的组织形态主要取决于过冷奥氏体的碳含量,当奥氏体碳含量 $\omega_c$<0.2% 时,钢淬火后几乎全部形成板条马氏体,也称低碳马氏体或位错马氏体,其立体形态呈平行成束分布的板条状,板条马氏体硬度在 50HRC 左右,具有较高的强韧性;当奥氏体碳含量 $\omega_c$>1.0% 时,钢淬火后几乎全部形成针状马氏体,也称高碳马氏体或孪晶马氏体,其立体形态呈双凸透镜状。当奥氏体中碳含量介于两者之间时,则得到两种马氏体的混合组织。针状马氏体硬度随马氏体中碳含量的增加而增加,马氏体硬度高达 60～65HRC。但马氏体的韧性低,脆性大,断后伸长率 A 和断面收缩率 Z 都很低,钢的 $M_s$ 点和 $M_f$ 点随奥氏体中碳含量的增加而降低,因而残余奥氏体量也随奥氏体中碳含量的增加而增加。

**2. 连续冷却**

经奥氏体化的钢,使其在温度连续下降的过程中发生组织转变。例如在热处理生产中经常使用的水中、油中或空气中冷却等都是连续冷却方式。

### 1.3.3 钢的热处理工艺

常用的热处理工艺大致分为两类:预先热处理和最终热处理。预先热处理是为了消除前一道工序所造成的某些缺陷,细化均匀组织,通常安排在铸造、锻造、焊接等工艺之后、机加工之前。最终热处理是为了满足成品的使用性能。退火、正火属于预先热处理,对于使用性能要求不高的零件,也可只做最终热处理。

**1. 退火**

退火是将钢件加热到高于或低于钢的相变点的适当温度,保温一定时间,随后在炉中或埋入导热性较差的介质中缓慢冷却,以获得接近平衡状态组织的一种热处理工艺。

退火的目的主要有以下几个方面：降低硬度，利于切削加工（适于切削加工的硬度为160～230HB）；细化晶粒，改善组织，提高力学性能；消除内应力，防止变形和开裂，并为下道淬火工序做好准备；提高钢的塑性和韧性，便于冷加工的进行。

根据工件钢材的成分和退火目的的不同，常用退火工艺可分为以下几种。

1）完全退火

将亚共析钢加热到 $Ac_3$ 以上 30～50℃，保温一定时间后，随炉缓慢冷却到室温，即为完全退火。所谓"完全"，是指退火时钢件被加热到奥氏体化温度以上获得完全的奥氏体组织，并在冷至室温时获得接近平衡状况的铁素体和片状珠光体组织。完全退火的目的是降低硬度以提高切削性能，细化晶粒和消除内应力以改善机械性能。

完全退火主要用于处理亚共析组织的碳钢和合金钢的铸件、锻件、热轧型材和焊接结构，也可作为一些不重要件的最终热处理。

2）球化退火

共析或过共析钢加热至 $Ac_1$ 以上 20～50℃，保温一定时间，再冷却至 $Ar_1$ 以下 20℃左右等温一定时间，然后炉冷至 600℃左右出炉空冷，即为球化退火。在其加热保温过程中，网状渗碳体因不完全溶解而断开，成为许多细小点状渗碳体弥散分布在奥氏体基体上。在随后的缓冷过程中，以细小渗碳体质点为核心，形成颗粒状渗碳体，均匀分布在铁素体基体上，成为球状珠光体。

球化退火主要用于消除过共析碳钢及合金工具钢中的网状二次渗碳体及珠光体中的片状渗碳体。由于过共析钢的层片状珠光体较硬，再加上网状渗碳体的存在，不仅给切削加工带来困难，使刀具磨损增加，切削加工性变差，而且还易引起淬火变形和开裂。为了克服这一缺点，可在热加工之后安排一道球化退火工序，使珠光体中的网状二次渗碳体和片状渗碳体都球化，以降低硬度，改善切削加工性，并为淬火做组织准备。对存在严重网状二次渗碳体的过共析钢，应先进行一次正火处理，使网状渗碳体溶解，然后再进行球化退火。

3）等温退火

将亚共析钢加热到 $Ac_3$ 以上或将共析钢和过共析钢加热到 $Ac_1$ 以上 30～50℃，保温后较快地冷却到稍低于 $Ar_1$ 的温度，进行等温保温，使奥氏体转变成珠光体，转变结束后，取出钢件在空气中冷却，即为等温退火。等温退火与完全退火目的相同，但可将整个退火时间缩短大约一半，而且所获得的组织也比较均匀。等温退火主要用于奥氏体，如比较稳定的合金工具钢和高合金钢等。

4）去应力退火

去应力退火也称低温退火，它是将钢件随炉缓慢加热（100～150℃/h）至 500～650℃，保温一定时间后，随炉缓慢冷却（50～100℃/h）至 300～200℃以下再出炉空冷。去应力退火主要用于消除铸件、锻件、焊接件、冷冲压件及机加工件中的残余应力，以稳定尺寸、减少变形；或防止形状复杂和截面变化较大的工件在淬火中产生变形或开裂。由于钢件在低温退火过程中的加热温度低于 $Ac_1$，因此钢件无组织变化。经去应力退火，钢件可消除50％～80％的残余应力。

5）再结晶退火

把经过冷变形的低碳钢（或有色金属）制件加热到再结晶温度以上 100～200℃，在650～750℃范围内保温后炉冷，通过再结晶使钢材的塑性恢复到冷变形以前的状况，即为再结晶退火。这种退火也是一种低温退火，主要用于消除经冷轧、冷拉、冷压等加工而产生钢材硬化的情况。

### 2. 正火

正火是将亚共析钢加热至 $Ac_3$、将共析钢加热至 $Ac_1$ 或将过共析钢加热至 $Ac_{cm}$ 以上 $30\sim50℃$，经保温后从炉中取出，在空气中冷却的热处理工艺。

正火与完全退火的作用相似，都可得到珠光体型组织。但二者的冷却速度不同，退火冷却速度慢，得到的是接近平衡状态的珠光体组织；而正火冷却速度稍快，过冷度较大，得到的是珠光体类组织，组织较细，即索氏体。因此，同一钢件在正火后的强度与硬度较退火后高。

正火的主要目的是细化晶粒，提高机械性能和切削加工性能，消除加工造成的组织不均匀及内应力。对于低碳钢和低合金钢，正火可提高硬度，改善切削加工性；对于过共析钢，可消除或减少网状二次渗碳体，利于球化退火的进行。可以用正火来代替中碳钢、合金钢的大直径或形状复杂零件的调质处理，也可以用正火来代替铸锻件的退火处理。

正火与退火的选择：在条件允许的情况下，应优先考虑正火方法，因为正火生产效率高；对于要求不高的普通零件，则以正火作为最终热处理。

### 3. 淬火

淬火是将亚共析钢加热到 $Ac_3$ 或将共析或过共析钢加热到 $Ac_1$ 以上 $30\sim50℃$，保温一定时间使其奥氏体化，然后在冷却介质中迅速冷却的热处理工艺。淬火的主要目的是得到马氏体，提高钢的硬度和耐磨性，例如各种工具、模具、量具、滚动轴承等，都需要通过淬火来提高硬度和耐磨性。

淬火得到的组织是马氏体，但马氏体硬度高，而且组织很不稳定，还存在很大的内应力，极易变形和开裂。淬火后应及时回火以获得所需要的各种不同性能的组织，来满足使用要求。

淬火用油几乎全部为矿物油（如机油、变压器油、柴油等），油在 $300\sim200℃$ 范围内冷却速度远小于水，这对减小淬火工件的变形和开裂很有利，但在 $650\sim400℃$ 范围内冷却速度比水小得多，因此油多用于过冷奥氏体稳定性较大的合金钢的淬火。不过，油在长期使用后易老化，即黏度增大，使冷却能力下降；另外，油还不易清洗。

### 4. 回火

回火是将淬火后的钢加热到 $Ac_1$ 以下温度，保温一段时间，然后置于空气或水中冷却的热处理工艺。回火总是在淬火之后进行的，通常也是零件进行热处理的最后一道工序，因而它对产品的最终性能有决定性的影响。

回火的目的是：消除淬火钢中马氏体和残留奥氏体的不稳定性及冷却过快而产生的内应力，防止变形和开裂；促使马氏体转变为其他合适的组织，从而稳定零件的组织及尺寸；调整硬度，提高钢的韧性。

根据加热温度的不同，可将碳钢回火分为以下三类：

（1）低温回火（$150\sim250℃$）：回火后的组织主要为回火马氏体，其组织与马氏体组织相近，基本上保持了钢淬火后的高硬度（如共析碳钢的低温回火硬度达 $58\sim62HRC$）和高耐磨性。低温回火的主要目的是降低淬火应力和脆性，保留淬火后的高硬度。此方法一般用于碳钢及合金钢制作的刀具、量具,柴油机燃油系统中的精密偶件,滚动轴承,渗碳件和表面淬火工件,如齿轮、活塞销、曲轴、凸轮轴等。

(2) 中温回火(350～500℃):回火后的组织为回火屈氏体,回火屈氏体的硬度比回火马氏体低,如共析碳钢的中温回火硬度为 40～50HRC,具有较高的弹性极限和屈服强度,并有一定的韧性。中温回火适用于处理弹性构件,如各种弹簧。

(3) 高温回火(500～650℃):回火后的组织为回火索氏体,回火索氏体具有良好的综合力学性能,硬度为 25～35HRC。淬火加高温回火的热处理方法又称为调质处理,适用于处理承受复杂载荷的重要零件,如曲轴、连杆、轴类、齿轮等。

### 1.3.4　钢的表面热处理

在扭转和弯曲等交变载荷作用下工作的机械零件,如柴油机的曲轴、活塞销、凸轮轴、齿轮等,它们不仅要承受冲击,其表面层在有摩擦的情况下还会受到磨损。因此,必须提高这些零件表面层的强度、硬度、耐磨性和疲劳强度,而心部仍需保持足够的塑性和韧性,使其能承受冲击载荷。显然,仅靠选材和普通热处理无法满足上述的性能要求。若选用高碳钢淬火并低温回火,则热处理后的零件硬度高,表面耐磨性好,但心部韧性差;若选用中碳钢只进行调质处理,则热处理后的零件心部韧性好,但表面硬度低,耐磨性差。解决上述问题的正确途径是采用表面热处理,即表面淬火和化学热处理。

**1. 钢的表面淬火**

表面淬火是一种不改变钢的表面化学成分,但改变其组织的局部热处理方法,即将钢件表层快速加热至奥氏体化温度,就立即予以快速冷却,使表层获得硬而耐磨的马氏体组织,而心部仍保持原来塑性和韧性较好的退火、正火或调质状态组织。按加热方式的不同,表面淬火可分为感应加热表面淬火、火焰加热表面淬火和激光加热表面淬火等。

**2. 钢的化学热处理**

化学热处理是将工件置于特定介质中加热和保温,使介质中的活性原子渗入工件表层,以改变表层的化学成分和组织,从而达到使工件表层具有某些特殊力学性能或物理化学性能的一种热处理工艺。与表面淬火相比,化学热处理的主要特点是:表面层不仅有化学成分的变化,而且还有组织的变化。按照渗入元素的不同,化学热处理有渗碳、渗氮、碳氮共渗、渗硼、渗硫、渗金属等。

# 1.4　常用的金属材料

机器制造中使用最多的材料是金属材料,其中以钢和铸铁用量最大。本节介绍常用的钢材与有色金属及其合金,铸铁在第 2 章中介绍。

### 1.4.1　钢

**1. 钢的分类与编号**

1) 钢的分类

钢的分类方式很多,常用的有按钢的化学成分分类和按钢的用途分类。

（1）按钢的化学成分分类：分为碳素钢和合金钢两大类。其中，碳素钢按含碳量的高低又分为工业纯铁（C 含量≤0.04%）、低碳钢（0.04%＜C 含量≤0.25%）、中碳钢（0.25%＜C 含量＜0.6%）、高碳钢（C 含量≥0.6%）四类；而合金钢按合金元素含量的高低又分为低合金钢（合金元素含量为＜5%）、中合金钢（合金元素含量 5%～10%）和高合金钢（合金元素含量＞10%）三类。

（2）按钢材的用途分类：分为结构钢、工具钢、特殊性能钢三大类。其中，结构钢是制造各种机器零件及工程构件的用钢，它包括调质钢、超高强度钢、弹簧钢、轴承钢及工程构件用钢等；工具钢用于制造各种刃具钢、量具钢、模具钢等；特殊性能钢有不锈钢和耐热钢等。

2）钢的编号

（1）普通碳素结构钢：普通碳素结构钢的牌号由代表屈服强度的字母、屈服强度的数值、质量等级符号和脱氧方法符号等四个部分组成，例如 Q235 - A.F。其中，Q—屈服点，取"屈"字汉语拼音字母的字头；A、B、C、D—质量等级；F—沸腾钢，Z—镇静钢，TZ—特殊镇静钢。

普通碳素结构钢的牌号、化学成分和力学性能如表 1-4 所示。

**表 1-4　普通碳素结构钢的牌号、化学成分和力学性能**

| 牌号 | 等级 | 化学成分的质量分数 不大于/（%） | | | | | 脱氧方法 | 抗拉强度 $R_m$ 不小于 /MPa | 伸长率 | | | | |
|---|---|---|---|---|---|---|---|---|---|---|---|---|---|
| | | | | | | | | | 厚度（或直径）/mm | | | | |
| | | C | Mn | Si | S | P | | | ≤40 | >40～60 | >60～100 | >100～150 | >150～200 |
| Q195 | — | 0.12 | 0.50 | 0.30 | 0.050 | 0.045 | F、Z | 315～430 | 33 | — | — | — | — |
| Q215 | A | 0.15 | 1.20 | 0.30 | 0.050 | 0.045 | F、Z | 335～450 | 31 | 30 | 29 | 27 | 26 |
| | B | | | | 0.045 | | | | | | | | |
| Q235 | A | 0.22 | 1.40 | 0.30 | 0.050 | 0.045 | F、Z | 370～500 | 26 | 25 | 24 | 22 | 21 |
| | B | 0.20 | | | 0.045 | | | | | | | | |
| | C | 0.17 | | | 0.040 | 0.040 | Z | | | | | | |
| | D | | | | 0.035 | 0.035 | TZ | | | | | | |
| Q275 | A | 0.24 | 1.50 | 0.35 | 0.050 | 0.050 | F、Z | 410～540 | 22 | 21 | 20 | 18 | 17 |
| | B | 0.21 / 0.22 | | | 0.045 | 0.045 | Z | | | | | | |
| | C | 0.20 | | | 0.040 | 0.040 | Z | | | | | | |
| | D | | | | 0.035 | 0.035 | TZ | | | | | | |

注：本表引自 GB/T 700—2006。

（2）优质碳素结构钢：优质碳素结构钢的牌号采用两位数字表示，这两位数字表示该钢号的平均含碳量的万分数。如 45 钢表示含碳量为 0.45% 的优质碳素结构钢。优质碳素结构钢的牌号、成分、性能及其用途如表 1-5 所示。

**表 1-5　优质碳素结构钢的牌号、成分、力学性能和用途**

| 牌号 | 化学成分的质量分数不大于/(%) | | | 力学性能 | | | | | 用途举例 |
|---|---|---|---|---|---|---|---|---|---|
| | C | Si | Mn | $R_m$/MPa | $R_e$/MPa | 伸长率 $A$/(%) | 断面收缩率 $Z$/(%) | 冲击韧性 $K$/(J·cm$^{-2}$) | |
| 08 | 0.05~0.12 | 0.17~0.37 | 0.35~0.65 | 325 | 195 | 33 | 60 | — | 各种形状的冲压件拉杆、垫片等 |
| 10 | 0.07~0.14 | 0.17~0.37 | 0.35~0.65 | 335 | 205 | 31 | 55 | — | |
| 20 | 0.17~0.24 | 0.17~0.37 | 0.35~0.65 | 410 | 245 | 25 | 55 | — | 杠杆吊环、吊钩 |
| 35 | 0.32~0.40 | 0.17~0.37 | 0.50~0.80 | 530 | 315 | 20 | 45 | 55 | 轴、螺母、螺栓 |
| 40 | 0.37~0.45 | 0.17~0.37 | 0.50~0.80 | 570 | 335 | 19 | 45 | 47 | 齿轮、曲轴、连杆、联轴节、轴 |
| 45 | 0.42~0.50 | 0.17~0.37 | 0.50~0.80 | 600 | 335 | 16 | 40 | 39 | |
| 60 | 0.57~0.65 | 0.17~0.37 | 0.50~0.80 | 675 | 400 | 12 | 35 | — | 弹簧、弹簧热圈等 |
| 65 | 0.62~0.70 | 0.17~0.37 | 0.50~0.80 | 695 | 410 | 10 | 30 | — | |

　　注：本表引自 GB/T 699—2015。

　　(3) 碳素工具钢：其牌号由字母 T 和数字组成。T 表示碳素工具钢，数字表示平均含碳量的千分数。如 T10 表示平均含碳量为 1% 的碳素工具钢。这类钢都是优质钢。高级优质钢在牌号的数字后加 A 表示，如 T10A。HBW 表示布氏硬度，HRC 表示洛氏硬度。碳素工具钢的牌号、性能及用途如表 1-6 所示。

**表 1-6　碳素工具钢的牌号、性能及用途**

| 牌号 | 化学成分的质量分数不大于/(%) | | | 硬度 | | 用途举例 |
|---|---|---|---|---|---|---|
| | C | Mn | Si | 退火后不大于/HBW | 淬火后不小于/HRC | |
| T7 | 0.65~0.74 | 0.20~0.40 | 0.15~0.35 | 187 | 62 | 锤头、锯钻头、木工用的凿子 |
| T8 | 0.75~0.84 | | | | | 冲头、木工工具 |
| T10 | 0.95~1.04 | 0.02~0.40 | | 197 | | 丝锥、板牙、锯条、刨刀小型冲模 |
| T13 | 1.25~1.35 | | | 217 | | 锉刀、量具、剃刀 |

　　注：本表引自 GB/T 1298—2008。

　　(4) 合金结构钢：采用两位数＋元素符号＋数字表示。前面两位数字表示钢的含碳量的万分位，元素符号后的数字表示该元素含量的百分数。如果合金元素为 1% 左右则不标其含量，如 20Cr、18Cr2Ni4W、30CrMnSi、40Cr 等。常用合金结构钢的牌号、性能及用途如表 1-7 所示。

表 1-7 合金结构钢的牌号、性能及用途

| 钢铁类别 | 牌号 | 淬火温度/℃ | 回火温度/℃ | 抗拉强度 $R_m$/MPa | 屈服强度 $R_e$/MPa | 伸长率 A/(%) | 用途举例 |
|---|---|---|---|---|---|---|---|
| 低合金结构钢 | 16Mn<br>15MnTi | —<br>— | —<br>— | 510~660<br>530~680 | 345<br>390 | 22<br>20 | 压力容器、桥梁、船舶 |
| 合金渗碳钢 | 20Cr<br>20CrMnTi | 880(水、油淬)<br>880(油淬) | 200<br>200 | 835<br>1080 | 540<br>850 | 10<br>10 | 齿轮、活塞销、气门顶杆 |
| 合金调质钢 | 40Cr<br>35CrMo | 850(油淬)<br>850(油淬) | 520<br>550 | 980<br>980 | 785<br>835 | 9<br>12 | 曲轴、连杆、重要轴、齿轮 |
| 合金弹簧钢 | 60Si2Mn<br>50CrVA | 870(油淬)<br>850(油淬) | 480<br>500 | 1300<br>1300 | 1200<br>1150 | 5<br>10 | 板簧、螺旋弹簧 |

注：① 本表引自 GB/T 3077—2015。② 低合金结构钢的力学性能值系热轧试样测得的。

（5）合金工具钢和特殊性能钢：编号形式与合金结构钢相似，只是碳含量的表示方法不同。当平均含碳量大于或等于 1.0% 时，碳量不标出；当平均含碳量小于 1.0% 时，以其千分数表示，如 9SiCr、W18Cr4V、1Cr18Ni9 等。常用合金工具钢的牌号、性能及用途如表1-8所示。

表 1-8 合金工具钢的牌号、性能及用途

| 钢种类别 | 牌号 | 热 处 理 | | | | 用 途 举 例 |
|---|---|---|---|---|---|---|
| | | 淬火(油淬) | | 回 火 | | |
| | | 加热温度/℃ | HRC | 加热温度/℃ | HRC | |
| 合金工具钢 | 9SiCr<br>CrMoMn<br>5CrMnMo | 860~880<br>840~860<br>820~850 | ≥62<br>≥62<br>≥50 | 180~200<br>130~140<br>560~580 | 60~62<br>62~65<br>35~40 | 板牙、钻头、铰刀、形状复杂的冲模；<br>各种量规、块规中型热锻模 |
| 高速钢 | W18Cr4V | 1280 | 60~65 | 560(三次) | 63~66 | 铣刀、车刀、钻头、刨刀 |

**2. 结构钢**

结构钢可分成工程构件用钢和机械制造用钢两类。其中，工程构件用钢一般使用普通碳素结构钢和低合金钢。这类钢的强度较低，塑性、韧性和焊接性较好，价格低廉，一般在热轧态下使用，必要时可进行正火处理以提高强度。机械制造用钢多使用优质碳素结构钢和合金结构钢，按其组织和性能特点可分为以下几种主要类型。

1）调质钢

使用调质钢来制造零件时，要求有较高的强度和良好的塑性、韧性。含碳量在 0.3%~0.6% 的钢经淬火、高温回火等可获得回火索氏体组织，能较好地满足上述性能要求。为保证淬透性，钢中常含有 Cr、Mn、Ni、Mo 等合金元素。常用钢种有 45、40Cr、35CrMo、40CrNiMo 等。

2）表面硬化钢

使用表面硬化钢来制造零件时，除了要求有较高强度和良好的塑性、韧性外，还要求表面硬度高，耐磨性好。按表面硬化方式的不同，表面硬化钢可划分为以下几种：

（1）渗碳钢：这类钢的含碳量低（0.15％～0.25％），以保证工件心部获得低碳马氏体，有较高的强度和韧性，而表层经渗碳后，硬度高且耐磨，热处理方式为渗碳后淬火加低温回火。常用钢种有 15Cr、20Cr、20CrMnTi 等。

（2）渗氮钢：这类钢的含碳量中等（0.3％～0.5％）。渗氮前经调质处理，工件心部为回火索氏体，有良好的强度和韧性。渗氮后，表层为硬且耐磨、耐腐蚀的氮化层，心部组织与性能仍保持氮化前的状态。常用钢种有 38CrMoAl、30CrMnSi、40Cr、42CrMo 等。

3）弹簧钢

弹簧钢具有高的弹性极限和高的疲劳强度，含碳量在 0.5％～0.85％之间，经淬火、中温回火后可获得回火屈氏体组织。常用钢种有 70、65Mn、50CrV、62Si2Mn 等。

**3. 工具钢**

工具钢要求具有高的硬度和耐磨性以及足够的强度和韧性。这类钢的含碳量均很高，通常为 0.6％～1.3％。按合金元素的含量不同可分为以下几种类型。

1）碳素工具钢

碳素工具钢经淬火、低温回火后，组织为高碳回火马氏体加球状碳化物。这类钢有很好的硬度和良好的耐磨性，价格低廉，但淬透性差，工作温度低，主要适用于低速切削的刀具和尺寸较小的简单模具。

2）低合金工具钢

低合金工具钢的热处理方式和组织与碳素工具钢的相同。由于合金元素的加入，提高了淬透性和工作温度，这类钢适用于较高速度切削的刀具和形状复杂的模具。常用钢种有 9SiCr 和 CrWMn 等。

3）高合金工具钢

高合金工具钢由于合金元素的加入，淬透性很高，工作温度也大大提高，按性能特点的不同，又可分为以下几种类型：

（1）高速钢：在高温时，仍有很高的硬度，适于高速切削。其最终热处理采用淬火加多次高温回火，组织为回火马氏体和碳化物。常用钢种有 W18Cr4V 和 W6Mo5Cr4V2 等。

（2）高铬模具钢：淬透性较高，适用于制作形状复杂的大截面模具。常用钢种有 Cr12 和 Cr12MoV 等。

## 1.4.2　有色金属及其合金

**1. 铝及其合金**

纯铝是银白色金属，相对密度为 2.7（大约是铜的 1/3），熔点为 657℃，其晶体结构属于面心立方晶格。纯铝强度（$R_m$=80～100 Pa）和硬度低，有良好的塑性，具有优良的导电、导热性能，在大气中有良好的耐蚀性，主要用来制作电线、电缆及配制铝合金等。工业纯铝的牌号为 L1、L2、L3 等，铁、硅是其主要杂质，按牌号数字增加而递增，因而顺序数字的编号越大，其纯度越低。含铝量在 99.93％以上的称为高纯度铝，其牌号为 L01～L04，编号数字前面的零表示高纯铝，顺序数字越大，其纯度越高，如 L04 的含铝量不小于 99.996％。

铝中加入锰、铜、镁、锌、硅等合金元素形成铝合金，可以有效提高其力学性能，而仍保持质量密度小、耐腐蚀的优点，是制作轻质结构件和机械零件的重要材料。

二元铝合金状态图一般都具有图 1-21 所示的共晶状态图形状。其中，L 代表液相，α 表示合金组织呈密排六方晶格结构，β 表示合金组织呈体心立方晶格结构。按图可将铝合金分为变形铝合金和铸造铝合金两大类，如表 1-9 所示。

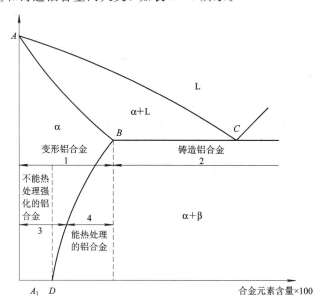

图 1-21　铝合金的共晶状态图

**表 1-9　铝合金的分类**

| 类别 | 名称 | 合金系 | 编号举例 | 代号含义 |
|---|---|---|---|---|
| 变形铝合金 | 防锈铝 | Al-Mn | 3A21 | 第一位数字表示铝及铝合金的组别；第二位字母表示原始纯铝或铝合金的改型情况；最后两位数字用以标识同一组中不同的铝合金或表示铝的纯度 |
| | | Al-Mg | 5A05 | |
| | 硬铝 | Al-Cu-Mg | 2A01 | |
| | | | 2A11、2A13 | |
| | 超硬铝 | Al-Cu-Mg-Zn | 7A04 | |
| | 锻铝 | Al-Mg-Si-Cu | 2A50 | |
| | | Al-Cu-Mg-Fe-Ni | 2A70 | |
| 铸造铝合金 | 简单铝硅合金 | Al-Si | ZL102 | "铸铝"以汉语拼音"ZL"表示；后边三位数字中的第一位数字表示类别（1—铝硅系，2—铝铜系，3—铝镁系，4—铝锌系）第二、三位数字为顺序号 |
| | 特殊铝硅合金 | Al-Si-Mg | ZL101 | |
| | | Al-Si-Cu | ZL107 | |
| | | Al-Si-Mg-Mn | ZL104 | |
| | 铝铜铸造合金 | Al-Cu | ZL203 | |
| | 铝镁铸造合金 | Al-Mg | ZL301 | |
| | | | ZL303 | |
| | 铝锌铸造合金 | Al-Zn | ZL401 | |

注：新旧编号对照参看 GB/T 3190—2008。

1）变形铝合金

如图 1-21 所示，变形铝合金的共晶状态（位于状态图 B 点以左）用线段 1 表示，加热时能形成单相的 α 固溶体，其塑性好，适于压力加工。这类合金又可分为以下几种类型：

（1）不能热处理强化的变形铝合金：如图 1-21 所示，其共晶状态（位于 D 点以左）用线段 3 表示，它在固态加热冷却时不发生相变。这类合金由于具有良好的抗蚀性，故称为防锈铝。它的牌号以 3A 加顺序号表示，如 3A21 等。

（2）可热处理强化的变形铝合金：如图 1-21 所示，其共晶状态（位于 B 与 D 之间）用线段 4 表示，通过热处理能显著提高其力学性能。这类铝合金包括硬铝和锻铝，它们的牌号分别以 2A 加顺序号表示，如 2A01、2A11、2A13 等。热处理加热时，它们形成单相固溶体，在淬火快速冷却时，过剩相来不及析出，在室温下获得不稳定的过饱和 α 固溶体，这种处理方法称为固溶处理。经固溶处理后，铝合金的强度虽比淬火前的平衡态有所提高，但仍较低，若在适当温度加热保温数小时后，合金的强度可显著提高，这个过程称为时效强化。室温下进行的时效称为自然时效，在加热条件下进行的时效称为人工时效。时效过程是饱和固溶体分解发生沉淀硬化的过程。

2）铸造铝合金

如图 1-21 所示，铸造铝合金的共晶状态（位于状态图 B 点以右）用线段 2 表示，由于离共晶点较近，因而液态流动性较好，适于铸造生产。按照主要合金元素的不同，铸造铝合金可分为 Al-Si、Al-Cu、Al-Mg、Al-Zn 四类，如表 1-9 所示。

铸造铝硅合金又称为硅铝明，它具有良好的力学性能、耐蚀性和铸造性能，是应用最广泛的铸造合金。硅铝明的含硅量一般较高，铸造后几乎全部得到共晶组织，若经浇注前向合金溶液中加入 2%～3% 的钠、钾盐进行变质处理，则能显著细化合金组织，提高合金的强度和塑性。若合金中加入铜、镁等合金元素，则还能进行淬火时效处理，显著提高铝硅合金的强度。

**2. 铜合金**

纯铜有很好的导电、导热性和良好的耐蚀性，主要用于制作电工导体；但由于其强度低，不宜直接作为结构材料使用。有时铜也用于机械零件。

铜合金分为三类：以锌为主要合金元素的铜合金称为黄铜，以镍为主要合金元素的铜合金称为白铜，以除了锌和镍以外的其他元素作为主要合金元素的铜合金称为青铜。

黄铜具有较高的强度和塑性，有良好的铸造性能和压力加工性能，还有较好的耐蚀性。

青铜根据主要合金元素的不同可分为锡青铜、铝青铜、硅青铜、铍青铜、铅青铜等。青铜强度较高、耐磨性和耐蚀性较好，主要用于轴承合金。

**3. 钛合金**

钛是同素异构体，熔点为 1720℃，在低于 882℃ 时呈密排六方晶格结构，称为 α 钛；在 882℃ 以上时呈体心立方晶格结构，称为 β 钛。利用钛的上述两种结构的不同特点，添加适当的合金元素，可使其相变温度及相分含量逐渐改变而得到不同组织的钛合金。室温下，钛合金有三种基体组织，钛合金也就分为以下三类：α 合金、α+β 合金和 β 合金。中国分别以 TA、TC、TB 表示。

钛合金按用途可分为耐热合金、高强合金、耐蚀合金（钛-钼、钛-钯合金等）、低温合金以及特殊功能合金（钛-铁贮氢材料和钛-镍记忆合金）等。

钛合金是一种新型结构材料，具有密度小、比强度和比断裂韧性高、疲劳强度和抗裂纹扩展能力好、低温韧性良好、耐蚀性好、耐热性高、易焊接等特点。因此它在航空、航天、化工、造船等工业部门获得了日益广泛的应用。

**4. 镁合金**

镁合金是以镁为基加入其他元素组成的合金，主要合金元素有铝、锌、锰、铈、钍以及少量锆或镉等。目前使用最广的是镁铝合金。镁合金密度小，散热好，消震性好，承受冲击载荷能力比铝合金大，耐有机物和碱的腐蚀性能好。镁合金是目前世界上最轻的结构材料之一，可用来制作零部件，从而减轻结构重量，降低能源消耗，减少污染物排放。镁合金主要适用于航空、航天、运输、化工、火箭等工业部门。

镁及其合金在高温和常温下都具有一定的塑性，因此可用压力加工的方法获得各种规格的棒材、管材、型材、锻件、模锻件、板材、压铸件、冲压件和粉材等。

# 习　题

1. 最常见的晶体结构有哪几种？说明下列金属各具有哪些晶体结构。

Cr　Ni　Mg　Al　Mo　Zn　W　Be　Cu

2. 指出固溶体和金属化合物在晶体结构和力学性能上的区别。

3. 根据 $Fe-Fe_3C$ 相图，

(1) 试分析 0.45%C、0.8%C 和 1.2%C 合金的结晶过程，画出冷却曲线，并写出各温度下不同的组织。

(2) 试分析含碳量对钢的组织和性能的影响，并定性比较 45 钢、T8 钢、T12 钢的 $R_m$（抗拉强度）、HB（布氏硬度）和 $A$（断后伸长率）。

4. 为下列零件选用合适的材料，并说明理由。

垫圈　钢锯条　汽车曲轴　油箱　钟表发条　缝纫机针

菜刀　台虎钳钳板　自行车车梁

5. 什么是热处理？钢热处理的目的是什么？

6. 根据题 1-6 表所列使用性能要求，为表中各工件选择合适的热处理方法。

**题 1-6 表　工件性能及其热处理**

| 工件名称 | 材料 | 使用性能 | 热处理方法 |
|---|---|---|---|
| 转轴 | 45 | 既强又韧，有良好的综合性能 | |
| 刮刀 | T12 | 硬度高，耐磨性好 | |
| 弹簧 | 65Mn | 强度高，弹性好 | |
| 齿轮 | 20CrMnTi | 表面硬，耐磨，心部韧 | |

# 第 2 章　铸造成型技术

　　铸造是将液态金属浇注到具有与零件形状及尺寸相适应的铸型空腔中，待冷却凝固后，获得一定形状和性能的零件或毛坯的方法。用铸造方法所获得的零件或毛坯，称为铸件。

　　铸造是现代机械制造工业的基础工艺之一，是人类掌握比较早的一种金属热加工工艺，与其他成型方法相比，铸造生产具有下列优点：

　　(1) 成型方便，工艺适应性广。

　　铸件的大小几乎不受限制，轮廓尺寸可由几毫米到数十米，壁厚可由几毫米到数百毫米，质量可由几克到数百吨；并且可以制造外形复杂，尤其是具有复杂内腔的铸件，例如，机床床身、内燃机的缸体和缸盖、箱体等的毛坯。铸造使用的材料范围很广，包括铸铁、铸钢、铸铜、铸铝等，其中铸铁材料应用最广泛，适用于单件小批量生产或成批及大批量生产。

　　(2) 成本低廉，生产周期短。

　　铸造生产使用的原材料成本低，来源方便，且可回收使用。通常铸件要经过机械加工后，才能作为机器零件使用。合理的设计铸造工艺和结构，使铸件的形状和尺寸与零件较接近，减少了切削加工的余量，节省了金属材料。另外，铸造生产不需要大型、精密的设备，生产周期较短。

　　但是，铸造方法也存在着许多不足之处：

　　(1) 目前广泛使用的砂型铸造，大多属于手工操作，工人的劳动强度大，生产条件差，铸造过程中产生的废气、粉尘等对周围环境造成污染。

　　(2) 铸造生产工序较多。

　　(3) 一些工艺过程较难控制，铸件中常有一些缺陷(如气孔、缩孔等)，而且内部组织粗大、不均匀，使得铸件质量不够稳定，废品率较高，另外，铸件的力学性能也不如同类材料的锻件高。

　　随着现代科学技术的不断发展以及新工艺、新技术、新材料的开发，使铸造劳动条件大大改善，环境污染得到控制，铸件质量和经济效益也在不断提高。

## 2.1　合金的铸造性能

　　合金的铸造性能，是指合金在铸造生产中表现出来的工艺性能，即获得优质铸件的能力，它对能否易于获得合格铸件有很大影响。合金的铸造性能是选择铸造合金、确定铸造工艺方案及进行铸件结构设计的重要依据。合金的铸造性能主要指合金的充型能力、收缩、吸气性等，其主要内容及其相互间的联系如图 2-1 所示。

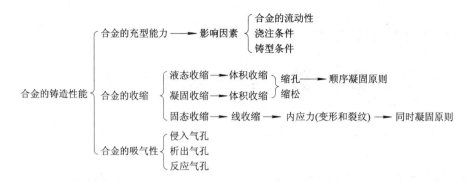

图 2-1　合金铸造性能内容及联系

## 2.1.1　合金的充型能力

合金的充型能力是指液态合金充满铸型型腔，获得尺寸正确、形状完整、轮廓清晰的铸件的能力。充型能力取决于液态金属本身的流动性，同时又受铸型、浇注条件、铸件结构等因素的影响。因此，充型能力差的合金易产生浇不到、冷隔、形状不完整等缺陷，使力学性能降低，甚至报废。影响合金充型能力的主要因素包括以下几个方面。

**1. 合金的流动性**

合金的流动性是液态合金本身的流动能力，它是影响充型能力的主要因素之一。流动性越好，液态合金充填铸型的能力越强，越易于浇注出形状完整、轮廓清晰、薄而复杂的铸件；有利于液态合金中气体和熔渣的上浮和排除；易于对液态合金在凝固过程中所产生的收缩进行补缩。如果合金的流动性不良，则铸件易产生浇不足、冷隔等铸造缺陷。

合金的流动性大小，通常以浇注的螺旋线试样长度来衡量。如图 2-2 所示，螺旋上每隔 50 mm 有一个小凸点作测量计算用。在相同的浇注条件下浇注出的试样越长，表示合金的流动性越好。不同合金的流动性不同。表 2-1 列出了常用铸造合金的流动性。由表 2-1 可见，铸铁、硅黄铜的流动性最好，铸钢的流动性最差。

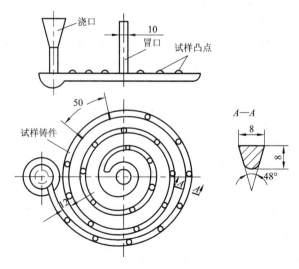

图 2-2　流动性测试螺旋试样

### 表 2 - 1 常用合金的流动性

| 合 金 | | 铸 型 | 浇注温度/℃ | 螺旋线长度/mm |
|---|---|---|---|---|
| 铸铁 | (C+Si)6.2% | 砂型 | 1300 | 1800 |
| | (C+Si)5.2% | 砂型 | 1300 | 1000 |
| | (C+Si)4.2% | 砂型 | 1300 | 600 |
| 铸钢 | | 砂型 | 1600 | 100 |
| | | | 1640 | 200 |
| 锡青铜 | | 砂型 | 1040 | 420 |
| 硅黄铜 | | 砂型 | 1100 | 1000 |
| 铝合金 | | 金属型 | 680~720 | 700~800 |

　　影响合金流动性的因素很多，凡是影响液态合金在铸型中保持流动的时间和速度的因素，如金属本身的化学成分、温度、杂质含量等，都将影响流动性。

　　不同成分的铸造合金具有不同的结晶特点，对流动性的影响也不相同。纯金属和共晶成分的合金是在恒温下进行结晶的，结晶过程中，由于不存在液、固并存的凝固区，因此断面上外层的固相和内层的液相由一条界线分开。随着温度的下降，固相层不断加厚，液相层不断减少，直达铸件的中心，即从表面开始向中心逐层凝固，如图 2 - 3(a)所示。凝固层内表面比较光滑，因而对尚未凝固的液态合金的流动阻力小，故流动性好。特别是共晶成分的合金，熔点最低，因而流动性最好。非共晶成分的合金是在一定温度范围内结晶，其结晶过程是在铸件截面上一定的宽度区域内同时进行的，经过液、固并存的两相区，如图 2 - 3(b)所示，在结晶区域内，既有形状复杂的枝晶，又有未结晶的液体。复杂的枝晶不仅阻碍未凝固的液态合金的流动，而且使液态合金的冷却速度加快，从而流动性差。因此，合金结晶区间越大，流动性越差。

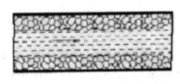 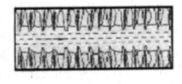

(a)　　　　　　　　　(b)

图 2 - 3　不同成分合金的结晶

(a) 在恒温下凝固；(b) 在一定温度范围内凝固

　　另外，在液态合金中，凡能形成高熔点夹杂物的元素，均会降低合金的流动性，如灰铸铁中的锰和硫，多以 MnS(熔点为 1650℃)的形式在铁水中成为固态夹杂物，妨碍铁水的流动。凡能形成低熔点化合物且降低合金液黏度的元素，都能提高合金的流动性，如铸铁中的磷。

### 2. 浇注温度

　　合金的浇注温度对流动性的影响极为显著。浇注温度越高，合金的黏度越低，液态金属所含的热量越多，在同样冷却条件下，保持液态的时间延长，传给铸型的热量增多，使铸型的温度升高，降低了液态合金的冷却速度，改善了合金的流动性，充型能力加强。但是，浇注温度过高，会使液态合金的吸气量和总收缩量增大，增加了铸件产生气孔、缩孔等缺陷的可能性，因此在保证流动性的前提下，浇注温度不宜过高。在铸铁件的生产中，常采用"高温出炉，低温浇注"的方法。高温出炉能使一些难熔的固体质点熔化；低温浇注能使一些尚未熔化的质点及气体在浇包镇静阶段有机会上浮而使铁水净化，从而提高合金的流动性。对于形状复杂的薄壁铸件，为了避免产生冷隔和浇不足等缺陷，浇注温度以略高为宜。

### 3. 充型压力

金属液态合金在流动方向上所受到的压力称为充型压力。充型压力越大，合金的流速越快，流动性越好。但充型压力不宜过大，以免造成金属飞溅或因为气体排出不及时而产生气孔等缺陷。砂型铸造的充型压力由直浇道所产生的静压力形成，提高直浇道的高度可以增大充型能力。通过压力铸造和离心铸造来增加充型压力，即可提高金属液的流动性，增强充型能力。

### 4. 铸型条件

铸型条件包括铸型的蓄热系数、铸型温度以及铸型中的气体含量等。铸型的蓄热系数是指铸型从金属液吸收并储存热量的能力。铸型材料的导热率、密度越大，蓄热能力越强，蓄热系数越大，对液态合金的激冷作用就越强，金属液保持流动的时间就越短，充型能力越差。铸型温度越高，金属液冷却越慢，越有利于提高充型能力。另外，在浇注时，铸型如产生气体过多，且排气能力不好，则会阻碍充型，并易产生气孔缺陷。铸型浇注系统如图 2-4 所示，若直浇道

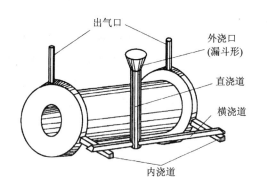

图 2-4　铸件浇注系统

过低，则液态合金静压力减小；内浇道截面过小，铸型型腔过窄或表面不光滑，则增加液态合金的流动阻力。因此，在铸型中提高液态合金流动阻力和冷却速度，均会使流动性变差。

## 2.1.2　合金的收缩

### 1. 合金的收缩及影响因素

1）收缩的概念

液态合金从浇注温度逐渐冷却、凝固，直至冷却到室温的过程中，其尺寸和体积缩小的现象，称为收缩。收缩是铸造合金本身的物理性质，也是合金重要的铸造性能之一。整个收缩过程经历了液态收缩、凝固收缩和固态收缩三个阶段。

液态收缩为合金从浇注温度冷却至液相线温度的收缩。凝固收缩为合金从液相线温度冷却至固相线温度的收缩。固态收缩为合金从固相线温度冷却至室温时的收缩。合金的总

收缩率为上述三阶段收缩率的总和。合金的液态收缩和凝固收缩表现为合金体积的缩减，常用体积收缩率表示，是铸件产生缩孔、缩松的基本原因；合金的固态收缩主要表现为铸件各个方向上的线尺寸的缩减，通常用线收缩率表示，是铸件产生内应力、变形和裂纹的基本原因。不同的合金，其收缩率也不同，表 2-2 列出了几种铁碳合金的收缩率。

**表 2-2　常见铁碳合金的收缩率**

| 合金的种类 | 含碳量 | 浇注温度/℃ | 液态收缩率 | 凝固收缩率 | 固态收缩率 | 总体积收缩率 |
| --- | --- | --- | --- | --- | --- | --- |
| 铸造碳钢 | 0.35% | 1610 | 1.6% | 3% | 7.86% | 12.46% |
| 白口铸铁 | 3.0% | 1400 | 2.4% | 4.2% | 5.4%～6.3% | 12%～12.9% |
| 灰口铸铁 | 3.5% | 1400 | 3.5% | 0.1% | 3.3%～4.2% | 6.9%～7.8% |

2）影响因素

（1）化学成分：不同的铸造合金有不同的收缩率，从表 2-2 中可看出，灰口铸铁收缩率最小，铸造碳钢收缩率最大。灰口铸铁收缩率小的原因是大部分的碳是以石墨状态存在的，因石墨比容大，在结晶过程中，析出石墨所产生的体积膨胀，抵消了一部分收缩。硅是促进石墨化的元素，因而碳、硅含量越多，收缩就越小。硫能阻碍石墨的析出，使铸件的收缩率增大。适当提高含锰量，锰与铸铁中的硫形成 MnS，抵消了硫对石墨化的阻碍作用，使收缩率减小。

（2）浇注温度：浇注温度越高，过热量越大，合金的液态收缩增加，合金的总收缩率加大。对于钢液，通常浇注温度每提高 100℃，体收缩率就会增加约 1.6%，因此浇注温度越高，形成缩孔倾向越大。

（3）铸型结构与铸型条件：合金在铸型中并不是自由收缩，而是受阻收缩。其阻力来自两个方面：其一，铸件在铸型中冷却时，由于形状和壁厚上的差异，造成各部分冷却速度不同，相互制约而对收缩产生阻力；其二，铸型和型芯对收缩的机械阻力。通常，带有内腔或侧凹的铸件收缩较小，型砂和型芯砂的紧实度越大，铸件的收缩就越小。显然，铸件的实际线收缩率比合金的自由线收缩率小。因此，在设计模型时，应根据合金的材质及铸件的形状、尺寸等，选用适当的收缩率。

**2. 铸件中的缩孔与缩松**

浇入铸型中的液态合金，因液态收缩和凝固收缩所产生的体积收缩而得不到外来液体的补充时，在铸件最后凝固的部位形成的孔洞称为缩孔。缩孔分为集中缩孔与分散缩孔两类，一般把前者称为缩孔，后者称为缩松。广义的缩孔也包括缩松，缩孔是铸件上危害最大的缺陷之一。

1）缩孔

缩孔是容积较大的孔洞，常出现在铸件的上部或最后凝固的部位，其形状不规则，多呈倒锥形，且内表面粗糙。其形成过程如图 2-5 所示。

液态合金填满铸型后，合金液逐渐冷却，并伴随有液态收缩，此时因浇注系统尚未凝固，型腔还是充满的，如图 2-5(a)所示。随着冷却的继续进行，当外缘温度降至固相线温度以下时，铸件表面凝固成一层硬壳。如内浇道已凝固，所形成的硬壳就像一个封闭的容器，里面充满了液态合金，如图 2-5(b)所示。铸件进一步冷却时，除了里面的液态合金产生液态收缩及凝固收缩外，已凝固的外壳还将产生固态收缩。但硬壳内合金的液态收缩和凝固收缩远大于硬壳的固态收缩，故液面下降，与硬壳顶面脱离，如图2-5(c)所示。此时在大气压力作用下，硬壳可能向内凹陷，如图2-5(d)所示。随着凝固的继续进行，凝固层不断加厚，液面继续下降，在最后凝固的部位形成一个倒锥形的缩孔，如图2-5(e)所示。

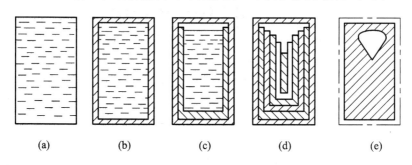

(a)      (b)      (c)      (d)      (e)

图2-5　缩孔的形成

2）缩松

铸件中分散在某区域内的细小孔洞称为缩松，其分布面积较广。产生缩松的原因也是由于铸件最后凝固区域的收缩未能得到补充，或者是由于合金结晶间隔宽，被树枝状晶分隔开的小液体区难以得到补充所致。缩松可分为宏观缩松与显微缩松两种。宏观缩松用肉眼或放大镜可以观察到，它多分布在铸件中心、轴线处或缩孔下方，如图2-6所示。显微缩松是分布在晶粒之间的微小孔洞，要用显微镜才能观察到，其分布面积更广，如图2-7所示。显微缩松难以完全避免，对于一般铸件不作为缺陷对待，但对气密性、力学性能、物理化学性能要求很高的铸件，则必须设法减少。

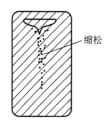

图2-6　宏观缩松

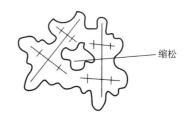

图2-7　显微缩松

由缩孔和缩松的形成过程，可得到以下规律：

（1）合金的液态收缩和凝固收缩越大（如铸钢、铝青铜等），铸件越易形成缩孔。

（2）结晶温度范围宽的合金易于形成缩松，如锡青铜等；而结晶温度范围窄的合金、纯金属和共晶成分合金易于形成缩孔。不过，普通灰口铸铁尽管接近共晶成分，但因石墨的析出，凝固收缩小，故形成缩孔和缩松的倾向都很小。

3）防止缩孔的方法

收缩是铸造合金的物理本质，因此，产生缩孔是必然的。缩孔和缩松的存在，减小了有效的截面积，降低了铸件的承载能力和力学性能，缩松还可使铸件因渗漏而报废。因此，必须采取适当的工艺措施予以防止。防止缩孔常用的工艺措施就是控制铸件的凝固次序，使铸件实现顺序凝固。所谓顺序凝固，就是使铸件按递增的温度梯度方向从一个部分到另一个部分依次凝固。在铸件可能出现缩孔的热节处，通过增设冒口或冷铁等一系列工艺措施，使铸件远离冒口的部位先凝固，然后是靠近冒口部位凝固，最后是冒口本身凝固，如图 2-8 所示。按此原则进行凝固，能使缩孔集中到冒口中，最后将冒口切除，就可以获得致密的铸件。

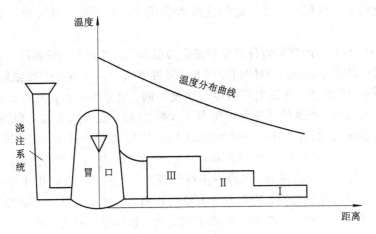

图 2-8　顺序凝固示意图

　　冒口是铸型内储存用于补缩金属液的空腔。冷铁通常用钢或铸铁制成，仅是用来加快某些部位的冷却速度，以控制铸件的凝固顺序，但本身并不起补缩作用。冷铁和冒口设置的例子可见图 2-9。图 2-9 为阀体铸件，其中，左侧为无冒口和冷铁的状况，在热节处可能产生缩孔；右侧为增设冒口和冷铁后，铸件实现了顺序凝固，防止了缩孔。

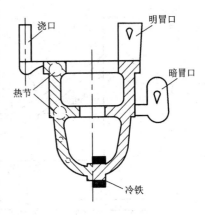

图 2-9　铸件冒口冷铁设置示例

　　顺序凝固虽然可以有效地防止缩孔和宏观缩松，但铸造工艺复杂，增加了铸件成本，同时扩大了铸件各部分的温差，增大了铸件的变形和裂纹倾向。因此，它主要用于必须补缩的场合，如用铸钢、铝硅合金等作铸件时。另外，结晶温度范围宽的合金，结晶开始后，形成发达的树枝状骨架布满整个截面，难以进行补缩，因而很难避免显微缩松的形成。因此，顺序凝固原则主要适用于纯金属和结晶温度范围窄、靠近共晶成分的合金，也适用于凝固收缩大的合金补缩。

　　通过加压补缩的方法也可以防止缩孔和缩松。将铸型放于压力室中，浇注后使铸件在压力下凝固，可显著减少显微缩松。此外，采用压力铸造、离心铸造等特种铸造方法使铸件在压力下凝固，也可有效地防止缩孔和缩松。

**3. 铸造内应力**

　　铸件在凝固后继续冷却的过程中产生的固态收缩受到阻碍及热作用，会产生铸造内应力，它是铸件产生变形和裂纹等缺陷的主要原因。铸造内应力按产生的不同原因主要分为热应力和机械应力两种。

1）热应力

热应力是由于铸件壁厚不均匀、各部分冷却速度不一致，致使铸件在同一时期内各部分的收缩不一致而引起的。应力状态随温度的变化而发生变化：金属在再结晶温度以上的较高温度下，在较小的应力作用下即发生塑性变形，变形后应力消除，金属处于塑性状态。在再结晶温度以下的较低温度下，此时在应力作用下，将产生弹性变形，金属处于弹性状态。

以图 2-10(a)所示的框形铸件来分析热应力的形成。该铸件由较粗的 I 杆和较细的 II 杆两部分组成。温度为 $t_固$ 时，两杆均为固态，温度继续下降，当处于高温阶段（$T_0 \sim T_1$）时，两杆均处于塑性状态，尽管它们的冷却速度不同、收缩不一致，但所形成的应力均可通过塑性变形而消失。当继续冷却到时间为 $T_2$ 时，细杆 II 温度达到 $t_临$，则进入弹性状态，而粗杆 I 并未达到 $t_临$ 温度，仍处于塑性状态（$T_1 \sim T_2$），细杆冷却快，其收缩大于粗杆，因此 II 杆受拉、I 杆受压，如图2-10(b)所示，形成暂时应力。但这个应力随着粗杆的微量塑性变形而消失，如图 2-10(c)所示。当进一步冷却到较低温度时，I、II 杆均处于弹性状态（$T_2 \sim T_3$），这时粗杆温度较高，还会进行大量的收缩，II 杆温度低，收缩趋于停止。因此粗杆 I 的收缩受到 II 杆的强烈阻碍，形成了内应力。粗杆受拉应力，而细杆受压应力，如图 2-10(d)所示。

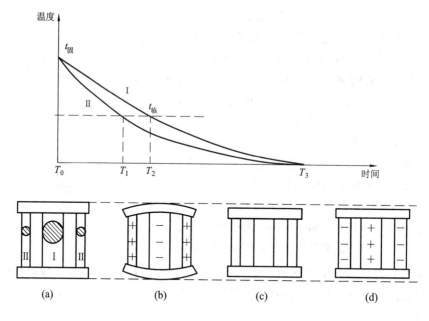

图 2-10　热应力的形成

由此可见，热应力使得铸件的厚壁部分或心部受拉伸应力，薄壁部分或表面受压缩应力。合金的线收缩率越大，铸件各部分的壁厚差别越大；形状越复杂，所形成的热应力也越大。

热应力产生的基本原因是冷却速度不一致，因此尽量减小铸件各部分的温差，使其均匀冷却即可预防热应力。为此，设计铸件结构时应尽量使铸件的壁厚均匀，并在铸造工艺上采用同时凝固原则。

所谓同时凝固原则，就是从工艺上采取必要的措施，使铸件各部分冷却速度尽量一致。具体方法就是将浇口开在铸件的薄壁处，以减小该处的冷却速度，而在厚壁处可放置冷铁以加快其冷却速度，如图 2-11 所示。铸件按同时凝固原则凝固，各部分温差小，热应力小，不易产生变形和裂纹，而且不必设置冒口，简化了铸造工艺。但是这种凝固方式易使铸件中心出现宏观缩松或缩孔，影响铸件的致密性。因此，这种凝固原则主要适用于缩孔、缩松倾向较小的灰口铸铁等合金。但是同时凝固原则的工艺措施与防止缩孔、缩松缺陷

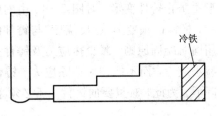

冷铁

图 2-11  同时凝固原则

的顺序凝固措施相矛盾，此时，应根据铸件的具体结构特点，设计实际的工艺措施以防止缺陷的产生。

2）机械应力

铸件收缩时受到铸型、型芯等的机械阻碍而引起的应力称为机械应力，如图 2-12 中机械应力使铸件产生拉应力或剪切应力，机械应力是暂存的，铸件落砂后机械阻碍消除时，其机械应力可自行消失。形成机械阻碍的原因包括型砂在高温下强度高，退让性差；铸件型腔结构等。

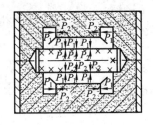

图 2-12  机械应力

当铸件的内应力大于铸件的抗拉强度时，铸件会产生裂纹，如图 2-12 所示。对于一般铸铁件，通常以预防缩孔和缩松缺陷为主，因为铸件在冷却过程中产生的铸造内应力不致于引起裂纹，铸造内应力问题往往不是主要的工艺问题，但由于会有残留下来的应力，应通过时效处理来加以消除。

时效处理可分为自然时效和人工时效两种。自然时效是将铸件在露天环境中放置半年到一年的时间，从而使铸件内部的应力自行消失；人工时效是将铸件进行低温退火，它可缩短处理时间，将铸件加热到 550~650℃，保温 2~4 h，随炉冷却至 150~200℃，然后出炉，从而消除铸件的残留应力。

3）铸件的变形与防止

内应力的存在是铸件产生变形的主要原因。铸件中厚壁部位受拉应力，薄壁部位受压应力，处于应力状态的铸件是不稳定的，将自发地通过变形减小应力，以达到趋于稳定状态。显然，受拉的部分有缩短或向内凹的趋势，受压的部分有伸长或向外凸的趋势，这样才能使铸件中的残余应力减小或消除。图 2-13 为车床床身铸件，其导轨部分较厚，残留有拉应力，床壁部分较薄，残留有压应力，于是，床身朝着导轨方向弯曲，使导轨下凹。

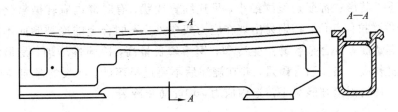

图 2-13  车床床身变形

铸件的变形会使铸件精度降低，严重时可能使铸件报废，因此必须防止铸件变形。为防止铸件变形，首先在铸件设计时，应尽量使铸件壁厚均匀、形状简单和结构对称。图 2-14 为铸件结构对变形的影响。可见，对称结构不易产生变形。另外，在生产中常用反变

形法防止铸件变形。对图 2-13 中的床身铸件，预先将模样做成与铸件变形方向相反的形状，模样的预变形量（反挠度）与铸件的变形量相等，待铸件冷却后变形正好抵消；也可采用同时凝固原则，减少热应力及铸件变形。实践证明，铸件冷却时产生的一定的变形只能减小应力，而不能彻底消除应力。铸件经机械加工后，会引起铸件的再次变形，零件精度降低。为此，对重要的铸件，还必须采用去应力退火。

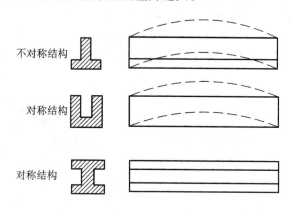

左侧标注：不对称结构、对称结构、对称结构

图 2-14　铸件结构对变形的影响

4）铸件裂纹及其防止

当铸造内应力超过金属的强度极限时，铸件便产生裂纹。裂纹是严重的铸造缺陷，必须设法防止。裂纹按形成的温度范围分为热裂和冷裂两种。

热裂是在凝固末期，金属处于固相线附近的高温下而形成的。在金属凝固末期，固体的骨架已经形成，但树枝状晶体间仍残留少量液体，此时合金如果收缩，就可能将液膜拉裂，形成裂纹。另外，研究也表明，合金在固相线温度附近的强度、塑性非常低，铸件的收缩受到铸型等因素阻碍时，产生的应力将很容易超出此温度时的强度极限，导致铸件开裂。热裂纹的形状特征是裂纹短、缝隙宽、形状曲折、缝内呈氧化色，即铸钢件呈黑色，铝合金呈暗灰色。铸件结构不合理、合金收缩大、型（芯）砂退让性差以及铸造工艺不合理均可引发热裂。钢铁中的硫和磷降低了钢铁的韧性，使热裂纹倾向提高。因此合理地调整合金成分，合理地设计铸件结构，采用同时凝固原则和改善型砂的退让性都是有效防止裂纹产生的措施。

冷裂是在较低温度下形成的，此时金属处于弹性状态，当铸造应力超过合金的强度极限时产生冷裂。其形状特征是裂纹细小，呈连续直线状，有时缝内有轻微氧化色。冷裂常出现在复杂件受拉伸部位，特别易出现在应力集中处。不同合金的冷裂倾向不同，灰口铸铁、高锰钢等塑性差的合金容易产生冷裂；钢中磷含量高，冷脆性增加，易形成冷裂，因此，对钢铁材料应严格控制含磷量，并在浇注后不要过早落砂。冷裂的倾向与铸造内应力有密切关系，任何因素凡能减小铸造内应力，均能防止冷裂。

## 2.1.3　合金的吸气性

在熔炼和浇注合金时，合金会吸入大量气体，这种吸收气体的能力称为吸气性。气体在冷凝的过程中不能逸出，冷凝后则在铸件内形成气孔缺陷。气孔表面比较光滑、明亮或略带氧化色，形状呈椭圆形、球形或梨形。气孔的存在破坏了金属的连续性，减少了承载的有效面积，并在气孔附近引起应力集中，降低了铸件的力学性能。

按照气体的来源，气孔可分为侵入气孔、析出气孔和反应气孔三类。

**1. 侵入气孔**

侵入气孔是砂型和型芯表面层聚集的气体侵入金属液中而形成的气孔。气体主要来自造型材料中的水分、黏结剂、附加物等，一般是水蒸气、一氧化碳、二氧化碳、氧气、碳氢化合物等。侵入气孔多位于砂型和型芯的表面附近，尺寸较大，呈椭圆形或梨形，孔的内表面被氧化。预防侵入气孔产生的主要措施是减少型（芯）砂的发气量、发气速度，增加铸型、型芯的透气性；或是在铸型表面刷上涂料，使型砂与金属液隔开，防止气体的侵入。

**2. 析出气孔**

溶解于金属液中的气体在冷却和凝固过程中，由于气体的溶解度下降而从合金中析出，在铸件中形成的气孔称为析出气孔。析出气孔的分布面积较广，有时遍及整个铸件截面，但气孔的尺寸很小，常被称为"针孔"。析出气孔在铝合金中最为多见，它不仅影响合金的力学性能，还将严重影响铸件的气密性，甚至引起铸件渗漏。

预防析出气孔的主要措施是减少合金的吸气量，即将炉料及浇注工具进行烘干，缩短熔炼时间，在覆盖层下或真空炉中熔炼合金等；可以利用不溶于金属的气泡，带走溶入液态金属中的气体，即对金属进行除气处理。如向铝液底部吹入氮气，当氮气泡上浮时可带走铝液中的氢气；也可在生产中采用提高铸件的冷却速度和使其在压力下凝固的办法，使气体来不及析出而过饱和地溶解在金属中，从而能避免气孔的产生。此外，用金属型铸造铝铸件，比用砂型铸造铝铸件产生的气孔要少。

**3. 反应气孔**

浇入铸型中的金属液与铸型材料、型芯撑、冷铁或熔渣之间，因化学反应产生气体而形成的气孔，称反应气孔。反应气孔的种类很多，形状各异。如金属液与砂型界面因化学反应生成的气孔，多分布在铸件表层下 $1 \sim 2\ mm$ 处，表面经过加工或清理后，许多小孔就会显现出来，被称为皮下气孔。反应气孔形成的原因和方式较为复杂，不同合金的气孔预防方法也有所区别，通常可以通过清除冷铁、型芯撑的表面油污、锈蚀并保持干燥来预防反应气孔的出现。

# 2.2　常用的铸造合金及铸造方法

## 2.2.1　常用的铸造合金

常用的铸造合金包括铸铁、铸钢和铸造有色合金。其中最常用的铸造合金是铸铁件，它大量应用于机器制造业中，通常铸铁件占机器总重量的 $50\%$ 以上。

**1. 铸铁**

铸铁是含碳量大于 $2.11\%$ 的铁碳合金。根据碳在铸铁中存在的不同形式，铸铁可分为白口铸铁、灰口铸铁和麻口铸铁。白口铸铁中的碳以渗碳体形式存在，断口呈银白色，硬脆性大，很少用于制作机器零件，主要作为炼钢原料。灰口铸铁中的碳以石墨形式存在，断口呈暗灰色，应用较广。麻口铸铁中的碳以自由渗碳体和石墨形式混合存在，断口为黑白相间的麻点，硬脆性大，也很少使用。

其中灰口铸铁根据石墨的不同形态又可分为普通灰口铸铁、可锻铸铁、球墨铸铁和蠕墨铸铁。

1）普通灰口铸铁

普通灰口铸铁通常简称为灰铸铁，石墨呈片状，如图 2-15(a)所示。其化学成分靠近共晶点，熔点低，具有良好的流动性，并且铸件在结晶时，由于石墨的析出而产生膨胀，抵消了铸铁的凝固收缩，其总的收缩率很小，因而不易产生缩孔等缺陷，在一般情况下铸型很少需要冒口和冷铁。普通灰口铸铁浇注温度较低，因而对型砂的性能要求较低，即可使用普通的天然石英砂，通常多采用湿型铸造。因此，普通灰口铸铁具有良好的铸造性能，且铸造工艺简单，便于制造薄而复杂的铸件。此外，灰口铸铁件一般不需进行热处理，或仅需时效处理。

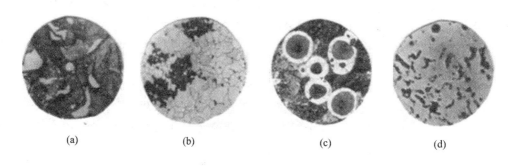

　　　(a)　　　　　　　　(b)　　　　　　　　(c)　　　　　　　　(d)

图 2-15　铸铁石墨形态

（a）普通灰口铸铁；（b）可锻铸铁；（c）球墨铸铁；（d）蠕墨铸铁

但是，普通灰口铸铁由于粗片状石墨的存在，导致力学性能降低（$R_m \leqslant 250$ MPa），因此为了改善灰口铸铁的力学性能，通常需要采用孕育处理来改变片状石墨的大小和数量。石墨片越细小、越均匀，铸铁的力学性能便越高。铁液经孕育处理后，获得的亚共晶灰铸铁称为孕育铸铁。其组织是在珠光体基体上均匀分布着的细小石墨片，其强度和硬度明显高于普通灰口铸铁，但塑性和韧性仍比较差，可用来制造力学性能要求较高的铸件，如汽缸、曲轴、凸轮、机床床身，特别是截面尺寸变化较大的铸件。

孕育处理过程是首先熔炼出碳硅含量低的高温原铁水，一般是碳含量为 2.7% ~ 3.3%、硅含量为 1.0% ~ 2.0%；然后将块度为 3~10 mm³ 的小块或粉末状孕育剂均匀地撒到出铁槽或浇包中，由出炉的高温铁水将孕育剂冲熔，并被吸收后，搅拌、扒渣，然后进行浇注。常用的孕育剂为含硅 75% 的硅铁合金，孕育剂的加入量为铁水重量的 0.25% ~ 0.6%，厚件加入孕育剂的重量要取下限。由于低碳铁水的流动性差，处理后铁水温度要降低，因此铁水出炉温度一般控制在 1400~1450℃。孕育剂在铁水中形成大量弥散的石墨结晶核心，使石墨化作用提高，从而得到细粒珠光体和分布均匀的细片状石墨组织，使铸铁的力学性能提高。经孕育处理的铁水应及时进行浇注，因为随着时间的增加，孕育效果会减弱以致消失，产生孕育衰退，所以生产中规定了孕育处理后进行浇注的时间间隔不要超过 15 min。

普通灰口铸铁的牌号用力学性能来表示。以"HT"表示普通灰口铸铁，后面以三位数字表示普通灰口铸铁的最低抗拉强度值。各牌号灰口铸铁的力学性能和用途如表 2-3 所示。

### 表 2-3 常用普通灰口铸铁的牌号、性能及用途

| 类别 | 牌号 | 铸件壁厚/mm | 抗拉强度/MPa | 硬度/HBS | 特性及应用举例 |
|---|---|---|---|---|---|
| 普通灰口铸铁 | HT100 | 2.5～10 | 130 | 110～167 | 铸造性能好,工艺简便,铸造应力小,不需人工时效处理,减震性好。适用于负荷很小的不重要件或薄件,如重锤、油盘、防护罩、盖板等 |
| | | 10～20 | 100 | 93～140 | |
| | | 20～30 | 90 | 87～131 | |
| | | 30～50 | 80 | 82～122 | |
| | HT150 | 2.5～10 | 175 | 136～205 | 性能与 HT100 相似,适用于承受中等载荷的零件,如机座、支架、箱体、轴承座、法兰、阀体、泵体、皮带轮、机油壳等 |
| | | 10～20 | 145 | 119～179 | |
| | | 20～30 | 130 | 110～167 | |
| | | 30～50 | 120 | 105～157 | |
| | HT200 | 2.5～10 | 220 | 157～236 | 强度较高,耐磨、耐热较好,减震性好;铸造性能较好,但必须进行人工时效处理。适用于承受中等或较大载荷和要求一定气密性或耐蚀性等较重要的零件,如汽缸、衬套、齿轮、飞轮、底架、机体、汽缸体、汽缸盖、活塞环、油缸、凸轮、阀体、联轴器等 |
| | | 10～20 | 195 | 148～222 | |
| | | 20～30 | 170 | 134～200 | |
| | | 30～50 | 160 | 129～192 | |
| 孕育铸铁 | HT250 | 4～10 | 270 | 174～262 | |
| | | 10～20 | 240 | 164～247 | |
| | | 20～30 | 220 | 157～236 | |
| | | 30～50 | 200 | 150～225 | |
| | HT300 | 10～20 | 290 | 182～272 | 强度和耐磨性很好,但白口倾向大,铸造性能差,必须进行人工时效处理。适用于要求保持高度气密性的零件,如压力机、自动车床和其他重型机床的床身、机座、主轴箱、曲轴、汽缸体、汽缸盖、缸套等 |
| | | 20～30 | 250 | 168～251 | |
| | | 30～50 | 230 | 161～241 | |
| | HT350 | 10～20 | 340 | 199～298 | |
| | | 20～30 | 290 | 182～272 | |
| | | 30～50 | 260 | 171～257 | |

2) 可锻铸铁

可锻铸铁又称玛铁或玛钢,石墨呈团絮状,如图 2-15(b)所示,它是将白口铸铁件经高温石墨化退火,使其组织中的渗碳体分解为团絮状石墨而成。由于团絮状石墨的存在大大减轻了对基体的割裂作用,因而抗拉强度得到显著提高,特别是其强度和韧性比普通灰口铸铁高,因此得名,但是,事实上可锻铸铁通常不能用于锻造加工。

可锻铸铁的碳、硅含量较低,凝固温度范围较大,因而铁水的流动性较差,为此,必须适当提高铁水的出炉温度和浇注温度,以防止浇注时铸件产生冷隔和浇不足等缺陷。因为浇注温度高(一般不低于 1360℃),所以型砂的耐火性也要适当提高。可锻铸铁的铸态组织为白口,没有石墨化膨胀阶段,收缩大,容易形成缩孔、缩松和裂纹缺陷,因此,在铸造工艺上应采用顺序凝固原则,设置冒口和提高型砂的退让性等。可锻铸铁的生产过程比较复杂,退火周期长,能源消耗大,铸件成本较高。

可锻铸铁分为两类,一类为黑心可锻铸铁和珠光体可锻铸铁,基本组织分别为铁素体基体和珠光体基体,另一类为白心可锻铸铁,其基本组织取决于断面尺寸。表 2-4 为常用一类可锻铸铁的牌号、性能及用途举例。其中"KTH"为代表黑心可锻铸铁。"KTZ"代表珠

光体可锻铸铁，后面第一组数字代表最低抗拉强度，第二组数字代表最低伸长率。

**表 2-4　常用黑心和珠光体可锻铸铁的牌号、性能及用途**

| 名称 | 牌　号 | 力学性能 | | | 应用举例 |
|---|---|---|---|---|---|
| | | 抗拉强度/MPa | 伸长率 $A$/(%) | 硬度/HBW | |
| 黑心可锻铸铁 | KTH300-06 | 300 | 6 | ≤150 | 三通、管件、中压阀门 |
| | KTH330-08 | 330 | 8 | | 扳手、农用工具 |
| | KTH350-10 | 350 | 10 | | 输电线路件、汽车、拖拉机的前后轮壳、差速器壳、转向节壳、制动器；农机件及冷暖器接头等 |
| | KTH370-12 | 370 | 12 | | |
| 珠光体可锻铸铁 | KTZ450-06 | 450 | 6 | 150~200 | 曲轴、凸轮轴、连杆、齿轮、摇臂、活塞环、轴套、犁片、耙片、闸、万向接头、棘轮、扳手、传动链条、矿车轮 |
| | KTZ500-05 | 500 | 6 | 165~215 | |
| | KTZ600-03 | 600 | 3 | 195~245 | |
| | KTZ700-02 | 700 | 2 | 240~290 | |

注：本表引自 GB/T 9440-2010。

从表 2-4 中可见，黑心可锻铸铁具有较高的塑性和韧性，强度相对较低；而珠光体可锻铸铁强度、硬度较高，塑性较差。前者常用于制造受冲击、震动的零件，例如汽车前后桥壳、减速器壳等；后者可用来制造具有较高强度及耐磨性的零件，例如曲轴、连杆等。可锻铸铁目前多用于制造形状复杂、承受冲击载荷的薄壁小件，而对于大中型零件不宜采用。目前，球墨铸铁已代替部分可锻铸铁。

3）球墨铸铁

球墨铸铁内石墨呈球状，如图 2-15(c)所示，其化学成分接近共晶点，要求碳、硅含量比灰口铸铁高，锰、硫、磷含量比灰铸铁低。球墨铸铁的力学性能较好，其强度、塑性和韧性较高，并具有良好的耐磨性、抗疲劳性和减震性，流动性较好，但铸造性能不及普通灰口铸铁，主要用来制造载荷较大、受力复杂的机器零件。

球墨铸铁生产时，为了获得球状石墨，需要进行球化处理，而球化剂具有阻碍石墨化的作用，并为防止白口组织现象，要进行孕育处理。但是，因为球化处理时铁水温度会下降 50~100℃，铸件会产生浇不足等缺陷，所以，球墨铸铁要较高的浇注温度及较大的浇注尺寸。为保证浇注温度，铁水的出炉温度应在 1400℃以上。球墨铸铁在凝固收缩前有较大的膨胀，当铸型刚度不足时，铸件的外壳将向外胀大，造成铸件内部金属液的不足，在铸件最后凝固部位易产生缩孔。因此，球墨铸铁一般需用冒口和冷铁，采用顺序凝固原则。另外，由于铁水中的 MgS 与型腔中的水分作用，生成 $H_2S$ 气体，球墨铸铁易产生皮下气孔，因此，在造型工艺上应严格控制型砂水分，适当提高型砂透气性。此外，因为球墨铸铁比灰口铸铁有较大的内应力、变形、裂纹倾向，所以对球墨铸铁要进行退火处理，以消除内应力。

球墨铸铁球化处理的目的是使石墨结晶时呈球状析出，常用的球化剂主要是稀土元素镁，其加入量为铁液量的 1.3%~1.8%。球化处理一般采用包底冲入处理法，如图 2-16 所示，将球化剂放入铁水包底部，上面覆盖硅铁粉和草木灰，以防止球化剂上浮。铁水分两次冲入，第一次冲入 1/2~2/3，待球化作用后，再冲入其余铁水，经孕育处理、搅拌、扒渣后即可浇注。常用的孕育剂为 75% 硅的硅铁合金，加入量为铁水重量的 0.4%～1.0%。球化处理中，碳可改善铸造性能和球化效果；低的硅、锰和磷，可提高塑性和韧性；但硫易与球化剂合成硫化物，严重影响球化效果，应严格控制。另外，处理后的铁水应及时浇注，否则球化作用衰退会引起铸件球化不良，降低性能，因此为了防止球化衰退，通常要求 15 min 内完成浇注。

图 2-16　包底冲入球化法

球墨铸铁的牌号、性能及用途如表 2-5 所示。其中以"QT"表示"球铁"，它们后面的第一组数字代表最低抗拉强度，第二组数字代表最低延伸率。

**表 2-5　常用球墨铸铁的牌号、性能及应用举例**

| 牌号 | 抗拉强度/MPa | 屈服极限/MPa | 延伸率/(%) | 主要特性及应用举例 |
|---|---|---|---|---|
| QT400-18 | 400 | 250 | 18 | 焊接性及切削加工性能好，韧性高。主要应用于汽车、拖拉机底盘零件，如轮毂、驱动桥壳体、离合器壳 |
| QT450-10 | 450 | 310 | 10 | 焊接性及切削加工性能好，塑性略低，强度高。适用于阀体、阀盖、压缩机高低压汽缸 |
| QT500-7 | 500 | 320 | 7 | 中等强度与韧性，切削加工性尚可，适合机油泵齿轮、座架、传动轴、飞轮 |
| QT600-3 | 600 | 370 | 3 | 中高强度，塑性低，耐磨性较好。主要用于大型发动机曲轴、凸轮轴、连杆、进排气门座 |
| QT800-2 | 800 | 480 | 2 | 较高的强度和耐磨性，塑性和韧性较低。主要用于中小型机器的曲轴、缸体、缸套、机床主轴 |

注：本表引自 GB/T 1348-2009。

4）蠕墨铸铁

蠕墨铸铁内石墨呈蠕虫状，如图 2-15(d) 所示，是近几十年来发展起来的新型铸铁材料。蠕墨铸铁的化学成分与球墨铸铁相似，力学性能介于相同基体组织的灰口铸铁和球墨铸铁之间，耐磨性比灰口铸铁好，减震性比球墨铸铁好，有良好的流动性和较小的收缩性，铸造性能接近于灰口铸铁，切削性能较好，特别是有很好的导热性和耐热疲劳性，强度接近于球墨铸铁。因此，蠕墨铸铁适合于制造工作温度较高、经受热循环载荷、组织要求致密、强度要求高的铸件，例如汽缸盖、排气管、制动盘、钢锭模、制动零件、液压阀的阀体和液压泵的泵体等。此外，由于其断面敏感性小，可用于制造形状复杂的大铸件，如重型机床和大型柴油机的机体等。

蠕墨铸铁的制造过程及炉前处理与球墨铸铁相同，不同的是以蠕化剂代替球化剂。蠕化剂一般采用稀土镁钛、稀土镁钙和稀土硅钙等合金。加入量为铁水质量的 1%～2%，蠕化处理后，还需加入孕育剂进行孕育处理。

**2. 铸钢**

铸钢为含碳量小于2.11％的用于浇注铸件的铁碳合金。铸钢的强度与铸铁相近，但冲击韧性和疲劳强度要高得多，力学性能优于各类铸铁，主要用于强度、韧性、塑性要求较高、冲击载荷较大或有特殊性能要求的铸件，如起重运输机械中的一些齿轮、挖土机掘斗等。另外，铸钢的焊接性能远比铸铁优良，这对于采用铸焊联合工艺制造大型机器零件是很重要的。铸钢件产量约占铸件总产量的30％，仅次于铸铁件。

1）铸钢的分类

铸钢按化学成分可分为碳素铸钢和合金铸钢两大类。

碳素铸钢应用最广，占铸钢总产量的80％以上，牌号以"ZG"加两组数字表示，第一组数字表示厚度为100 mm以下铸件室温时屈服点最小值，第二组数字表示铸件的抗拉强度最小值。用于制造零件的碳素铸钢主要是含碳量在0.25％～0.45％的中碳钢。这是由于低碳钢熔点高，流动性差，易氧化和热裂；高碳钢虽然铸造性能较好（熔点低，流动性好），但由于含碳量增高，铸件收缩率增加，同时使导热性能降低，容易产生冷裂。表2-6列出了几种常用碳素铸钢的牌号及用途。

**表 2-6　常用碳素铸钢的牌号、化学成分及用途**

| 牌　号 | 化学成分的质量分数/（％） | | | | 应用举例 |
|---|---|---|---|---|---|
| | C | Si | Mn | P、S | |
| ZG200-400 | 0.20 | | 0.80 | | 用于受力不大、要求韧性高的各种机械零件，如机座、箱体等 |
| ZG230-450 | 0.30 | | | | 用于受力不大、要求韧性较高的各种机械零件，如外壳、轴承盖、阀体、砧座等 |
| ZG270-500 | 0.40 | 0.60 | 0.90 | 0.035 | 用于轧钢机机架、轴承座、连杆、曲轴、缸体、箱体等 |
| ZG310-570 | 0.50 | | | | 用于负荷较高的零件，如大齿轮、缸体、制动轮、棍子等 |
| ZG340-640 | 0.60 | | | | 用于齿轮、棘轮、连接器、叉头等 |

注：本表引自 GB/T 11352-2009。

合金铸钢按合金元素的含量分为低合金铸钢和高合金铸钢两类。低合金铸钢中合金元素的总质量分数小于或等于5％，力学性能比碳钢高，因而能减轻铸钢重量，提高铸件使用寿命，主要用于制造齿轮、转子及轴类零件。高合金铸钢中合金元素的总质量分数大于10％，具有耐磨性、耐热性和耐腐蚀性，可用来制造特殊场合下的耐磨和耐腐蚀零件。

2）铸钢的铸造特点

铸钢的浇注温度高，易氧化，流动性差、收缩大，因此铸造困难，容易产生黏砂、缩孔、冷隔、浇不足、变形和裂纹等缺陷。铸钢件造型用的型砂及芯砂的透气性、耐火性、强度和退让性较好。为了防止黏砂，铸型表面还要使用石英粉或锆砂粉涂料。为了减少气体来源，提高合金流动性和铸型强度，一般多用干型或快干型。铸件大部分安置相当数量的冒口、冷铁，采用顺序凝固原则，以防止缩孔、缩松缺陷的产生。对于壁厚均匀的薄件，可采用同时凝固的原则，开设多道内浇口，让钢液均匀、迅速地填满铸件，同时必须严格控制浇注温度，防止温度过高或过低致使铸件产生缺陷。铸钢件铸后晶粒粗大，组织不均匀，有较大的铸造内应力，强度低，塑性、韧性较差。为了细化晶粒、消除应力、提高铸钢件的力学性能，铸钢铸后要进行退火或正火热处理。

**3. 铸造有色合金**

铸造有色合金的力学性能比铸铁或铸钢要低，但具有特殊的物理、化学性能，如较好的耐蚀性、耐磨性、耐热性和导电性等。常用的铸造有色合金有铝合金、铜合金、镁合金、钛合金及轴承合金等，应用较多的是铸造铝合金及铸造铜合金。

1) 铸造铝合金

铸造铝合金的相对密度小，熔点低，导电性、导热性及耐腐蚀性好，广泛地用于航空工业及发动机制造等领域。

铸造铝合金熔点低，一般用坩埚炉熔炼。铝合金在高温下易氧化，生成高熔点的 $Al_2O_3$，造成非金属夹杂物悬浮在铝液中，很难清除，使合金的力学性能降低。此外铝合金在液态下还易吸收氢气，冷却时被覆盖其表面的致密的 $Al_2O_3$ 薄膜阻碍而不易排出，会形成许多小针孔，严重影响铸件的气密性，并使力学性能下降。为防止铝合金的氧化和吸气，在熔化时要向坩埚内加入如 $KCl$、$NaCl$ 等盐类作熔剂，将铝液覆盖，与炉气隔绝。在铝液出炉之前，还要进行精炼，以排除吸入的气体，方法是：将氯气用管子通入铝液中 $6\sim10\ min$，在铝液内就发生如下反应：

$$3Cl_2 + 2Al \rightarrow 2AlCl_3 \uparrow$$
$$Cl_2 + H_2 \rightarrow 2HCl \uparrow$$

生成的 $AlCl_3$、$HCl$、$Cl_2$ 气泡在上浮过程中，将铝液中溶解的气体和 $Al_2O_3$ 夹杂物一并带出液面而除去。

铸造铝合金流动性好，对型砂耐火性要求不高，可采用细砂造型，获得的铸件表面粗糙度值小，并可浇注复杂薄壁铸件。为防止铝液在浇注过程中的氧化和吸气，通常要用开放式的浇注系统，并多开内浇口，使铝液能够平稳而快速地充满铸型。

铸造铝合金根据合金成分的不同分为四类，即铝硅合金、铝铜合金、铝镁合金和铝锌合金。铸造铝合金的牌号用"ZL"表示，后面首位数字在 1～4 中，分别表示上述 4 种不同的铸造铝合金类型。铝硅合金熔点较低，流动性较好，线收缩率低，热裂倾向小，气密性好，具有良好的铸造性能，力学性能、物理性能和切削性能较好，其应用最广，比如常用的有 ZL101 和 ZL102，适用于制造形状复杂的薄壁件或气密性要求较高的零件，如泵壳、仪表外壳、化油器、调速器壳等。铝铜合金铸造性能较差，因此，应适当提高浇注温度和浇注速度，同时在大部分厚铸件上安置冒口，以防止产生浇不足、缩孔和裂纹等缺陷。不过，尽管铝铜合金耐腐蚀性较低，但具有较高的力学性能，应用度仅次于铝硅合金，常用于制造活塞、汽缸盖、金属模型等。铝镁合金耐蚀性最好，密度最小，强度最高，但铸造工艺较复杂，常用于航天、航空或长期在大气、海水中工作的零件，如水泵体或车辆上的装饰性部件。铝锌合金耐蚀性差，热裂倾向大，但强度较高，多用来制造汽车发动机配件、仪表元件等。

2) 铸造铜合金

铸造铜合金具有较高的耐磨性、耐腐蚀性、导电性和导热性，广泛用于制造轴套、涡轮、泵体、管道配件以及电器和制冷设备上的零件，但是铜的比重大，价格昂贵。

铸造铜合金分为铸造黄铜和铸造青铜两大类。几种铸造铜合金的牌号、性能及用途如表2-7所示。铸造铜合金的牌号中 Z 表示铸造，Cu 表示基体元素铜的元素符号，其余字母表示主要合金元素符号，其后数字表示该元素的平均百分含量。

**表 2-7　常用的铸造铜合金的牌号、力学性能及用途举例**

| 类型 | 牌　　号 | 力 学 性 能 | | | 用 途 举 例 |
|---|---|---|---|---|---|
| | | 抗拉强度/MPa | 延伸率/(%) | 硬度/HBW | |
| 铸造黄铜 | ZCuZn38 | 295 | 30 | 60 | 一般结构件和耐蚀零件，如法兰、阀座、手柄和螺母等 |
| | ZCuZn40Pb2 | 220 | 15 | 80 | 一般用途的耐磨、耐蚀零件，如轴套、齿轮等 |
| 铸造青铜 | ZCuPb10Sn10 | 180 | 7 | 65 | 滑动轴承，内燃机双金属轴瓦，以及活塞销套、摩擦片等 |
| | ZCuAl9Mn2 | 390 | 20 | 85 | 耐蚀、耐磨零件，形状简单的大型铸件，如衬套、齿轮、涡轮 |
| | ZCuSn10Pb5 | 195 | 10 | 70 | 结构材料，耐蚀、耐酸的配件 |

注：本表引自 GB/T1176-2013。

铸造黄铜是以锌为主要合金元素的铜基合金，锌的含量决定黄铜的力学性能，锌含量在 32% 以下时，随着黄铜中锌含量的增加，黄铜的强度、塑性显著提高。当锌含量大于39% 时，强度继续升高，但塑性迅速下降。当锌的含量超过 45% 时，黄铜的强度急剧下降。所以工业上所用的黄铜 Zn 含量一般不超过 47%。锌是很好的脱氧剂，能使合金的结晶温度范围缩小，提高流动性，并避免铸件产生缩松。铸造黄铜熔点较低，流动性好，可浇注复杂的薄壁铸件，对型砂的耐火度要求不高，可采用较细的型砂造型，铸件表面粗糙度（值）小，加工余量少。铸造黄铜包括普通黄铜和特殊黄铜，只由铜、锌两种元素构成的黄铜为普通黄铜；特殊黄铜除了铜、锌以外，还有铝、硅、锰、铅等合金元素。普通黄铜的耐磨性和耐蚀性很差，工业上用得不多；特殊黄铜的强度和硬度较高，耐蚀性、耐磨性和耐热性好，铸造性能和切削加工性能好，可用来制造耐磨、耐蚀零件，如内燃机轴承、轴套、调压阀等。

铸造青铜是铜与锌以外的元素所构成的铜合金，耐磨性和耐蚀性比黄铜高，可制造重要轴承、轴套、调压阀座等。铸造青铜包括锡青铜和特殊青铜，以锡为主要元素的青铜为锡青铜，其他的为特殊青铜，又叫无锡青铜，包括铝青铜、铅青铜和锰青铜等。锡能提高青铜的强度和硬度。锡青铜的结晶温度范围宽，合金流动性差，易产生缩松，不适于制造气密性要求较高的零件，因此，壁厚不大的铸件，需采用同时凝固的方法。铸造时宜采用金属型，因冷速大而易于补缩，使铸件结晶致密。此外，锡青铜在液态下易氧化，形成 $Cu_2O$溶解在铜内，使力学性能下降。为了防止氧化，加入熔剂（如玻璃、木炭、硼砂等）覆盖铜合金液表面，同时还加入 0.3%~0.5% 的磷铜脱氧，使 $Cu_2O$ 还原。

3）铸造镁合金

镁合金铸造有多种方法，包括砂型铸造、熔模铸造、挤压铸造、低压铸造和高压铸造等。铸造镁合金可分为普通铸造镁合金和压力铸造镁合金。

镁的化学活性很强烈，在熔态下，极易和氧、氮气及水汽发生化学作用。如不严加保护熔体表面，接近 800℃时熔体表面会很快氧化燃烧。为减少烧损，保证生产安全以及金属质量，在整个熔铸过程中，熔体始终需用熔剂加以保护，避免与炉气和空气中的氧、氮及水气接触。镁合金的氧化夹杂、熔剂夹渣和气体溶解度远比铝合金多。因此，需要进行净化处理。目前，在我国多采用熔剂精炼法，有些国家也采用气体精炼法。

镁合金的热裂纹倾向较大，因此铸造时的结晶速度不宜过高，但结晶速度过小，又将促进金属中间化合物的形成和发展。这种工艺上的矛盾增加了工艺复杂性，必须全面考虑，适当选择。但由于镁合金的弹性模量比铝合金小得多，因此，镁合金铸锭的内应力远小于铝合金，其冷裂纹倾向性要比铝合金小得多。

## 2.2.2　常见的铸造缺陷

由于铸造工序繁多，影响铸件质量的因素比较复杂，不利于综合控制，铸件的缺陷难以完全避免。表 2-8 列出了铸件常见缺陷的特征及产生原因。为了能够正确设计铸件的结构，应根据铸造生产的实际条件，合理地拟定技术要求，以防止缺陷的发生。

### 表 2-8　铸件常见缺陷的特征及产生原因

| 类别 | 缺陷 | 简图特征 | 产生原因 |
|---|---|---|---|
| 孔眼 | 气孔 | 气孔 | 1. 舂砂太紧或造型起模时刷水太多<br>2. 型砂含水过多或透气性差<br>3. 型砂芯砂未烘干，或型芯通气孔阻塞<br>4. 铁水温度过低或浇注速度太快 |
| | 缩孔 | 缩孔　补缩冒口 | 1. 铸件设计不合理，无法补缩<br>2. 浇冒口布置不对或冒口太小，或冷铁位置不对<br>3. 浇注温度太高或铁水成分不对，收缩太大 |
| | 砂眼 | 砂眼 | 1. 造型合箱时，散砂落入型腔或未吹净<br>2. 型砂强度不够，或舂砂太松<br>3. 浇口不对，致铁水冲坏砂型，或合箱时碰坏了砂型 |
| | 渣眼 | 孔形不规则，孔内充塞熔渣　渣眼 | 1. 浇注时，挡渣不良<br>2. 浇口不能起挡渣作用<br>3. 浇注温度太低，渣子不易上浮 |
| 表面缺陷 | 冷隔 | 冷隔 | 1. 浇注温度过低<br>2. 浇注时断流或浇注速度太慢<br>3. 浇注系统位置不当或浇口太小 |
| | 黏砂 | 粘砂 | 1. 砂型舂得太松<br>2. 浇注温度过高<br>3. 型砂耐火性差 |
| | 夹砂 | | 1. 型砂受热膨胀，表层鼓起或开裂<br>2. 型砂湿压强度较低<br>3. 砂型局部过紧，水分过多<br>4. 内浇口过于集中，使局部砂型烘烤厉害<br>5. 浇注温度过高，浇注速度太慢 |

续表

| 类别 | 缺陷 | 简图特征 | 产生原因 |
|------|------|----------|----------|
| 裂纹 | 裂缝 | 裂缝 | 1. 铸件设计不合理，厚薄相差太大<br>2. 浇注温度太高，致使冷却不匀，或浇口位置不当，冷却顺序不对<br>3. 砂型(芯)退让性差 |
| 形状尺寸不足 | 错箱 | 错箱 | 1. 型芯变形<br>2. 下芯时放偏<br>3. 型芯没固定好，浇注时被冲偏 |
| | 偏芯 | | 1. 型芯变形或放置偏位，芯撑太少或位置不对<br>2. 型芯尺寸不准，或型芯固定不稳<br>3. 浇口位置不对，铁水冲走型芯 |
| | 浇不足 | 浇不足 | 1. 浇注温度太低，速度太慢并断流或铁水不够<br>2. 浇口太小或没开出气口<br>3. 铸件太薄 |

## 2.2.3　常用的铸造方法

按工艺方法不同，常用的铸造方法可分为砂型铸造和特种铸造两大类。砂型铸造是传统的铸造方法，其特点是适应性广，成本低，生产周期短，应用最为广泛，但铸件的精度不高，粗糙度值大，铸型仅能使用一次，而且工人的劳动强度也大等。特种铸造是指与普通砂型铸造有一定区别的一些铸造方法，如熔模铸造、金属型铸造、压力铸造、离心铸造等，这些方法主要从铸型及铸型材料、制造铸型的工艺方法、浇注条件及液态金属的冷却速度等方面加以改善，有利于提高铸件精度和表面质量，从而获得比砂型铸件力学性能更高的铸件。

### 1. 砂型铸造

砂型铸造以型砂和芯砂为造型材料制成铸型，如图 2-17 所示，它是一种通过液态金属在重力作用下充填铸型来生产铸件的铸造方法。其所用铸型一般由外砂型和型芯组合而成。砂型的基本原材料是铸造砂和型砂黏结剂。最常用的铸造砂是硅质砂，当不满足高温性要求时可用锆英砂、铬铁矿砂、刚玉砂等特种砂。应用最广的型砂黏结剂是黏土，也可采用干性油或半性油、水柔性硅酸盐或磷酸盐和各种合成树脂。常用的砂型有湿砂型、干砂型和化学硬化型。

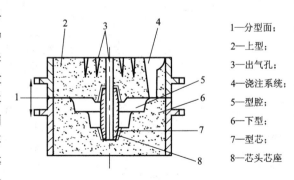

1—分型面；
2—上型；
3—出气孔；
4—浇注系统；
5—型腔；
6—下型；
7—型芯；
8—芯头芯座

图 2-17　砂型铸造铸型装配图

　　湿砂型以黏土和适量的水为主要型砂黏结剂，制成砂型后直接在湿态下合型和浇注，砂型生产周期短，效率高，易于实现机械自动化，成本低，因而应用较广，但是砂型强度低，发气量大，易于产生铸造缺陷。干砂型用的型砂湿态水分略高于湿砂型用的型砂，砂型制好后，型腔表面涂以耐火涂料，放烘炉中烘干，冷却后可合型、浇注，铸型强度和透气性较高，发气量小，铸造缺陷较少，但生产周期长，成本高，不易实现机械化，一般用于制造铸钢件和较大的铸铁件。化学硬化型所用型砂的黏结剂，一般都是在硬化剂作用下能发生分子聚合反应，进而成为立体结构的物质而发生硬化，铸型强度高，生产效率高，粉尘少，但成本较高，易产生黏砂等缺陷，目前应用较广，可用于大、中型铸件。

　　砂型铸造根据完成造型工序的方法不同，分为手工造型和机器造型两大类。

　　1）手工造型

　　手工造型操作灵活，工艺装备简单，成本低，大小铸件均可适应，特别能铸造出形状复杂、难以起模的铸件。但是手工造型铸件质量较差，生产效率低，劳动强度大，要求工人有较高的技术水平，适用于单件、小批量生产。手工造型的方法很多，表 2 - 9 列出手工造型各种方法及应用。

表 2 - 9　手工造型各种方法及应用

| 造型方法 | | 主要特点 | 应用 |
|---|---|---|---|
| 按模样特征分类 | 整模造型 | 模样为整体模，分型面是平面，铸型型腔全部在半个铸型内，造型简单，逐渐精度和表面质量较好 | 最大截面位于一端，用于分型面是平面的简单铸件的单件、小批量生产 |
| | 分模造型 | 模样为分开模，型腔一般位于上下两个半型中，造型简便 | 用于套类、管类及阀体等形状较复杂的铸件的单件、小批量生产 |
| | 挖砂造型 | 模样为整体，但分型面不为平面，为取出模样，造型时用手工挖去阻碍起模的型砂。生产效率低，要求工人有较高的技术水平 | 用于分型面不是平面的铸件的单件、小批量生产 |
| | 假箱造型 | 为避免挖砂造型的缺点，在造型前特制一个底胎(假箱)，然后在底胎上造下箱。由于底胎不参加浇注，称为假箱，与挖砂造型相比简单，分型面整齐 | 用于成批生产需挖砂的铸件 |
| | 活块造型 | 当铸件上有阻碍起模的小凸台、肋板时，需制成活动部分，起模时先取出主体模样，再取出活块。造型生产率低，要求工人有较高水平 | 用于带有突出部分难以起模的铸件的单件、小批量生产 |
| | 刮板造型 | 用刮板代替模样造型。节约材料，缩短生产周期，但生产率低，要求工人有较高技术水平，铸件尺寸精度差 | 用于回转体大、中型铸件(如皮带轮、弯头等)的单件、小批量生产 |

| 造型方法 | | 主要特点 | 应用 |
|---|---|---|---|
| 按砂箱特征分类 | 两箱造型 | 铸型由上箱和下箱构成，操作方便 | 用于各种铸型，各种批量，是选型的最基本方法 |
| | 三箱造型 | 铸件的最大截面位于两端，必须用分开模、三个砂箱造型，模样从中箱两端的两个分型面取出。造型生产率低 | 用于手工造型的单件、小批量生产，具有两个分型面的中、小型铸件 |
| | 脱箱造型（无箱造型） | 采用活动砂箱造型，在铸型合箱后，将砂箱脱出，重新用于造型 | 用于小铸件的生产。砂箱尺寸多小于 400 mm×400 mm×150 mm |
| | 地坑造型 | 在地面砂床上造型，不用砂箱或只用上箱，缩短制作砂箱的时间，但操作麻烦，劳动量大，要求工人有较高的技术 | 用于生产要求不高的中、大型铸件，或砂箱不足时批量不大的中、小铸件 |

2）机器造型

用机器全部完成或至少完成紧砂操作的造型工序称机器造型。与手工造型相比，机器造型生产效率高，降低劳动强度，环境污染小，制出的铸件尺寸精度和表面质量高，加工余量小，但设备和砂箱、模具投资大，费用高，生产准备时间长。因此，机器造型适用于中、小型铸件成批或大批量生产。同时，在各种造型机上只能采用模板进行两箱造型或类似于两箱造型的其他方法，并尽量避免活块和挖砂造型等，以提高造型机的生产率。常用的机器造型方法的特点及应用见表 2-10。

表 2-10　常用的机器造型方法的原理、特点及应用

| 造型方法 | 原理 | 特点及应用 |
|---|---|---|
| 震压造型 | 先以机械震击紧实型砂，再用较低的比压压实 | 设备结构简单，造价低，效率较高，紧实度较均匀，但紧实度较低，噪声大。适用于成批大量生产中、小型铸件 |
| 微震压实造型 | 在高频率、小振幅震动下，利用型砂的惯性紧实作用并同时或随后加压紧实型砂 | 砂型紧实度较高且均匀，频率较高，能适应各种形状的铸件，对地基要求较低；但机器微振部分磨损较快，噪声较大。适用于成批、大量生产各类铸件 |
| 高压造型 | 用较高的比压紧实型砂 | 砂型紧实度高，铸件精度高、表面光洁；效率高，劳动条件好，易于实现自动化；但设备造价高、维护保养要求高。适用于成批、大量生产中、小型铸件 |
| 抛砂造型 | 利用离心力抛出型砂，使型砂在惯性力作用下完成填砂和紧实 | 砂型紧实度较均匀，不要求专用模板和砂箱，噪声小，但生产率较低，操作技术要求高。适用于单件、小批生产中、大型铸件 |

续表

| 造型方法 | 原　　理 | 特点及应用 |
|---|---|---|
| 气冲造型 | 用燃气或压缩空气瞬间膨胀所产生的压力波紧实型砂 | 砂型紧实度高，铸件精度高；设备结构较简单、易维修，散落砂少，噪声小。适用于成批、大量生产中、小型铸件，尤其适于形状较复杂的铸件 |
| 负压造型 | 型砂不含黏结剂，被密封于砂箱与塑料膜之间，抽真空使干砂紧实 | 设备投资较少，铸件精度高、表面光洁；落砂方便，旧砂处理简便；环境污染小。但生产效率低，形状复杂，覆膜较困难。适用于单件、小批生产且形状不太复杂的铸件 |

## 2. 熔模铸造

熔模铸造又称失蜡铸造。其工艺过程如图 2 - 18 所示，首先根据母模制作压型，然后将熔融的蜡料挤入压型中，冷却后从压型中取出，经修整便获得和铸件形状相同的蜡模，把蜡模组装到浇注系统上组成蜡树，在蜡树上涂挂几层涂料和石英砂，直至蜡模表面结成 5～10 mm 的硬壳，再将型壳放入 85～95℃ 的热水中，使蜡模熔化出来后，得到铸型的空腔，即中空的硬壳型，壳型还要烘干焙烧去掉杂质，最后将液态金属浇注到铸型的空腔中，待其冷却后，将硬壳破坏，即可获得所需的铸件。

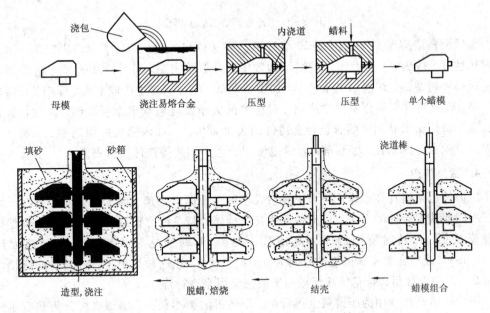

图 2 - 18　熔模铸造工艺过程

熔模铸造出的铸件尺寸精度高，表面粗糙度值小，可以减少或省去机械加工余量。这种方法能铸造出各种合金的铸件，尤其是那些高熔点合金、难切削加工的合金及形状复杂的小型零件，如汽轮机叶片、成型刀具和汽车、拖拉机、机床上的小型零件。

### 3. 金属型铸造

将液态金属浇注到用金属制成的铸型(简称金属型)而获得铸件的方法称为金属型铸造。金属型通常使用铸铁或铸钢制成,可以反复使用,故金属型铸造又称"永久型铸造"。

金属型的结构有整体式、水平分型式、垂直分型式和复合分型式几种。其中,垂直分型式由于便于开设内浇道、取出铸件和易于实现机械化而应用最广。金属型一般用铸铁或铸钢制造,型腔采用机械加工的方法制成,铸件的内腔可用金属芯或砂芯获得。图 2-19 所示为铸造铝活塞的金属型。

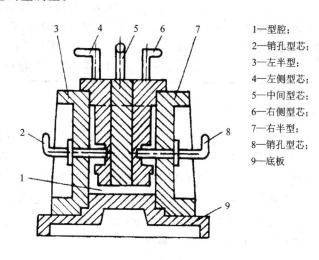

1—型腔;
2—销孔型芯;
3—左半型;
4—左侧型芯;
5—中间型芯;
6—右侧型芯;
7—右半型;
8—销孔型芯;
9—底板

图 2-19　铸造铝活塞的金属型

金属型铸造实现了"一型多铸",节省了造型材料和工时,提高了劳动生产率。由于金属导热性好,散热快,因而铸件组织结构致密,力学性能高。同时铸件的尺寸精度和表面质量比砂型铸造高,切削加工余量小,加工费用低。但金属型生产成本高,周期长,铸造工艺严格,而且铸件要从金属型中取出,对铸件的大小及复杂程度有所限制。因此,金属型铸造主要适用于形状简单的有色合金铸件的大批量生产,如内燃机的铝活塞、汽缸体、汽缸盖以及铜合金的轴瓦、轴套等;有时也可用于生产某些铸铁件或铸钢件。

### 4. 压力铸造

压力铸造是指在高压作用下,使液态或半液态金属以高速充填金属铸型,并在压力作用下凝固而获得铸件的方法。高压和高速充填金属铸型是压力铸造区别于普通金属型铸造的重要特征。压铸时所用的压力高达数十兆帕(有时高达 200 MPa),充填速度约为 5~50 m/s,液态合金充满铸型的时间为 0.01~0.2 s,在这种情况下,对金属的流动性要求不高,浇注温度可以降低,甚至可用半液态金属来进行浇注。

压力铸造是在专用的压铸机上进行的。压铸机的类型很多,压铸机可分为热室压铸机和冷室压铸机两大类,冷室压铸机又可分为立式和卧式等类型,但它们的工作原理基本相似。其中卧式冷室压铸机用高压油驱动,合型力大,充型速度快,生产率高,应用较广泛。

压铸型是压力铸造生产铸件的模具,主要由固定半型和活动半型两大部分组成。固定半型固定在压铸机的定型座板上,由浇道将压铸机压室与型腔连通。活动半型随压铸机的动型座板移动,完成开合型动作。完整的压铸型组成包括型体部分、导向装置、抽芯机构、顶出铸件机构、浇注系统、排气和冷却系统等部分。压铸工艺过程如图2-20所示。

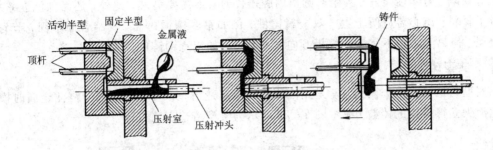

图 2-20　压铸工艺过程示意图

　　压力铸造所获得的铸件精度及表面质量高，可以压铸出形状复杂的薄壁件和很小的孔或螺纹等，因为压型的冷却速度快，所以铸件组织致密，抗拉强度比砂型铸造高。但由于液态金属充型速度高，压力大，气体难以排出，使铸件内部易产生皮下气孔，此外，金属液也难以补缩，铸件厚的部分易产生缩孔和缩松。因此压力铸造目前多用于有色金属精密铸件的大量生产，如发动机的汽缸体及箱体、化油器、支架等。

**5. 离心铸造**

　　将液态金属浇入高速旋转的铸型中，使金属液在离心力的作用下充填铸型并结晶凝固制成铸件的方法，称为离心铸造。离心铸造必须在离心铸造机上进行，主要用于生产圆筒形铸件。

　　离心铸造机根据铸件旋转轴空间位置的不同分为立式和卧式两大类。

　　图 2-21(a)为立式离心铸造机的铸型绕垂直轴旋转示意图，当其浇注圆形铸件时，金属液并不填满型腔，在离心力的作用下紧贴型腔外侧而自动形成中空的内腔，其厚度取决于加入的金属量。铸件内表面由于重力的作用呈上薄下厚的抛物线形，铸件高度愈大，其壁厚差愈大。因此，立式离心铸造主要用于高度小于直径的环、套类零件。

　　图 2-21(b)为卧式离心铸造机的铸型绕水平轴旋转示意图，由于铸件各部分冷却条件相近，铸出的铸件壁厚沿长度和圆周方向都很均匀，因此，卧式离心铸造主要用于长度较大的筒类、管类铸件。

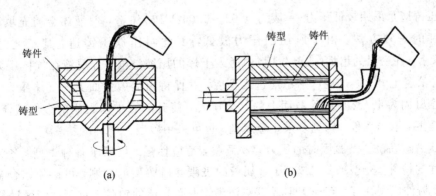

(a)　　　　　　　　　　　　　　(b)

图 2-21　离心铸造示意图

(a) 立式离心铸造；(b) 卧式离心铸造

离心铸造由于金属的结晶按由外向内顺序凝固，铸件组织致密，无缩孔、缩松、气孔、夹渣等缺陷，力学性能好。当生产圆形内腔铸件时，不需要型芯，此外，还无须浇注系统，节省了材料。离心铸造便于生产双金属铸件，例如钢套镶铜衬套，其结合面牢固，节省贵重金属。但离心铸造不宜生产偏析倾向大的合金，如铝青铜铸件。

### 6. 实型铸造

实型铸造又称消失模铸造，是用泡沫塑料模制造铸型后不取出模样，浇注金属时模样气化消失获得铸件的铸造方法。图 2-22 所示为实型铸造工艺过程。

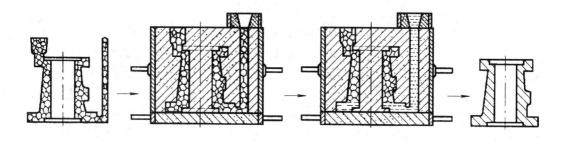

图 2-22　实型铸造工艺过程

制模材料常用聚苯乙烯泡沫塑料，制模方法有发泡成型和加工成型等两种。发泡成型是用蒸气或热空气加热，使置于模具内的预发泡聚苯乙烯珠粒进一步膨胀，充满模腔成型，用于成批、大量生产。加工成型是采用手工或机械加工预制出各个部件，再经黏结和组装成型，用于单件、小批生产。模样表面应涂刷涂料，以使铸件表面光洁或提高型腔表面的耐火性。型砂有以水泥、水玻璃或树脂为黏结剂的自硬砂和无黏结剂的干硅砂等，分别应用于单件、小批生产和成批、大量生产。

实型铸造不必起模和修型，工序少，生产效率高；铸件精度高、形状可较复杂；可采用无黏结剂的干砂造型，劳动强度低。但实型铸造存在模样气化时污染环境、铸钢件表层易增碳等问题。实型铸造应用范围较广，几乎不受铸件结构、尺寸、重量、批量和合金种类的限制，特别适用于形状较复杂铸件的生产。

### 7. 低压铸造

低压铸造是采用较低压力(一般为 0.02～0.06 MPa)铸造，使液体金属充填型腔，以形成铸件的一种方法。由于所用的压力较低，因此叫作低压铸造。其工艺过程如图 2-23 所示，在密封的坩埚(或密封罐)中通入干燥的压缩空气，金属液在气体压力的作用下，沿升液管上升，通过浇口平稳地进入型腔，并保持坩埚内液面上的气体压力，一直到铸件完全凝固为止。然后解除液面上的气体压力，使升液管中未凝固的金属液流入坩埚，再打开铸型，取出铸件。铸型多采用金属型，也可采用砂型。

低压铸造在浇注及凝固时的压力容易调整，适应性强，可用于各种铸型、各种合金及各种尺寸的铸件；充型平稳，减少了金属液的飞溅和对铸型的冲刷，可避免铝合金件的针孔缺陷；铸件成型性好，有利于形成轮廓清晰、表面光洁的铸件，对于大型薄壁铸件的成型更为有利；金属利用率高，约 90% 以上；设备简单，劳动条件较好，易于机械化和自动化。但是，升液管寿命短，且在保温过程中金属液易氧化和产生夹渣。

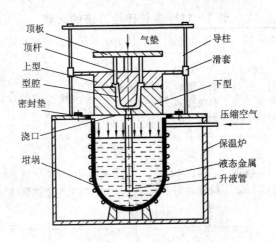

图 2 - 23　低压铸造的工艺示意图

低压铸造主要用来铸造一些质量要求高的铝合金和镁合金铸件，如汽缸体、缸盖、曲轴箱和高速内燃机的铝活塞等薄壁件。

**8. 挤压铸造**

挤压铸造是对浇入铸型型腔内的液态金属施加较高的机械压力，使其成型凝固，从而获得铸件的一种工艺方法。

挤压铸造的典型工艺程序可分为铸型准备、浇注、合型加压和开型取件四个步骤。铸型准备是指使上下型处于待浇注位置，清理型腔并喷刷涂料，对铸型进行冷却（或加热），将其温度控制在所需的范围内。然后以定量的液态金属浇入凹型中，将上下型闭合，依靠冲头的压力使液态金属充满型腔，升压并在预定的压力下保持一定的时间，使液态金属在较高的机械压力下凝固。最后卸压、开型，同时取出铸件。

挤压铸造是使液态金属在高的机械压力下结晶，因此，挤压铸造工艺具有以下特点：

（1）挤压铸造可以消除铸件内部的气孔、缩孔等缺陷，产生局部的塑性变形，使铸件组织致密。

（2）液态金属在压力下成型和凝固，使铸件与型腔壁贴合紧密。挤压铸件有较高的表面光洁度和尺寸精度，其级别能达到铸件的水平。

（3）挤压铸件在凝固过程中，各部位处于压应力状态，有利于铸件的补缩和防止铸造裂纹的产生。因此，挤压铸造工艺的适用性较强，使用的合金不受铸造性能高低的限制。

（4）挤压铸造是在压力机或挤压铸造机上进行的，便于实现机械化、自动化，可大大减轻工人的劳动强度。并且，由于挤压铸造通常没有浇冒口，毛坯精化，铸件尺寸精度高，因而金属材料的利用率高。

**9. 铸造方法的比较与合理选择**

各种铸造方法都有其优缺点，各适应于一定的条件和范围。选择铸造方法时要结合具体生产情况，从合金的种类、生产批量、铸件的结构、质量、现有设备条件及经济性方面进行综合分析，比较出一种可行的最佳方案，进行铸造生产。表 2 - 11 列出了各种铸造方法的比较，供选择时参考。

### 表 2－11　各种铸造方法的比较

| 比较项目 | 砂型铸造 | 熔模铸造 | 金属型铸造 | 压力铸造 | 低压铸造 | 离心铸造 | 实型铸造 | 挤压铸造 |
|---|---|---|---|---|---|---|---|---|
| 铸造合金种类 | 不限制 | 不限制，但以碳钢、合金钢为主 | 不限制，但以有色金属为主 | 以铝、锌、镁等低熔点合金为主 | 不限制 | 以铸铁及铜合金为主 | 不限制 | 不限制 |
| 铸件的重量范围 | 不限制 | 一般小于 25 kg | 中、小铸件为主 | 一般为小于 10 kg 的小件，但也用于中等铸件 | 中、小铸件为主 | 最重可达数吨 | 不限制 | 中、小铸件为主 |
| 铸件的最小壁厚 /mm | 铝合金＞3 灰铸件＞4 铸钢＞6 | 通常 0.2～0.7 孔 $\phi$1.5～2.0 | 铝合金＞2～3 灰铸件＞4 铸钢＞5 | 0.5～1.0 孔 $\phi$0.7 | 2～3 | 最小内孔可为 $\phi$7 | 5 | 2～5 |
| 铸件的公差等级 | IT16～IT14 | IT14～IT11 | IT14～IT12 | IT13～IT11 | IT14～IT11 | IT14～IT11 | IT16～IT11 | IT12～IT11 |
| 铸件表面粗糙度 $R_a$ /$\mu$m | 粗糙 | 2.5～3.2 | 2.5～1.25 | 6.3～3.2 | 6.3～3.2 | 内孔粗糙 | 6.3～3.2 | 2.5～1.25 |
| 铸件内部质量 | 粗晶粒 | 粗晶粒 | 细晶粒 | 特细晶粒 | 细晶粒 | 细晶粒 | 细晶粒 | 细晶粒 |
| 铸件加工余量 | 大 | 小或不加工 | 小 | 不加工 | 小或不加工 | 内孔加工余量大 | 小 | 小 |
| 生产批量 | 不限制 | 成批、大批，也可单件 | 大批 | 大批 | 大批 | 成批、大批 | 单件、中批、大批 | 成批、大批 |
| 生产率 | 低、中 | 低、中 | 中、高 | 最高 | 高 | 高 | 低、中、高 | 高 |
| 应用举例 | 各种铸件 | 刀具、动力机械、汽车与拖拉机零件、机床零件、计算机零件、测量仪表及电信设备零件 | 铝活塞、水暖器材、水轮机叶片、一般有色金属铸件 | 汽车化油器、喇叭、电器、仪表、照相机零件 | 汽缸体、缸盖、曲轴箱、活塞 | 各种铁管、套筒、环、叶轮、滑动轴承等 | 发动机、医疗器械零件等 | 铝活塞、法兰盘、支座、轴瓦、齿轮、高压阀体等 |

由表 2 - 11 综合比较可以看出，砂型铸造虽然有不少缺点，但由于砂型铸造的模具和设备简单，适应性强，单件小批量生产费用低，目前仍然是最基本的铸造方法，砂型铸件目前占全部铸件总量的 90％以上。特种铸造往往是在某种特定的条件下，才能显示出优越性。

## 2.3 砂型铸造工艺设计

铸造工艺设计就是根据铸造零件的结构特点、技术要求、生产批量和生产条件等，确定铸造方案和工艺参数，绘制铸造工艺图，编制工艺卡等技术文件的过程。铸造工艺设计的有关文件，是生产准备、管理和铸件验收的依据，并用于直接指导生产操作。因此，铸造工艺设计的好坏，对铸件品质、生产率和成本高低起着重要作用。铸造工艺设计的一般内容和程序见表 2 - 12。

表 2 - 12 铸造工艺设计的一般内容和程序

| 项目 | 内 容 | 用途及应用范围 | 设 计 程 序 |
|---|---|---|---|
| 铸造工艺图 | 在零件图上，用标准(JB 2435—78)规定的红、蓝色符号表示出：浇注位置和分型面，加工余量，铸造收缩率(说明)，起模斜度，模样的反变形量，分型负数，工艺补正量，浇注系统和冒口，内外冷铁，铸肋，砂芯形状、数量和芯头大小等 | 用于制造模样、模板、芯盒等工艺装备，也是设计这些金属模具的依据，还是生产准备和铸件验收的根据。适用于各种批量生产 | 1. 零件的技术条件和结构工艺性分析 2. 选择铸造及造型方法 3. 确定浇注位置和分型面 4. 选用工艺参数 5. 设计浇冒口、冷铁和铸肋 6. 砂芯设计 |
| 铸件图 | 反映铸件实际形状、尺寸和技术要求。用标准规定符号和文字标注，反映内容：加工余量，工艺余量，不铸出的孔槽，铸件尺寸公差，加工基准，铸件金属牌号，热处理规范，铸件验收技术条件等 | 是铸件检验和验收、机械加工夹具设计的依据。适用于成批、大量生产的重要铸件 | 7. 在完成铸造工艺图的基础上，画出铸件图 |
| 铸型装配图 | 表示内容：浇注位置，分型面、砂芯数目，固定和下芯顺序，浇注系统、冒口和冷铁布置，砂箱结构和尺寸等 | 是生产准备、合箱、检验、工艺调整的依据。适用于成批、大量生产的重要件，单件生产的重型件 | 8. 通常在完成砂箱设计后画出 |
| 铸造工艺卡 | 说明造型、制芯、浇注、开箱、清理等工艺操作过程及要求 | 用于生产管理和经济核算。依据批量大小，填写必要内容 | 9. 综合整个设计内容 |

　　铸造工艺设计内容的繁简程度，主要取决于批量的大小、生产要求和生产条件。一般包括下列内容：铸造工艺图，铸件（毛坯）图、铸型装配图（合箱图）、铸造工艺卡及操作工艺规程。广义地讲，铸造工艺装备的设计也属于铸造工艺设计的内容，例如模样图、芯盒图、砂箱图、压铁图、专用量具图和样板图、组合下芯夹具图等。本节以砂型铸造为例介绍铸造工艺的设计。

### 2.3.1　砂型铸造的基本过程

　　砂型铸造生产工艺过程如图 2-24 所示。由图 2-24 可以看出，砂型铸造首先是根据零件图绘制铸造工艺图，并以此做成适当的模型，再用模型和配制好的型砂制成一定的砂型，将液态合金浇注到铸型空腔中，待液态合金冷却凝固后，就可落砂清理铸件，经检验获得符合图纸技术要求的合格铸件。

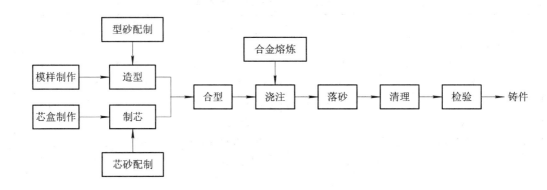

图 2-24　砂型铸造生产工艺过程

### 2.3.2　铸造工艺图的绘制

　　生产铸件时，首先要根据零件的结构特点、技术要求、生产批量及生产条件等因素，确定铸造工艺，并绘制铸造工艺图。铸造工艺图是指导模型和铸型的制造、生产准备和铸件验收的基本工艺文件，也是在大批量生产中绘制铸件图、模型图、铸型装配图的主要依据。

　　为了绘制铸造工艺图，首先要对铸件进行工艺分析，确定其浇注位置，进行分型面的选择，并在此基础上确定铸件的主要工艺参数，进行浇注系统及冒口设计等。

#### 1. 浇注位置的选择

　　浇注位置是指浇注时铸件在铸型内所处的位置。浇注位置选择得正确与否，对铸件质量影响很大，选择时应考虑以下原则。

　　（1）铸件的主要加工面或主要工作面应处于底面或侧面。这是因为铸件上部冷却速度慢，晶粒较粗大，上表面容易形成砂眼、气孔、渣孔等缺陷。铸件下部的晶粒细小，组织致密，缺陷少，质量优于上部。当铸件有几个重要加工面或重要面时，应将主要的和较大的加工面朝下或侧立。无法避免在铸件上部出现的加工面，应适当加大加工余量，以保证加工后铸件质量。如机床床身（见图 2-25）和圆锥齿轮（见图 2-26），图示的位置可以避免气孔、砂眼、缩孔、缩松等缺陷出现在工作面上。图 2－27 是起重机卷扬筒的浇注位置，因其圆周表面的质量要求均匀一致，故采用立位浇注。

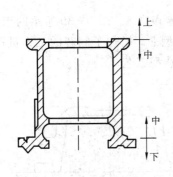

图 2－25　机床床身加工面示意图

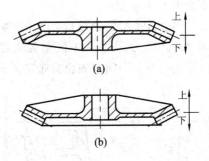

图 2－26　圆锥齿轮加工面示意图
(a) 不合理；(b) 合理

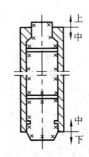

图 2－27　起重机卷扬筒的浇注位置

（2）铸件的大平面应朝下，见图 2－28。因为在浇注时，高温的液态金属对型腔的上表面有强烈的热辐射，型腔上表面急剧地热膨胀而拱起或开裂，使铸件表面易产生夹砂缺陷。

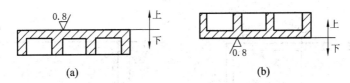

(a)　　　　　　　　　　(b)

图 2－28　铸件的大平面浇注位置
(a) 不合理；(b) 合理

（3）铸件的薄壁部分应放在铸型的下部或侧面，以免产生浇不足、冷隔等缺陷（见图 2－29）。

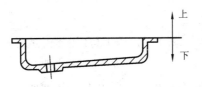

图 2－29　薄件浇注位置

（4）对于容易产生缩孔的铸件，应将截面较厚的部分置于上部或侧面，以便在铸件厚处直接安置冒口，使之实现自下而上的凝固顺序。图 2 - 27 所示的卷扬筒铸件，厚截面放在上部是有利于补缩的。

（5）尽量减小型芯的数量，便于型芯的固定、检验和排气。图 2 - 30 所示的床腿铸件，采用图 2 - 30(a)的方案，中间空腔需要一个很大的型芯，增加了制芯的工作量；采用图 2 - 30(b)的方案，中间空腔由自带芯来形成，简化了造型工艺。

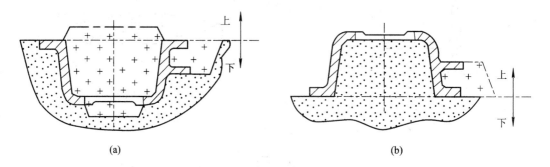

图 2 - 30　床腿铸件浇注位置

（a）不合理；（b）合理

**2. 铸型分型面的选择**

铸型分型面是指两半铸型相互接触的表面。分型面选择是否合理，对铸件的质量好坏影响很大。因此分型面的选择应在保证铸件质量的前提下，简化铸造工艺过程，以节省人力物力，在选择分型面时要考虑以下原则：

（1）铸件应尽可能放在一个砂箱内或将加工面或加工基准面放在同一砂箱内，以保证铸件的尺寸精度。图 2 - 31 是床身铸件分型面的选择方案，图 2 - 31(b)的方案较图 2 - 31(a)更为合理，它将铸件全部放在下型，避免错箱，保证铸件精度。

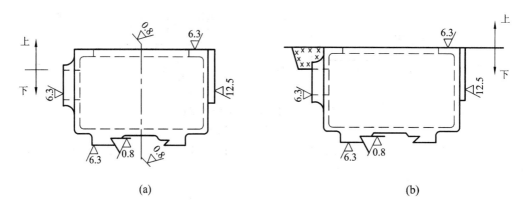

图 2 - 31　床身铸件分型面方案

（a）不合理；（b）合理

（2）尽量减少分型面的数量，并力求采用平直分型面代替曲折分型面。图 2 - 32 所示为绳轮铸件，图 2 - 32(a)有两个分型面，需要采用三箱造型。图 2 - 32(b)利用环状外型芯措施，将原来的两个分型面减为一个分型面，并可采用机器造型。图 2-33 为起重臂分型面的方案，可采用分模造型，使造型工艺简化，如采用曲线作为分型面，则必须采用挖砂或假箱造型。

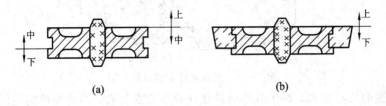

(a)　　　　　　　　　(b)

图 2-32　绳轮铸件

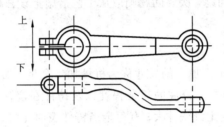

图 2-33　起重臂分型面的方案

（3）尽量减少型芯和活块的数量，以简化制模、造型、合型工序。图 2-34 所示为支架分型方案。按图中方案 I，凸台必须采用四个活块制出。当采用方案 II 时，可省去活块，仅在 A 处稍加挖砂即可。

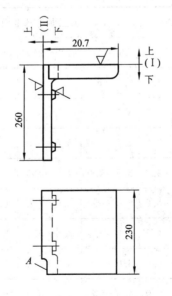

图 2-34　支架分型方案

（4）为了方便下芯、合箱和检查型腔尺寸，通常把型芯放在下型箱内，如图 2-35 所示。

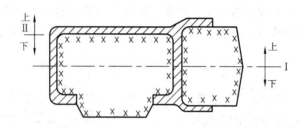

图 2-35　机床支柱分型面的方案

以上所述的几项原则，对于具体铸件往往难以全面符合，因此在确定浇注位置和分型面时，一般情况下，确定浇注位置是首要的，分型面尽量与浇注位置相适应；在保证铸件质量的前提下，解决主要问题，次要问题则应从工艺措施上设法解决。

**3. 工艺参数的确定**

1）机械加工余量

铸件上为进行机械加工而加大的尺寸称为机械加工余量。加工余量的大小取决于铸件的大小、生产批量、合金种类、铸件的复杂程度以及铸件在浇注时的位置等。铸钢件表面粗糙，变形量大，加工余量比铸铁件大；有色金属铸件表面光滑、平整且价格较贵，加工余量较小。浇注时朝上的表面缺陷较多时，其加工余量应比底面或侧面要大。此外，若采用机器造型，则铸件精度高，加工余量小；而手工造型加工误差大，加工余量就大些。表2-13列出了灰口铸铁的机械加工余量，其中加工余量数值中下限用于大批量生产，上限用于单件、小批量生产。

**表 2-13　灰口铸铁件的机械加工余量**

| 铸件最大尺寸 /mm | 浇注时位置 | 加工面与基准面的距离/mm | | | | | |
|---|---|---|---|---|---|---|---|
| | | <50 | 50～120 | 120～260 | 260～500 | 500～800 | 800～1250 |
| <120 | 顶面 | 3.5～4.5 | 4.0～4.5 | | | | |
| | 底、侧 | 2.5～3.5 | 3.0～3.5 | | | | |
| 20～260 | 顶面 | 4.0～5.0 | 4.5～5.0 | 5.0～5.5 | | | |
| | 底、侧 | 3.0～4.0 | 3.5～4.0 | 4.0～4.5 | | | |
| 260～500 | 顶面 | 4.5～6.0 | 5.0～6.0 | 6.0～7.0 | 6.5～7.0 | | |
| | 底、侧 | 3.5～4.5 | 4.0～4.5 | 4.5～5.0 | 5.0～6.0 | | |
| 500～800 | 顶面 | 5.0～7.0 | 6.0～7.0 | 6.5～7.0 | 7.0～8.0 | 7.5～9.0 | |
| | 底、侧 | 4.0～5.0 | 4.5～5.0 | 4.5～5.0 | 5.0～6.0 | 5.5～7.0 | |
| 800～1250 | 顶面 | 6.0～7.0 | 6.5～7.5 | 7.0～8.0 | 7.5～8.0 | 8.0～9.0 | 8.5～10.0 |
| | 底、侧 | 4.0～5.5 | 5.0～5.5 | 5.0～6.0 | 5.5～6.0 | 5.5～7.0 | 6.5～7.5 |

零件上的孔与槽是否铸出，应考虑工艺上的可行性和使用上的经济性。一般来说，较大的孔与槽应铸出，这样不仅节约金属材料和切削加工工时，同时可以减少铸件热节。铸铁件上直径小于 25 mm 和铸钢件上直径小于 35 mm 的加工孔，在单件及小批量生产时可不铸出，留待机械加工更为经济。而零件图上不要求加工的孔、槽不论大小，都应铸出。

2）收缩率

铸件在冷却过程中，由于收缩，铸件的尺寸比模型的尺寸要小，为了保证铸件要求的尺寸，必须加大模型的尺寸。合金收缩率的大小，因合金的种类及铸件的尺寸、形状、结构而不同，还与铸件结构的复杂程度（即受阻收缩）有关。通常灰口铸铁的收缩率约为 0.7%～1.0%，铸钢约为 1.5%～2.0%，有色金属约为 1.0%～1.5%。

3）拔模斜度

为了从砂型中起模或从芯盒中取芯方便，在制造模型时垂直于分型面的侧壁，必须做出一定的斜量，用 a 表示，斜度称为拔模斜度或起模斜度，用 $\alpha$ 表示。

拔模斜度的大小取决于垂直壁的高度、造型方法、模型材料等，通常为 $30'$～$3°$。模型越高，斜度越小；金属模比木模的斜度小；机器造型比手工造型的斜度小；铸件内壁应比外壁斜度大，一般为 $3°$～$10°$。拔模斜度的形式如图 2-36 所示。

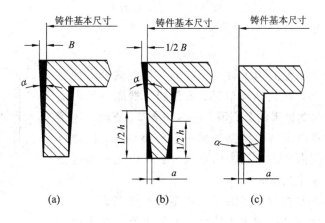

图 2-36　拔模斜度的形式

(a) 增加铸件厚度；(b) 加减铸件厚度；(c) 减少铸件厚度

4）铸造圆角

在设计和制造模样时，对相交壁的交角要做成圆弧过渡，称为铸造圆角。其目的是避免铸件壁在转角处产生裂纹、缩孔和黏砂等缺陷。铸造圆角的大小可以在有关手册中查出。

5）型芯头

型芯头是指型芯的外伸部分，不形成铸件轮廓，只落入型芯座内，是为了型芯在铸型中的定位和固定而设置的。模样上用以在型腔内形成芯座并放置芯头的突出部分也称型芯头。型芯头按在铸型中的位置分为垂直型芯头和水平型芯头两类，见图 2-37。垂直型芯头一般都有上、下型芯头，如图 2-37(a) 所示，短而粗的型芯也可不设置上型芯头，型芯头的高度 h 主要取决于型芯直径 d。型芯头必须留有一定的斜度 $\alpha$。下型芯头斜度应小些（$5°$～$10°$），高度应大些，以便增强型芯的稳定性；而上型芯头斜度应大些（$6°$～$15°$），高度应小些，以便于合箱。水平型芯头（见图 2-37(b)）的长度 L 根据型芯头的直径 d 和型芯的长度来确定。铸型上的型芯座端部也应留有一定的斜度 α。型芯头和铸型型芯座之间应留有 1～4 mm 的间隙，以便于铸型的装配。

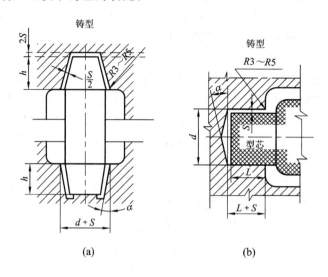

(a)　　　　　　　　　　　　　(b)

图 2-37　芯头的构造
（a）垂直型芯头；（b）水平型芯头

**4. 浇注系统**

浇注系统为将液态金属引入铸型型腔而在铸型内开设的通道，如图 2-38 所示，它包括浇口杯、直浇口、横浇口和内浇口。浇口杯承接浇包倒进来的金属液，也称外浇口。直浇口连接外浇口和横浇口，将金属液由铸型外部引入铸型内部。横浇口则连接直浇口，分配由直浇口送来的金属液流。内浇口连接横浇口，向铸型型腔灌输金属液。

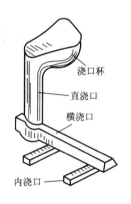

浇注系统的作用是控制金属液充填铸型的速度及充满铸型所需的时间；使金属液平稳地进入铸型，避免紊流和对铸型的冲刷；阻止熔渣和其他夹杂物进入型腔；避免浇注时进入气体，并尽可能使铸件冷却时符合顺序凝固的原则。

图 2-38　典型浇注系统

内浇口的总截面积、横浇口的总截面积和直浇口的总截面积是浇注系统的重要参数。根据内浇口、横浇口、直浇口的各自总截面积的比例不同，浇注系统分为开放式和封闭式两种。这里所说的截面积都是指与液流方向垂直的最小截面积。当内浇口的总截面积最小时，浇注开始后整个浇注系统很快就充满了金属液，有利于阻止熔渣及夹杂物进入型腔，这种浇注系统通常称为封闭式浇注系统，一般都优先采用。当横浇口或直浇口的总截面积小于内浇口的总截面积时，浇注过程中金属液不会完全充满浇注系统，这种浇注系统通常称为开放式浇注系统，仅在特殊工艺中采用。

设计浇注系统的大致步骤为选择浇注系统类型；确定内浇道在铸件上的位置、数目和金属引入方向；决定直浇道的位置和高度；计算浇注时间并核算金属上升速度；计算阻流截面积；确定浇口比并计算各组元截面积；绘出浇注系统图形。实践证明，直浇道应设计得高一些，因为直浇道过低会使充型及液态补缩压力不足，易出现铸件棱角和轮廓不清晰、浇不到、上表面缩凹等缺陷。一般使直浇道高度等于上砂箱高度，并且直浇道的位置应设在横、内浇道的对称中心点上，以使金属液流程最短，流量分布均匀。近代造型机（如多触头高压造型机）模板上的直浇道位置一般都是确定的，在这样的条件下应遵守规定的位置。直浇道距离第一个内浇道应有足够的距离。

**5. 铸造工艺图的绘制**

铸造工艺图是铸造工艺文件的一种，它是在零件图上用规定的红、蓝色的各种工艺符号表示出铸件的浇注位置、分型面、型芯及固定方法、铸造工艺参数、浇注系统、冒口及冷铁的布置等。根据铸造工艺图再绘制铸件图、模型图和铸型装配图，是指导生产的基本工艺文件。图 2-39 是压盖的零件图、铸造工艺图、铸件图（模样图）和芯盒。

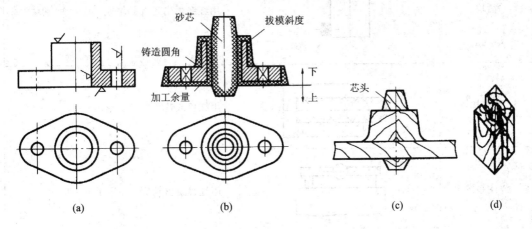

图 2-39　压盖的零件图、铸造工艺图、铸件图（模样图）和芯盒

（a）零件图；（b）铸造工艺图；（c）模样图；（d）芯盒

铸造工艺符号及表示方法如表 2-14 所示。表中所列出的是常用的工艺符号及其表示方法，其他工艺符号可参阅有关资料。

表 2-14　铸造工艺符号及表示方法

| 名　　称 | 符　　号 | 说　　明 |
|---|---|---|
| 分型面 | | 画分型面表示延长线（用蓝线或红线）和箭头表示 |
| 机械加工余量 | | 用红线画出余量轮廓，以红色（或细网纹格）填充，加工余量值用数字表示。有拔模斜度时，一并画出 |
| 不铸出的孔和槽 | | 用红"×"表示。剖面图中孔所在位置涂以红色（或以细网纹格表示） |

| 名　称 | 符　号 | 说　明 |
|---|---|---|
| 型芯 | 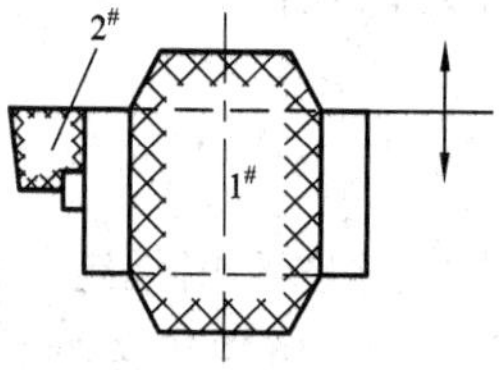 | 用蓝线划出芯头轮廓，注明尺寸。不同型芯用不同的剖面线，型芯应按下芯顺序编号 |
| 活块 | 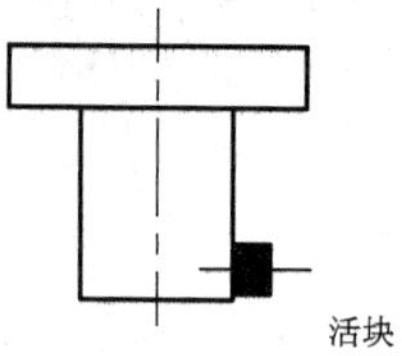 | 用红线画出轮廓并填充，并注明"活块" |
| 型芯撑 | 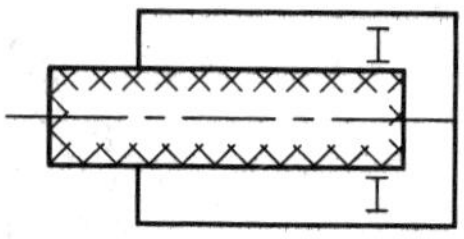 | 用红色或蓝色"工"字形表示 |
| 浇注系统 | 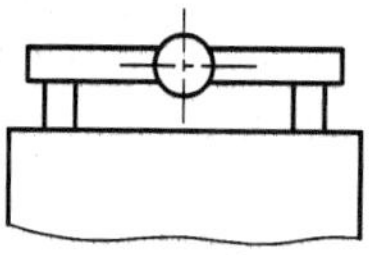 | 用红线绘出轮廓，并注明主要尺寸 |
| 冷铁 | 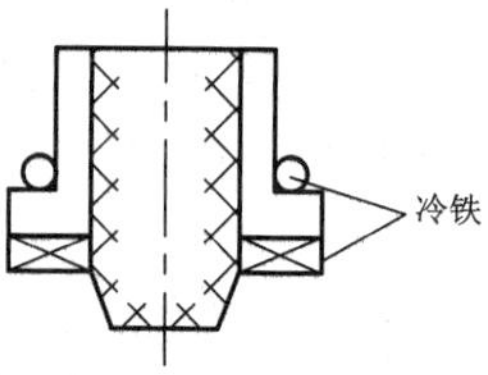 | 用绿色或蓝色绘出轮廓，注明"冷铁" |

### 2.3.3　铸造工艺设计实例

C6140 车床进给箱体材料为 HT200，$D$ 面为基准面，各部分尺寸及表面粗糙度如图 2-40 所示，分别给出单件小批量和大批量生产时的铸造工艺方案。

**1. 工艺分析**

该进给箱没有特殊质量要求的表面，但基准面 $D$ 的质量要求应尽量保证，以便进行定位。

由于该铸件没有质量要求特殊的表面，因此浇注位置和分型面的选择以简化造型工艺为主，同时应尽量保证基准面 $D$ 的质量。进给箱体的工艺设计包括图 2-40(b) 所示的三种方案。

方案 1：分型面在轴孔中心线上。此时，凸台 A 距分型面较近，又处于上箱，若采用活块型砂则易脱落，故只能用型芯来形成，槽 C 可用型芯或活块制出。本方案的主要优点是

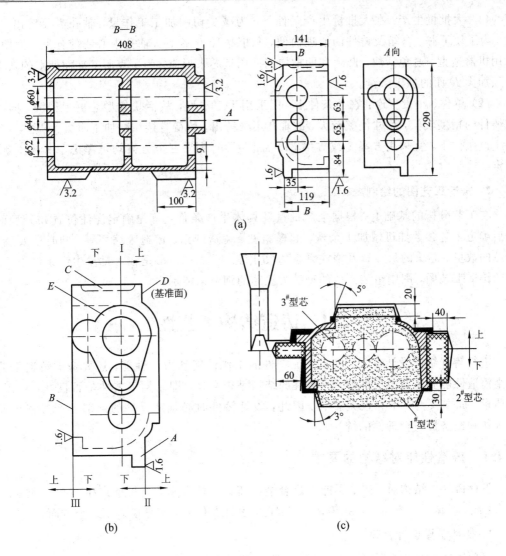

图 2-40 C6140 车床进给箱体

(a) 车床进给箱零件图；(b) 分型面的选择；(c) 车床进给箱铸造工艺图

适于铸出轴孔，铸后轴孔的飞边少，便于清理。同时，下芯头尺寸较大，型芯稳定性好。其主要缺点是基准面 D 朝上，使该面较易产生缺陷，且型芯的数量较多。

方案 2：从基准面 D 分型，铸件绝大部分位于下箱。此时，凸台 A 不妨碍起模，但凸台 E 和槽 C 妨碍起模，也需采用活块或型芯来克服。它的缺点是除基准面朝上的情况外，其轴孔难以直接铸出。若拟铸出轴孔，因无法制出型芯头，必须加大型芯与型壁间的间隙，致使飞边清理困难。

方案 3：从 B 面分型，铸件全部位于下箱。其优点是铸件不会产生错箱缺陷，基准面朝下，其质量易于保证，同时铸件最薄处在铸型下部，铸件不易产生浇不到、冷隔的缺陷。缺点是凸台 E、A 和槽 C 都需采用活块或型芯，内腔型芯上大下小稳定性差，若打算铸出轴孔，其缺点与方案 2 相同。

上述诸方案虽各有其优缺点，但结合具体生产条件，仍可找出最佳方案。

　　（1）大批量生产：在大批量生产条件下，为减少切削加工工作量，轴孔需要铸出。此时，为了使下芯、合箱及铸件的清理简便，只能按照方案 1 从轴孔中心线处分型。为便于采用机器造型，避免活块，凸台和凹槽均应采用型芯来形成。为了克服基准面朝上的缺点，必须加大 $D$ 面的加工余量。

　　（2）单件、小批生产：在此条件下，因采用手工造型，故活块较型芯更为经济；同时，因铸件的精度较低，尺寸偏差较大，故轴孔不必铸出，留待直接切削加工而成。显然，在单件生产条件下，宜采用方案 2 或方案 3；小批量生产时，三个方案均可考虑，视具体条件而定。

　　**2. 铸造工艺图的绘制**

　　在工艺分析的基础上，根据生产批量及具体生产条件，首先确定浇注位置和分型面。然后确定工艺参数如机械加工余量、起模斜度、铸造圆角、铸造收缩率等。同时还要确定型芯的数量、芯头的尺寸以及浇注系统的尺寸等。图 2-40(c) 是在大批量生产条件下所绘制的铸造工艺图，图中组装而成的型腔大型芯的细节未能示出。

# 2.4　铸造结构工艺性

　　进行铸件结构设计时，不仅要保证零件的工作性能和力学性能，还要考虑铸造工艺、合金铸造性能和铸造方法的要求。铸件的结构是否合理，即结构工艺性是否良好，对铸件的质量、成本及生产率有很大影响。因此，设计铸件时必须从零件的全部生产过程出发，力求达到经济性与合理性的统一。

## 2.4.1　铸造性能对结构的要求

　　设计铸件的结构时，如果不能满足合金的铸造性能要求，就可能产生缩孔、缩松、变形、裂纹、冷隔、浇不足、气孔等缺陷。因此，设计铸件时，应考虑以下几个方面。

　　**1. 铸件壁厚设计合理**

　　每种铸造合金都有其适宜的壁厚，选择合理的壁厚，既能保证铸件的力学性能，又能防止铸件缺陷。在满足强度的前提下，选择铸件的最小壁厚时，还应考虑合金的流动性，否则铸件易产生浇不足、冷隔等缺陷。铸件的最小壁厚是由合金的种类、铸件的尺寸决定的，表 2-15 列出了砂型铸造条件下，常用合金铸件的最小壁厚。但是，铸件壁也不宜太厚，厚壁铸件晶粒粗大，组织疏松，易于产生缩孔和缩松等缺陷，导致铸件的力学性能下降。设计过厚的铸件壁，也会造成金属的浪费。因此，不能单纯地增加壁厚，还要合理地选择截面形状，如 T 字形、工字形、槽形等结构，如图 2-41 所示。另外，在铸件脆弱部分安置加强筋，也是保证铸件承载能力、减轻铸件重量的有效手段。

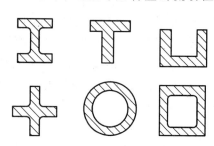

图 2-41　铸件常用截面形状

表 2 - 15 常用合金铸件的最小壁厚

| 铸件尺寸 /mm | 合金种类 | | | | | |
|---|---|---|---|---|---|---|
| | 铸钢 | 灰口铸铁 | 球墨铸铁 | 可锻铸铁 | 铝合金 | 铜合金 |
| <200×200 | 8 | 5~6 | 6 | 5 | 3 | 3~5 |
| 200×20~500×500 | 10~12 | 6~10 | 12 | 8 | 4 | 6~8 |
| >500×500 | 15~20 | 15~20 | 15~20 | 10~12 | 6 | 10~12 |

### 2. 铸件壁厚尽量均匀

铸件各部分壁厚相差过大，在厚壁处会形成金属积聚（热节），凝固收缩时在热节处易形成缩孔、缩松等缺陷。同时，由于冷却速度不一致，还会形成热应力，有时会使铸件厚薄连接处产生裂纹，如图 2-42(a)所示，如果改进为图 2-42(b)所示的均匀壁厚，则上述缺陷可以避免。

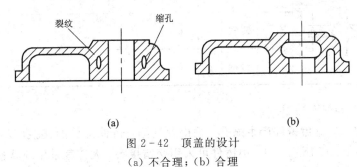

(a)　　　　　　　　　　　(b)

图 2 - 42　顶盖的设计

(a) 不合理；(b) 合理

### 3. 铸件壁的连接

#### 1）铸件的结构圆角

铸件壁间的转角处一般设计成结构圆角。当铸件两壁直角连接时会因金属的局部积聚而易形成缩孔、缩松，如图 2-43(a)所示，内侧转角处应力集中严重时易产生裂纹。此外，对于某些易生成柱状晶粒的合金，因直角处是树枝晶直交汇合点，见图 2-44(a)，晶粒间的结合力被削弱，使该处的力学性能降低。因此，应将转角处设计成圆角，如图 2-43(b)和图 2-44(b)所示。这样不仅铸件外形美观，而且有利于造型，避免铸型尖角损坏而形成黏砂或砂眼缺陷。圆角半径 R 的数值可参阅表 2-16。

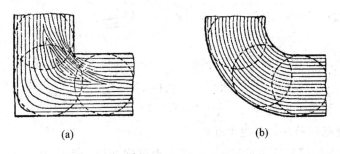

(a)　　　　　　　　　　　(b)

图 2 - 43　不同转角的热节和应力分布

(a) 不合理；(b) 合理

 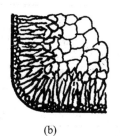

(a)        (b)

图 2 - 44 转角处结晶情况

（a）不合理；（b）合理

**表 2 - 16　铸件的内圆角半径 R 值**　　　　　　　mm

| | (a+b)/2 | <8 | 8~12 | 12~16 | 16~20 | 20~27 | 27~35 | 35~45 | 45~60 |
|---|---|---|---|---|---|---|---|---|---|
| R 值 | 铸铁 | 4 | 6 | 6 | 8 | 10 | 12 | 16 | 20 |
| | 铸钢 | 6 | 6 | 8 | 10 | 12 | 16 | 20 | 25 |

2）避免交叉和锐角连接

为了减少热节，避免铸件产生缩孔、缩松等缺陷，铸件上筋的连接应尽量避免交叉和锐角连接，如图 2 - 45 所示。中、小铸件可采用交错接头，大件宜采用环状接头，而厚壁与薄壁相连接要逐步过渡，而不能采用锐角连接。

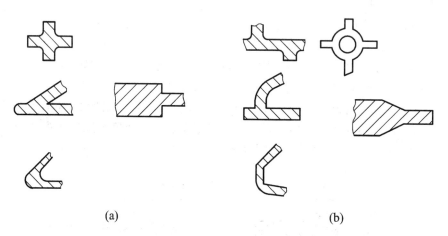

(a)        (b)

图 2 - 45　铸件接头结构

（a）不合理；（b）合理

3）厚壁与薄壁间的连接要逐步过渡

不同壁厚的各个部分应逐步过渡，避免壁厚的突变而产生应力集中，同时防止裂纹的产生。表 2 - 17 为几种壁厚的过渡形式及尺寸。

表 2-17　几种壁厚的过渡形式及尺寸

| 图　例 | | 尺　寸 | |
|---|---|---|---|
| （图） | $b\leqslant 2a$ | 铸铁 | $R\geqslant\dfrac{\left(\frac{1}{6}\sim\frac{1}{3}\right)(a+b)}{2}$ |
| | | 铸钢 | $R\approx\dfrac{a+b}{4}$ |
| （图） | $b>2a$ | 铸铁 | $L>4(b-a)$ |
| | | 铸钢 | $L>5(b-a)$ |
| （图） | $b>2a$ | | $R\geqslant\dfrac{\left(\frac{1}{6}\sim\frac{1}{3}\right)(a+b)}{2}$ $R_1\geqslant R+\dfrac{a+b}{2}$ $c\approx3(b-a)^{1/2}$ $h\geqslant(4\sim5)c$ |

**4. 避免受阻收缩**

对于线收缩较大的合金，在凝固过程中应尽量减少铸造应力，图 2-46 为轮辐的设计。图 2-46(a)为偶数直线型，由于收缩应力过大，易产生裂纹，改成图 2-46(b)所示的弯曲轮辐或图 2-45(c)所示的奇数轮辐后，借轮辐或轮缘的微量变形来减少铸造内应力，防止产生裂纹。

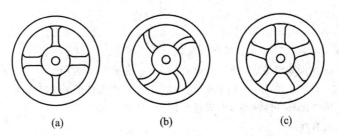

图 2-46　轮辐的设计
(a) 偶数直线型；(b) 弯曲型；(c) 奇数型

**5. 铸件结构尽量避免过大的水平面**

浇注时铸件朝上的水平面易产生气孔、夹砂等缺陷。此外，大水平面也不利于金属的充填，易产生浇不足、冷隔等缺陷。图 2-47 所示为避免大水平面铸件的设计。

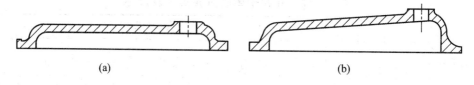

图2-47　避免大水平面铸件的结构设计

(a) 不合理；(b) 合理

**6. 防止铸件的变形**

设计某些细长铸件时，应尽量采用对称截面形状模样，以减少铸件的变形。图2-48所示的铸钢梁，其中图2-48(a)中梁由于受较大热应力，产生变形，改成图2-48(b)所示的工字截面后，虽然壁厚仍不均匀，但热应力相互抵消，变形大大减小。

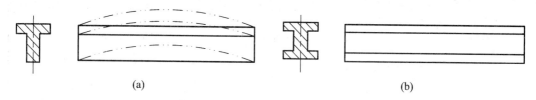

图2-48　铸钢梁

(a) T型梁；(b) 工字梁

**7. 不同铸造合金对铸件结构的要求**

不同铸造合金有不同的铸造性能，要根据各种铸造合金的特点，设计相应的结构并采取不同的工艺措施。表2-18中列出了常用铸造合金的结构特点。

表2-18　常用铸造合金的结构特点

| 合金种类 | 性能特点 | 结构特点 |
|---|---|---|
| 普通灰口铸铁件 | 流动性好，体收缩和线收缩小，缺口敏感性低。综合力学性能低，并随截面增加显著下降。抗压强度高，吸震性好 | 可设计薄壁（但不能过薄以防产生白口）、形状复杂的铸件，不宜设计过厚大的铸件，常采用中空、槽形、T字形、箱形等截面，筋条可用交叉结构 |
| 球墨铸铁件 | 流动性和线收缩与灰口铸铁相近，体收缩及形成铸造应力倾向较灰口铸铁大，易产生缩孔、缩松和裂纹。强度、塑性比灰口铸铁高，但吸震性较差，抗磨性好 | 一般都设计成均匀壁厚，尽量避免厚大截面。对某些厚大截面的球墨铸铁件可设计成中空结构或带筋结构 |
| 可锻铸铁件 | 流动性比灰口铸铁差，体收缩很大。退火前为白口组织，性脆。退火后，线收缩小，综合力学性能稍次于球墨铸铁 | 由于铸态要求白口铸铁，因此一般只适宜设计成薄壁的小铸件，最适宜的壁厚为5～16 mm，壁厚应尽量均匀。为增加刚性，常设计成T字形或工字形截面，避免十字形截面。局部突出部分应用筋加强，设计时应尽量使加强筋承受压力 |

续表

| 合金种类 | 性能特点 | 结构特点 |
|---|---|---|
| 铸钢件 | 流动性差，体收缩和线收缩较大，裂纹敏感性较高 | 铸件壁厚不能太薄，不允许有薄而长的水平壁，壁厚应尽量均匀或设计成定向凝固，以利于加冒口补缩。壁的连接和转角应合理，并均匀过渡。铸件薄弱处多用筋加固，一些水平壁宜改成斜壁，壁上方孔边缘应做出凸台 |
| 铝合金铸件 | 铸造性能类似铸钢，力学强度随壁厚增加而下降得更为显著 | 壁不能太厚，其余结构特点类似铸钢件 |
| 锡青铜和磷青铜件 | 铸造性能类似灰口铸铁，但结晶间隔大，易产生缩松，高温性能差，易脆。强度随截面增加而显著下降 | 壁不能过厚，铸件上局部突出部分应用较薄的加强筋加固，以免热裂。铸件形状不宜太复杂 |
| 无锡青铜和黄铜件 | 流动性好，收缩较大，结晶温度区间小，易产生集中缩孔 | 结构特点类似铸钢件 |

## 2.4.2 铸造工艺对结构的要求

铸件的结构设计，在保证铸件使用要求的前提下，还应尽量简化铸造工艺过程，以提高生产率，降低成本，尽量使生产过程机械化。

**1. 对铸件外形设计的要求**

(1) 避免不必要的曲面和侧凹，减小分型面和外部型芯。

图 2-49 所示为一机床铸件。图 2-49(a)在 AB 截面两侧设计成凹坑，必须采用两个较大的外型芯才能取出模型，改成图 2-49(b)所示的结构，将凹坑改为扩展到底部的凹槽，可省去外部型芯。

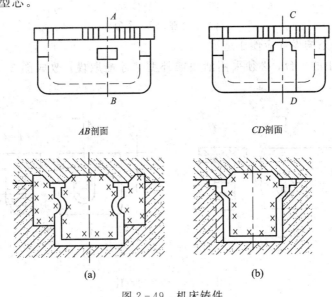

AB剖面           CD剖面

(a)           (b)

图 2-49 机床铸件

(a) 不合理；(b) 合理

图 2-50 所示为一端盖铸件，图 2-50(a)由于存在法兰凸缘，铸件产生了侧凹，铸件有两个分型面，需采用三箱造型，造型工艺复杂。图 2-50(b)取消了上部法兰凸缘，使铸件仅有一个分型面，铸件精度由于造型工艺简化而得到提高。

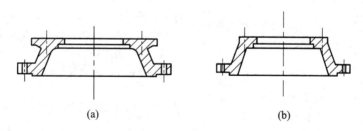

(a)          (b)

图 2-50　端盖铸件
（a）不合理；（b）合理

（2）分型面应尽量平直。

图 2-51 为摇臂铸件。图 2-51(a)中两臂的设计不在同一平面内，分型面不平直，使制模、造型困难，改进结构设计后可以采用简单平直的分型面进行造型，如图 2-51(b)所示。

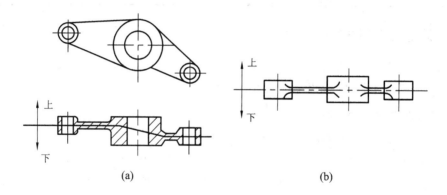

(a)          (b)

图 2-51　摇臂铸件
（a）不合理；（b）合理

（3）凸台、筋条的设计应便于造型。

图 2-52(a)中的凸台，必须采用活块或外型芯才能取模，改成图 2-52(b)后使造型简化。

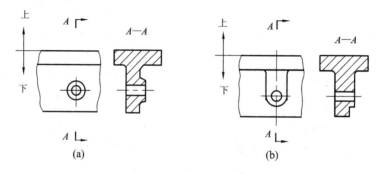

(a)          (b)

图 2-52　凸台的设计
（a）不合理；（b）合理

（4）铸件应有合适的结构斜度。

铸件上垂直于分型面的不加工表面，最好具有结构斜度，便于取模。图 2-53 为结构斜度示例图。

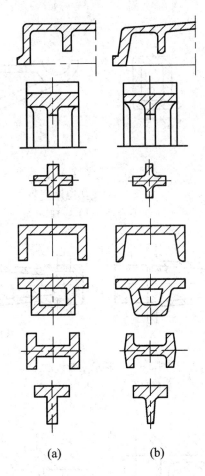

图 2-53 结构斜度

(a) 不合理；(b) 合理

铸件结构斜度的大小随垂直壁的高度而不同，高度愈小，角度愈大。一般当采用金属模或机器造型时，外侧面结构斜度可取 $0.5°\sim1°$；砂型和手工造型时，外侧面结构斜度可取 $1°\sim3°$。内侧结构斜度较外侧大些。

**2. 对铸件内腔设计的要求**

（1）尽量不用或少用型芯。

不用或少用型芯可以节省制造芯盒、造芯和烘干等工序的工具和材料，可避免型芯在制造过程中的变形、合箱中的偏差，提高铸件的精度。图 2-54 所示为支架铸件，其中图 2-54(a) 采用方形空心截面，需用型芯；而图 2-54(b) 改变为工字形截面，可省掉型芯。

（2）应使型芯安放稳定、排气畅通和清砂方便。

图 2-55 所示为轴承支架铸件，图 2-55(a) 所示的设计需用两个型芯，其中大的型芯呈悬臂状态，下芯时必须使用型芯撑，改成图 2-55(b) 所示的结构，型芯变成一个整体，

装配简便，易于排气，稳固性也大为提高。图 2-56(a)的铸件底没有孔，必须用型芯撑支撑型芯，型芯不稳定且清砂困难，在铸件底部增设工艺孔后，见图 2-56(b)，则解决以上问题。如果零件上不允许有此孔，则在机械加工时可以用螺钉或塞柱堵住，对于铸钢件也可以用焊板堵死。

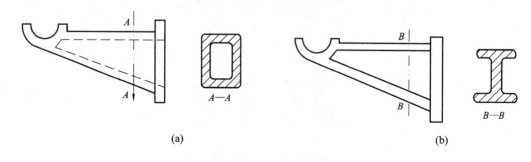

图 2-54　支架铸件
(a) 不合理；(b) 合理

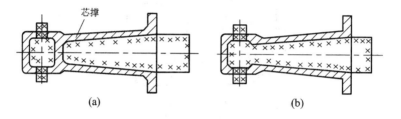

图 2-55　轴承支架铸件
(a) 不合理；(b) 合理

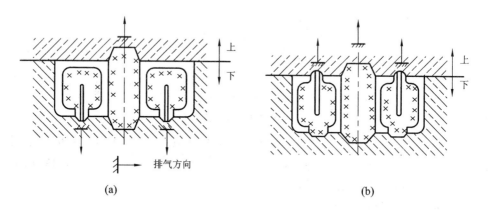

图 2-56　增设工艺孔的铸件结构
(a) 不合理；(b) 合理

# 习　　题

1. 什么是液态合金的充型能力？它与合金的流动性有何关系？不同化学成分的合金为何流动性不同？为什么铸钢的充型能力比铸铁差？

2. 合金的铸造性能是指哪些性能？铸造性能不良，可能会引起哪些铸造缺陷？

3. 既然提高浇注温度可提高液态合金的充型能力，但为什么又要防止浇注温度过高？

4. 什么是顺序凝固原则？什么是同时凝固原则？各采取什么措施来实现？上述两种凝固原则各适用于哪种场合？

5. 铸件产生铸造内应力的主要原因是什么？如何减小或消除铸造内应力？

6. 什么是铸件的冷裂纹和热裂纹？防止裂纹的主要措施有哪些？

7. 铸件的气孔有哪几种？析出气孔产生的原则是什么？下列情况：化铝时铝料油污过多、起模时刷水过多、舂砂过紧、型芯撑有锈，各容易产生哪种气孔。

8. 比较灰口铸铁、球墨铸铁、铸钢、锡青铜、铝硅合金的铸造性能。

9. 金属型铸造和砂型铸造相比，在生产方法、造型工艺和铸件结构方面有何特点？适用何种铸件？为什么金属型未能取代砂型铸造？

10. 在设计铸件的外形和内腔时，应考虑哪些问题？

11. 结构斜度和拔模斜度的区别是什么？它们各起什么作用？

12. 试用题 2-12 图所示的轨道铸件图分析热应力的形成原因，并用虚线表示出铸件的变形方向。

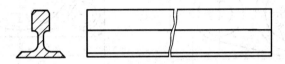

题 2-12 图

13. 题 2-13 图所示的铸件在单件小批量生产条件下应采用什么造型方法？试确定其分型面的最佳方案。

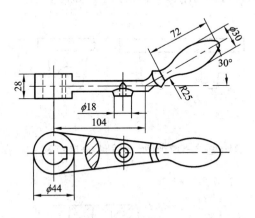

题 2-13 图

14. 题 2-14 图所示的铸件，材料为 HT150，试回答下列问题：

(1) 标出图示零件几种不同的分型方案。

(2) 按最佳的分型方案制作铸造工艺图。

15. 题 2-15 图所示的铸件有哪几种分型方案？在大批量生产中该选用哪一种？理由是什么？

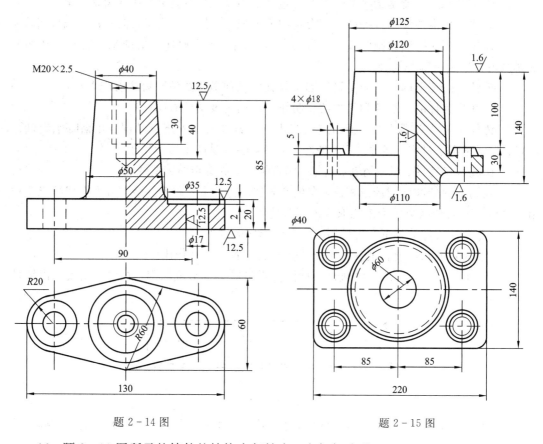

题 2 - 14 图

题 2 - 15 图

16. 题 2-16 图所示的铸件的结构有何缺点? 应如何改进?

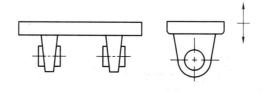

题 2 - 16 图

17. 试用内接圆方法确定题 2-17 图所示铸件的热节部位。在保证尺寸 $H$ 的前提下,如何使铸件的壁厚均匀?

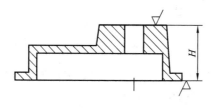

题 2 - 17 图

# 第 3 章　压力加工成型技术

　　压力加工是在外力作用下，使金属坯料产生塑性变形，从而获得具有一定形状、尺寸和力学性能的原材料、毛坯或零件的一种加工方法。压力加工主要依靠金属的塑性变形而成型，要求金属材料必须具有良好的塑性，因此只适应于加工塑性材料，而不适应于加工脆性材料，如铸铁、青铜等，也不适应于加工形状太复杂的零件。工业用钢和大多数有色金属及其合金均具有一定的塑性，能在热态或冷态下进行压力加工。

　　压力加工与其他加工方法相比，具有以下特点：

　　(1) 改善金属的内部组织，提高金属的力学性能。通过塑性变形能使金属的内部缺陷(如微裂纹、缩松、气孔等)得到压合，使其组织致密，晶粒细化，并形成纤维组织，大大提高金属的强度和韧性。

　　(2) 具有较高的劳动生产率。以制造内六角螺钉为例，用压力加工成型后再加工螺纹，生产效率可比全部用切削加工提高约 50 倍；如果采用多工位次序镦粗，则生产效率可提高到 400 倍以上。

　　(3) 节约金属材料。一些精密模锻件的尺寸精度和表面粗糙度能接近成品零件的要求，只需少量甚至不需切削加工即可得到成品零件，从而减少了金属的损耗。

　　(4) 适用范围广。质量小的压力加工件可不到 1 千克，大的可重达数百吨，既可进行单件小批量生产，又可进行大批量生产。

　　压力加工可生产出各种不同截面的型材(如板材、线材、管材等)和各种机器零件的毛坯或成品(如轴、齿轮、汽车大梁、连杆等)。压力加工在机械、电力、交通、航空、国防等工业生产，甚至生活用品生产中均占有重要的地位，如钢桥、压力容器、石油钻井平台等广泛采用型材；飞机、机车、汽车和工程机械上各种受力复杂的零件都采用锻件；电器、仪表、机器表面覆盖物及生活用品中的金属制品，其绝大多数都是冲压件。

## 3.1　压力加工成型方法

### 3.1.1　型材生产方法

#### 1. 轧制生产

　　借助于坯料与轧辊之间的摩擦力，使金属坯料连续地通过两个旋转方向相反的轧辊的孔隙而受压变形，加工方法称为轧制，见图 3-1(a)。合理设计轧辊上的孔型，通过轧制可将金属钢锭加工成不同截面形状的原材料，轧制出的型材如图 3-1(b)所示。

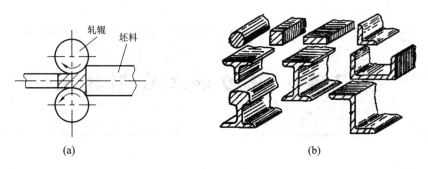

图 3-1　轧制示意图

(a) 轧制示意图；(b) 轧制型材

## 2. 挤压生产

将金属坯料放入挤压模内，使其受压被挤出模孔而变形的加工方法称为挤压。生产中常用的挤压方法主要有两种：正挤压和反挤压。金属流动方向与凸模运动方向相一致的称为正挤压，如图 3-2(a) 所示。金属流动方向与凸模运动方向相反的称为反挤压，如图 3-2(b) 所示。

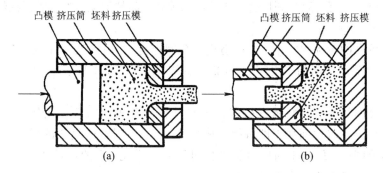

图 3-2　挤压示意图

(a) 正挤压；(b) 反挤压

在挤压过程中，坯料的横截面可依照模孔的形状而缩小，长度增加，从而可获得各种复杂截面的型材或零件，如图 3-3 所示。挤压不仅适用于有色金属及其合金，而且适用于碳钢、合金钢及高合金钢，对于难熔合金，如钨、钼及其合金等脆性材料也适用。根据挤压时金属材料是否被加热，挤压又分为热挤压和冷挤压。

图 3-3　挤压产品截面形状图

### 3. 拉拔生产

将金属条料或棒料拉过拉拔的模孔而变形的压力加工方法称为拉拔，如图 3-4(a)所示。拉拔生产主要用来制造各种细线材、薄壁管和各种特殊几何形状的型材，如图 3-4(b)所示。多数拉拔是在冷态下进行加工的，拉拔产品的尺寸精度较高，表面粗糙度 $R_a$ 较小。塑性高的低碳钢和有色金属及其合金都可拉拔成型。

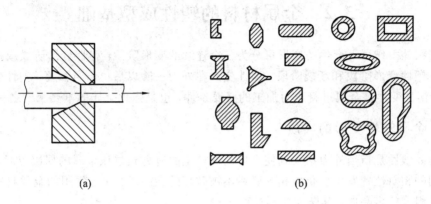

(a)　　　　　　　　　　(b)

图 3-4　拉拔

(a) 拉拔；(b) 拉拔产品截面形状图

## 3.1.2　机械零件的毛坯及产品生产

### 1. 锻造

锻造是在加压设备及工模具的作用下，使坯料、铸锭产生局部或全部的塑性变形，以获得具有一定几何尺寸、形状和质量的锻件的加工方法，按所用的设备和工模具的不同，可分为自由锻造和模型锻造两类。

自由锻造是将加热后的金属坯料，放在上、下砧铁(砧块)之间，在冲击力或静压力的作用下，使之变形的压力加工方法，如图 3-5(a)所示。

模型锻造(简称模锻)是将加热的金属坯料，放在具有一定形状的锻模模腔内，在冲击力或压力的作用下，使金属坯料充满模腔而成型的压力加工方法，如图 3-5(b)所示。

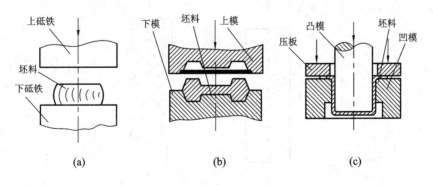

(a)　　　　　　　(b)　　　　　　　(c)

图 3-5　锻造与冲压示意图

(a) 自由锻造；(b) 模型锻造；(c) 冲压

### 2. 冲压

冲压是将金属板料放在冲模之间，使其受冲压力作用产生分离或变形的压力加工方法。常用冲压工艺有冲裁、弯曲、拉深、缩口、起伏和翻边等，图 3-5(c) 所示为拉深加工。

# 3.2  金属材料的塑性成型基础

金属在外力作用下产生的变形可分为三个连续的变形阶段：弹性变形阶段或弹塑性变形阶段或塑性变形阶段和断裂阶段。弹性变形在外力去除以后可自行恢复，塑性变形则不可恢复。塑性变形是金属进行压力加工的必要条件，也是强化金属的重要手段之一。

## 3.2.1  金属塑性变形的实质

金属的塑性是指当外力增大到使金属内部产生的应力超过该金属的屈服点时，其内部原子排列的相对位置发生变化但相互联系不被破坏的性能。工业上常用的金属材料都是由很多晶粒组成的多晶体，其塑性变形过程比较复杂。

### 1. 单晶体的塑性变形

单晶体是指原子排列方式完全一致的晶体。当单晶体金属受拉力 $P$ 作用时，在一定晶面上可分解为垂直于晶面的正应力 $\sigma$ 和平行于晶面的切应力 $\tau$，如图 3-6 所示。在正应力 $\sigma$ 作用下，晶格被拉长，当外力去除后，原子自发回到平衡位置，变形消失，产生弹性变形。当正应力 $\sigma$ 增大到超过原子间的结合力时，晶体便发生断裂，如图 3-7 所示。由此可见，正应力 $\sigma$ 只能使晶体产生弹性变形或断裂，而不能使晶体产生塑性变形。在逐渐增大的切应力 $\tau$ 作用下，晶体从开始产生弹性变形发展到晶体中的一部分与另一部分沿着某个特定的晶面相对移动，称为滑移。产生滑移的晶面称为滑移面，当应力消除后，原子到达一个新的平衡位置，变形被保留下来，形成塑性变形，如图 3-8 所示。由此可知，只有在切应力的作用下，才能产生滑移，而滑移是金属塑性变形的主要形式。

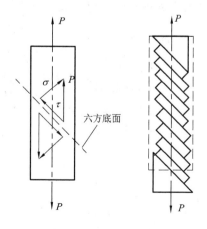

图 3-6　单晶体拉伸示意图

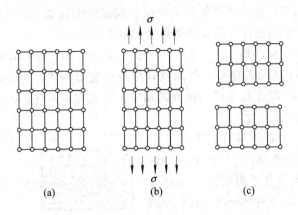

图 3 - 7　单晶体在正应力作用下的变形
(a) 未变形；(b) 弹性变形；(c) 断裂

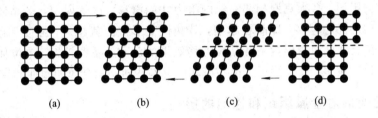

图 3 - 8　晶体在切应力作用下的变形
(a) 未变形；(b) 弹性变形；(c) 弹塑性变形；(d) 塑性变形

　　晶体在晶面上发生滑移，实际上并不需要整个滑移面上的所有原子同时一起移动，即刚性滑移。近代物理学理论认为晶体内部存在有许多缺陷，主要包括点缺陷、线缺陷和面缺陷三种。由于存在缺陷，使晶体内部各原子处于不稳定状态，高位能的原子很容易从一个相对平衡的位置移动到另一个位置上。位错是晶体中典型的线缺陷。

　　滑移变形就是通过晶体中位错的移动来完成的，如图 3 - 9 所示。在切应力的作用下，位错从滑移面的一侧移动到另一侧，形成一个原子间距的滑移量，因为位错移动时，只需位错中心附近的少数原子发生移动，不需要整个晶体上半部的原子相对下半部一起移动，所以它需要的临界切应力很小，这就是位错的易动性。因此，单晶体总的滑移变形量是许多位错滑移的结果。

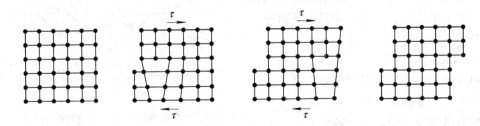

图 3 - 9　位错移动产生滑移的示意图

**2. 多晶体的塑性变形**

实际金属是由许多大小、形状、晶格位向各不相同的晶粒组成的多晶体。各晶粒之间有一层很薄的晶粒边界，晶界是相邻两个位向不同晶粒的过渡层，且原子排列极不规则。因此，多晶体的塑性变形要比单晶体的塑性变形复杂得多。

多晶体的变形首先从晶格位向有利于变形的晶粒内开始，滑移结果使晶粒位向发生转动，而难以继续滑移，从而促使另一批晶粒开始滑移变形。因而，多晶体的变形总是一批一批晶粒逐步发展的，滑移从少量晶体开始逐步扩大到大量晶粒，从不均匀变形逐步发展到较均匀变形。

与单晶体比较，多晶体具有较大的变形抗力，多晶体的塑性变形如图 3-10 所示。这是因为一方面多晶体内晶界附近的晶格畸变程度大，对位错的移动起阻碍作用，表现为较大的变形抗力；另一方面，多晶体内各晶粒位向不同，若某一晶粒要发生滑移，会受到周围位向不同晶粒的阻碍，必须克服相邻晶粒的阻力才能滑移。这就说明，多晶体金属的晶界面积及不同位向的晶粒越多，即晶粒越细，其塑性变形抗力就越大，强度和硬度越高。同时，由于塑性变形时总的变形量是各晶粒滑移效果的总和，晶粒越细，单位体积内有利于滑移的晶粒数目就越多，即变形可分散在越多的晶粒内进行，金属的塑性和韧性便越高。

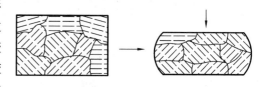

图 3-10 多晶体塑性变形图

### 3.2.2 塑性变形对金属组织和性能的影响

金属的塑性变形由金属内多晶体的塑性变形来实现。在塑性变形过程中，金属的结晶组织将发生变化：晶粒沿变形最大的方向伸长，晶格与晶粒发生扭曲，同时晶粒破碎。在变形过程中及变形后，金属的力学性能也将发生相应的变化。

**1. 回复与再结晶**

金属发生塑性变形以后处于一种不稳定的组织状态，高位能的原子有自发地回复到其低位能平衡状态的趋势，但在低温下原子活动能力较低，若对它进行适当加热，增加原子扩散能力，原子将向低能量的稳定状态转变，如图 3-11 所示。随着加热温度的升高，这一变化过程可分为回复、再结晶和晶粒长大三个阶段，下面介绍回复和再结晶阶段。

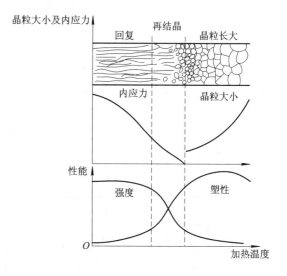

图 3-11 加热温度对冷变形金属组织性能的影响

1) 回复

回复阶段由于加热温度不高，原子扩散能力不强，通过原子的少量扩散，可消除部分晶格扭曲，降低金属的内应力。因其显微组织无明显变化，故金属的强度和塑性变化不大，这一过程称为回复。工业纯金属的回复温度为

$$T_{回} = (0.25 \sim 0.3) T_{熔}$$

式中：$T_回$ 表示金属回复的温度；$T_熔$ 表示金属熔点的温度。注意：上式是在开氏温度下测得的结果。

2）再结晶

当加热温度继续升高到某一值时，由于原子获得更多的能量，扩散能力加强，金属就会以某些碎晶或杂质为核心，并逐渐向周围长大，形成新的等轴晶粒，这个过程称为金属的再结晶。再结晶后，金属的强度和硬度下降，塑性升高。能够进行再结晶的最低温度称为再结晶温度。纯金属的再结晶温度为

$$T_再 = 0.4T_熔$$

式中：$T_再$ 表示金属再结晶的温度。注意：上式也是在开氏温度下测得的结果。

随着温度的升高，或者是在较高温度状态下时间的延长，再结晶后的晶粒还会聚合而长大。为了加速再结晶过程，再结晶退火温度比再结晶温度高 $100 \sim 200℃$。但退火加热温度过高，保温时间过长，均会使再结晶后的细晶粒长大成粗晶粒，导致金属力学性能下降。

**2. 冷变形和热变形**

金属在塑性变形时，由于变形温度不同，对组织和性能将产生不同的影响。金属的塑性变形分为冷变形和热变形两种。

冷变形是指金属在其再结晶温度以下进行塑性变形。因此，变形程度不宜过大，以避免制件破裂。冷变形能使金属获得较小的表面粗糙度并使金属强化。

热变形是指金属在其再结晶温度以上进行塑性变形。热变形时，变形抗力低，可用较小的能量获得较大的变形量，并可获得具有较高力学性能的再结晶组织。但热变形时金属表面易产生氧化，产品表面粗糙度较大，尺寸精度较低。

**3. 加工硬化**

当用手反复弯铁丝时，铁丝越弯越硬，弯起来越费力，这个现象就是金属塑性变形过程中的加工硬化。即随着塑性变形程度的增加，金属的强度、硬度升高，塑性和韧性下降，如图 3-12 所示，HB 表示布氏强度。金属冷变形时必然产生加工硬化。但热变形时，无加工硬化痕迹，主要由于变形是在再结晶温度以上进行的，变形时产生的加工硬化很快被再结晶消除。

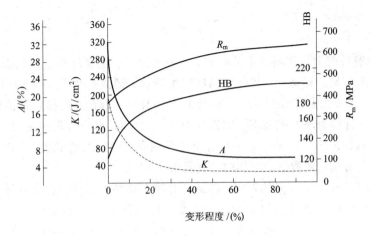

图 3-12　低碳钢冷变形程度与力学性能的关系

产生加工硬化的原因有两个方面：一方面是由于经过塑性变形晶体中的位错密度增高，位错移动所需的切应力增大；另一方面是在滑移面上产生许多晶格方向混乱的微小碎晶，它们的晶界是严重的晶格畸变区，这些因素增加了滑移阻力，加大了内应力。

加工硬化是强化金属的重要方法之一，尤其是对纯金属及某些不能用热处理方法强化的合金。例如冷拔钢丝、冷卷弹簧等采用冷轧、冷拔、冷挤压等工艺，就是利用加工硬化来提高低碳钢、纯铜、防锈铝、奥氏体不锈钢等所制型材及锻压件的强度和硬度。但加工硬化亦给进一步加工带来困难，且使工件在变形过程中容易产生裂纹，不利于压力加工的进行，通常采用热处理退火工序消除加工硬化，使加工能继续进行。在实际生产中利用回复处理，可使加工硬化的金属既保持较高的强度，适当提高韧性，又降低了内应力。例如，冷拔钢丝、冷卷弹簧后，采用 $250 \sim 300 \, ^{\circ}\text{C}$ 的低温回火，就是利用回复作用，而再结晶后的金属则完全消除了加工硬化组织。

**4. 纤维组织**

金属在外力作用下发生塑性变形时，晶粒沿变形方向伸长，分布在晶界上的夹杂物也沿着金属的变形方向被拉长或压扁，成为条状。在再结晶时，金属晶粒恢复为等轴晶粒，而夹杂物依然呈条状保留了下来，这样就形成了纤维组织，也称为锻造流线。纤维组织形成后，金属力学性能将出现方向性，即在平行纤维组织的方向上，材料的抗拉强度提高；而在垂直纤维组织的方向上，材料的抗剪强度提高。

另外，纤维组织很稳定，用热处理或其他方法均难以消除，只能再通过锻造方法使金属在不同的方向上变形，才能改变纤维组织的方向和分布。

在金属发生塑性变形时，随着变形程度的增加，纤维组织的形成则愈加明显。变形程度常用锻造比来表示。

镦粗工序的锻造比 $Y_{镦}$ 为

$$Y_{镦} = \frac{H_0}{H}$$

式中：$H_0$ 表示镦粗前金属坯料的高度；$H$ 表示镦粗后金属坯料的高度。

拔长工序的锻造比 $Y_{拔}$ 为

$$Y_{拔} = \frac{F_0}{F}$$

式中：$F_0$ 表示拔长前金属坯料的横截面积；$F$ 表示拔长后金属坯料的横截面积。

在一般情况下增加锻造比，可使金属组织细密化，提高锻件的力学性能，但锻造比增加到一定值时，由于纤维组织的形成，将导致各向异性。因此，选择合适的锻造比是很重要的。一般以轧材作为坯料锻造时，锻造比取 $1.1 \sim 1.3$，对于碳素钢钢锭，该值取 $2 \sim 3$，对于合金结构钢钢锭该值取 $3 \sim 4$；某些合金工具钢应选择较大的锻造比，以击碎粗大的碳化物并使其均匀分布，如锻造高速钢时，该值取 $5 \sim 12$。

由于纤维组织对力学性能的影响，特别是对冲击韧性的影响。在设计和制造易受冲击载荷的零件时，必须考虑纤维组织的方向，使零件工作时正应力方向与纤维组织方向一致，切应力方向与纤维组织方向垂直；而且使纤维组织的分布与零件的外形轮廓相符合，而不被切断。

图 3-13 是用不同方法制造螺栓的纤维组织分布情况。当采用棒料直接用切削加工方法制造螺栓时，其头部与杆部的纤维组织因不连贯而被切断，切应力顺着纤维组织方向，故质量较差，如图 3-13(a)所示；当采用局部镦粗法制造螺栓时，如图 3-13(b)所示，纤维组织不会被切断，纤维组织方向也较为合理，故质量较好。图 3-14 是用不同成型方法制造的齿轮，从图中可以看出其纤维组织的分布状态。图 3-14(a)为轧制棒料用切削加工方法制成齿轮，原棒料的纤维组织被切断，受力时齿根产生的正应力与纤维组织方向垂直，质量差；图 3-14(b)为将轧制棒料采用局部镦粗锻成齿轮坯，纤维组织被弯曲呈放射状，在加工时产生齿轮后受力时，所有齿根处的正应力与纤维组织方向近于平行，质量较好；图 3-14(c)为用热锻成型法或精密模锻制造的齿轮，沿齿轮轮廓纤维组织全是连续的，承受力强，其质量最好。

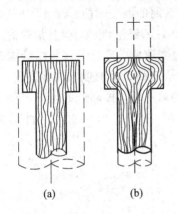 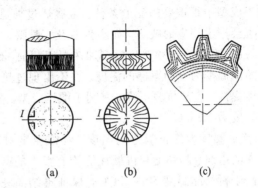

图 3-13　螺栓的纤维组织比较　　　　　图 3-14　不同成型方法制成的齿轮的纤维组织

# 3.3　锻　　造

## 3.3.1　金属材料的锻造性能

### 1. 锻造性能及评定指标

金属的锻造性能用来衡量金属材料利用锻压加工方法成型的难易程度，是金属的工艺性能之一。金属的锻造性能好，表明该金属适于采用锻压加工方法成型。金属的锻造性能常用金属的塑性和变形抗力来综合衡量。塑性越好，变形抗力越小，则金属的锻造性能越好。在实际生产中，选用金属材料时，优先考虑的还是金属材料的塑性。

### 2. 影响金属锻造性能的因素

金属的锻造性能主要取决于金属的本质和金属的变形条件。

1) 金属的本质

金属的本质是指金属的化学成分和组织状态。

(1) 金属的化学成分。化学成分对金属的锻造性能影响很大，一般纯金属的锻造性能较好。金属组成合金后，强度提高，塑性下降，锻造性能变差。随着含碳量的增加，碳素钢的锻造性能变差，因此，低、中碳钢的锻造性能优于高碳钢。钢中合金元素的含量增多，锻造性能也变差，尤其是金属中含有提高高温强度的元素，如钨、钼、钒、钛等，因能与钢中的碳形成硬而脆的碳化物，而使金属的锻造性能显著降低。

（2）金属的组织状态。金属的组织结构不同，其锻造性能有很大差别。由单一固溶体组成的合金具有良好的塑性，其锻造性能较好；若金属中有化合物组织，尤其是在晶界上形成连续或不连续的网状碳化物组织时，塑性很差，锻造性能显著下降。由于锻轧组织和细晶组织具有良好的组织形态，因而钢的铸态组织和粗晶组织，不如锻轧组织和细晶组织的锻造性能好。

2）金属的变形条件

金属的变形条件是指变形温度、变形速度和变形时的应力状态。

（1）变形温度。变形温度是影响锻造性能的重要因素。提高金属的变形温度可使原子动能增加，削弱原子间结合力，减少滑移阻力，从而提高金属的锻造性能。因而，加热是锻压加工成型中很重要的变形条件。金属通过加热可得到良好的锻造性能，但是加热温度过高时也会产生相应的缺陷，如产生氧化、脱碳、过热和过烧现象，造成锻件的质量变差或锻件报废。因此，必须严格控制加热温度范围，确定金属合理的始锻温度和终锻温度。

始锻温度为开始锻造的温度。在不出现过热和过烧的前提下，提高始锻温度可使金属的塑性提高，变形抗力下降，有利于锻压成型。一般选固相线以下 $100 \sim 200 ℃$，如 45 钢的始锻温度为 $1200 ℃$。

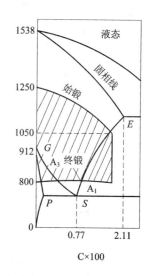

终锻温度为停止锻造的温度。终锻温度对高温合金锻件的组织、晶粒度和机械性能均有很大的影响。一般选高于再结晶温度 $50 \sim 100 ℃$，保证再结晶完全。当终锻温度低于其再结晶开始温度时，除了使合金塑性下降、变形抗力增大之外，还会引起不均匀变形并获得不均匀的晶粒组织，并导致加工硬化现象严重，变形抗力过大，易产生锻造裂纹，损坏设备与工具。但如果终锻温度过高，则在随后的冷却过程中晶粒将继续长大，得到粗大晶粒组织，这是十分不利的。通常，在允许的范围内，适当降低终锻温度并加大变形量，可得到较为细小的晶粒。碳钢的锻造温度范围如图 3-15 所示。C×100 表示含碳量的 100 倍。碳钢的终锻温度应在 $GSE$ 线以上，这时的碳钢组织为单相奥氏体，具有良好的锻造性能。为了扩大锻造温度区间，减少加热次数，对低

图 3-15　碳钢的锻造温度范围

碳钢，实际的终锻温度定在 $A_3$ 线之下，即在 $A_1 \sim A_3$ 温度区间，此时的组织为铁素体和奥氏体，两种组织均有很好的塑性，故仍有较好的锻造性能，如 45 钢的终锻温度为 $800 ℃$。对过共析钢，定在 $A_1$ 线以上 $50 \sim 70 ℃$，锻造时钢中出现的渗碳体虽使锻造性能有些降低，但可以阻止形成连续的网状渗碳体，从而提高锻件的力学性能。

（2）变形速度。变形速度是指金属在锻压加工过程中单位时间内的变形量，表示单位时间内变形程度的大小。变形速度对金属锻造性能的影响是复杂的，如图 3-16 所示：一方面由于变形速度增快，回复和再结晶不能及时消除加工硬化现象，加工硬化逐渐积累，使金属的塑性下降，变形抗力增加，锻造性能变差；另一方面，当变形速度超过某一临界

值时，热能来不及散发，而使塑性变形中的部分功转化为热能，致使金属温度升高，这种现象称为"热效应"，于是，金属塑性升高，变形抗力下降。一般来讲，变形速度越快，热效应越显著，锻造性能越好。

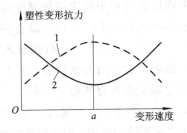

1—变形抗力曲线；2—塑性变形曲线

图 3-16 变形速度对金属锻造性能的影响

在实际生产中，除高速锤锻造外，一般常用的各种锻造方法的变形速度都低于临界变形速度。因此，在一般锻造生产中，对于锻造性能较差的合金钢和高碳钢，应采用减小变形速度的工艺，以防坯料被锻裂。

（3）变形时的应力状态。变形方式不同，金属在变形区内的应力状态也不同。即使在同一种变形方式下，金属内部不同部位的应力状态也可能不同。挤压时，空间三维上的三个方向均受压；拉拔时，两个方向受压，一个方向受拉。自由锻镦粗时，坯料内部金属三向受压，而侧面表层金属两向受压，一向受拉。

实践证明，在金属塑性变形时，三个方向中压应力的数目越多，则金属的塑性越好，拉应力的数目越多，则金属的塑性越差。而且同号应力状态下引起的变形抗力大于异号应力状态下的变形抗力。如挤压时，三向受压，金属塑性提高，但其变形抗力大；拉拔时，两向受压，一向受拉，金属塑性降低，但其变形抗力比挤压的变形抗力小。

**3. 常用合金的锻造特点**

各种钢材、铝、铜合金都可以锻造加工。其中，中低碳钢、20Cr、铜及铜合金、铝及铝合金等（牌号 Q195、Q235、10、15、20、35、45、50 钢等）锻造性能较好。

**1）合金钢的锻造特点**

与碳钢比较，合金钢具有综合力学性能高、淬透性和热稳定性好等优点，但钢中由于合金元素的加入，其内部组织复杂、缺陷多、塑性差、变形抗力大、锻造性能较差。因此，锻造时必须严格控制工艺过程，以保证锻件的质量。

首先，选择坯料时，表面不允许有裂纹存在，以防锻造中裂纹扩展造成锻件报废，并且为了消除坯料的残余应力和均匀内部组织，锻前需进行退火。

其次，合金钢的导热性比碳钢差，如果高温装炉，快速加热，必然会产生较大的热应力，致使金属坯料开裂。因此，应先加热至800℃保温，然后再加热到始锻温度，即采用低温装炉及缓慢升温。

另外，与碳钢相比较，合金钢的始锻温度低，终锻温度高。这是由于一方面合金钢成分复杂，加热温度偏高时，金属基体晶粒将快速长大，分布于晶粒间的低熔点物质熔化，容易出现过热或过烧缺陷，因此，合金钢的始锻温度较低；另一方面合金钢的再结晶温度高、再结晶速度慢、塑性差、变形抗力大、易断裂，故其终锻温度较高。

因此，合金钢的锻造温度范围较窄，一般只有100～200℃，增加了锻造过程的困难。因此，合金钢锻造时必须注意以下几点：

（1）控制变形量。严格执行"两轻一重"的操作方法，始锻和终锻时应变形量小，中间过程变形量加大。因为合金钢内部缺陷较多，在始锻时，若变形量过大，易使缺陷扩展，造成锻件开裂报废。终锻前，金属塑性低，变形抗力增大，锻造时变形量大也将导致锻件报废。而在锻造过程中间阶段如果变形量过小，则达不到所需的变形程度，不能很好地改变锻件内部的组织结构，难以获得良好的力学性能。

（2）增大锻造比。合金钢钢锭内部缺陷多，某些特殊钢中粗大的碳化物较多，且偏析严重，影响了锻件的力学性能。增大锻造比，能击碎网状或块状碳化物，可以消除钢中缺陷，细化碳化物并使其均匀分布。

（3）保证温度、变形均匀。合金钢锻造时要经常翻转坯料，尽量使一个位置不要连续受力，送进量要适当均匀，而且锻前应将砧铁预热，以使变形及温度均匀，防止产生锻裂现象。

（4）锻后缓冷。合金钢锻造结束后，应及时采取工艺措施保证锻件缓慢冷却。例如，锻后将锻件放入灰坑或干砂坑中冷却，或放入炉中随炉冷却。这是因为合金钢的导热性差、塑性低，且终锻温度较高，锻后如果快速冷却，会因热应力和组织应力过大而导致锻件出现裂纹。

2）有色金属的锻造特点

（1）铝合金的锻造特点。几乎所有锻造用铝合金（变形铝合金）都有较好的塑性，可锻造成各种形状的锻件，但是铝合金的流动性差，在金属流动量相同的情况下，比低碳钢需多消耗约 30% 的能量。铝合金的锻造温度范围窄，一般为 150℃ 左右，导热性好，应事先将所用锻造工具预热至 250～300℃。操作时，要经常翻转，动作迅速，开始时要轻击，随后逐渐加大变形量时，则应重打。铝合金的流动性差，模锻时容易黏模，要求锻模内表面粗糙度 $R_a$ 在 0.8 $\mu m$ 以下，并采用润滑剂。

（2）钛合金的锻造特点。钛合金是飞机、宇航工业常用的有色金属材料。钛合金可以锻造成各种形状的锻件，钛合金的可锻性要比合金钢差，其塑性随着温度的升高而增大，若在 1000～1200℃ 下锻造，变形程度可达 80% 以上。但随着变形温度下降，变形抗力急剧增大，因此，操作时动作要快，尽量减少热损失。锻造温度范围一般 α 钛为 850～1050℃，α＋β 钛为 750～1150℃，β 钛为 900～1150℃。因为钛合金的流动性比钢差，所以，模锻时模腔的圆角半径应设计大些，而且钛合金的黏模现象比较严重，要求模腔表面粗糙度 $R_a$ 要达到 0.2～0.4 $\mu m$。

（3）镁合金的锻造特点。镁合金的塑性低，变形能力差，通常只适合热锻。在锻造过程中，将镁合金坯料内部压实，并形成纤维组织，使其力学性能与可靠性得到提高。在锻压时，必须对锻模进行润滑，避免黏模，而保温时间应从锻坯表面温度达到锻压温度下限时算起，锻压变形速度为 0.2～2.5 mm/min，拔长时的变形程度为 4%～6%。

## 3.3.2　自由锻造

自由锻造是利用简单的通用工具或直接将加热好的金属坯料放在锻造设备上、下砧铁之间，施加冲击力或压力，使之产生塑性变形，从而获得所需锻件的一种锻造方法，简称自由锻。自由锻是锻造工艺中广泛采用的一种工艺方法，有手工锻造和机器锻造两种。手工锻造生产率低，劳动强度大，锤击力小，在现代工业生产中机器锻造是自由锻的主要生产方式。

自由锻生产率低，工人劳动强度大，锻件精度低，材料消耗较多，锻件形状不能过于复杂，因而，适合于在品种多、产量不大的生产中应用。锻件重量可从不足千克到二三百吨，但其所用设备及工具通用性大，便于更换产品，生产准备周期短，在国内外的现代锻造中，自由锻仍占有重要地位。

对于大型锻件，如水轮发电机机轴、轧辊等重型锻件，自由锻是唯一可能的一种加工工艺方法。自由锻造时，金属受力变形时在砧铁间水平方向自由流动，变形不受限制，因此，锻件的形状及大小由工人的操作技术来保证，常用逐渐变形方式来达到成型目的，因而能以较小设备锻制较大锻件。

**1. 自由锻工序**

自由锻工序可分为基本工序、辅助工序和精整工序（修整工序）。基本工序有镦粗、拔长、冲孔、扩孔、弯曲、扭转、错移等。辅助工序是为了使基本工序操作方便而进行的预变形工序，如压钳口、切肩等。修整工序是用以减少锻件表面缺陷而进行的工序，如校正、滚圆、平整等。以下介绍基本工序的主要内容。

1）镦粗

在外力作用下使坯料高度减小、横截面积增大的工序称为镦粗。镦粗主要用于锻制齿轮、法兰盘之类的饼类零件，它能增大坯料横截面积的平整端面，提高后续拔长工序的锻造比，提高锻件的力学性能和减少力学性能的各向异性等。如图 3-17 所示，坯料镦粗时，随着高度减小，金属不断向四周流动，由于工具及砧面与坯料的接触面上有摩擦力和冷却作用存在，使坯料内部的应力分布和变形极不均匀。镦粗后坯料的侧面将成鼓形。设坯料高为 $H_0$，直径为 $D$，当坯料高径比 $H_0/D > 2.5$ 时，镦粗中容易失稳而产生弯曲。一般选择 $H_0/D = 0.8 \sim 2$，可得到较均匀的变形，鼓形也较小，但需要很大的变形力。

2）拔长

拔长是使坯料的横截面积减小、长度增加的锻造工序，如图 3-18 所示。拔长除用于轴类、杆类锻件成型外，还常用来改善锻件内部质量。拔长从垂直于轴线方向对坯料进行逐段压缩变形，是锻件成型中耗费工时最多的一种锻造工序。

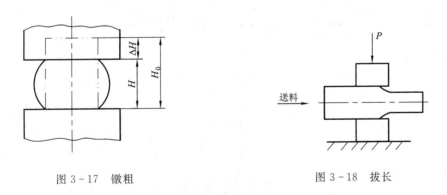

图 3-17  镦粗                              图 3-18  拔长

3）冲孔

用冲头将坯料冲出通孔或不通孔的锻造方法称为冲孔。对于直径小于 25 mm 的孔一般不予冲出。冲孔主要用于锻造空心锻件、如齿轮环、圆环、套筒等。生产中采用的冲孔方法有实心冲子冲孔（见图 3-19）、空心冲子冲孔（见图 3-20）和垫环冲孔（见图 3-21）三种。

4）扩孔

为了减小空心坯料壁厚而增加其内外径的锻造工序称为扩孔。常用的扩孔方法有冲子扩孔（见图 3-22）和芯轴扩孔（见图 3-23），后者在轴承行业中广泛采用。

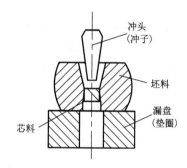

图 3-19　实心冲子冲孔

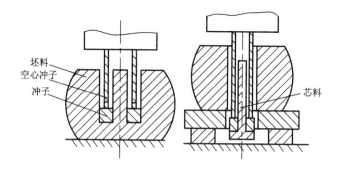

图 3-20　空心冲子冲孔

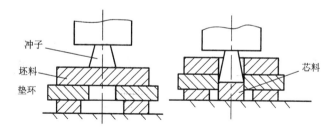

图 3-21　垫环冲孔

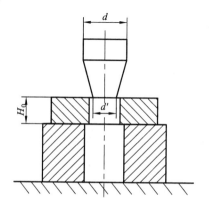

图 3-22　冲子扩孔

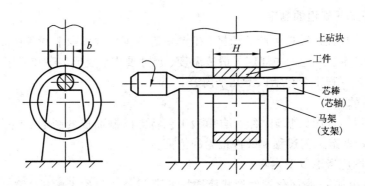

图 3-23　芯轴扩孔

5）弯曲

将坯料加工成规定形状的锻造工序称为弯曲。弯曲成型时金属纤维组织不被切断，从而提高了锻件质量。弯曲多用于锻制钩、夹钳、地脚螺栓等弯曲类零件。

6）扭转

将坯料的一部分相对于另一部分绕共同轴线旋转一定角度的锻造方法称为扭转。扭转用于锻制曲轴、矫正锻件等。

7）错移

将坯料的一部分与另一部分错开一定距离，但仍保持轴线平行的锻造方法称为错移，如锻制双拐或多拐曲轴件。

自由锻可应用上述基本工序生产不同类型的锻件。图 3-24 为齿轮坯自由锻的工艺过程图。

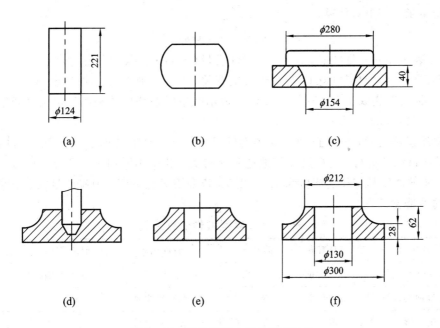

图 3-24　齿轮坯自由锻的工艺过程

（a）下料；（b）镦粗；（c）垫环局部镦粗；（d）冲孔；（e）冲子扩孔；（f）修整

**2. 自由锻工艺规程的制定**

自由锻工艺规程是锻造生产的依据。生产中需根据零件图绘制锻件图，确定锻造工艺过程并制定工艺卡。工艺卡中规定了锻造温度、尺寸要求、变形工序和程序及所用设备等。

自由锻工艺规程主要包括以下几个内容。

1）锻件图的绘制

锻件图是以零件图为基础，结合自由锻工艺特点绘制而成的图形，它是工艺规程的核心内容，是制定锻造工艺过程和锻件检验的依据。

绘制锻件图应考虑以下内容：

（1）敷料（余块）。为简化锻件形状而增加的那部分金属称为敷料。零件上不能锻出的部分，或虽能锻出，但从经济上考虑不合理的部分均应简化，如某些台阶、凹槽、小孔、斜面、锥面等。因此，锻件的形状和尺寸均与零件不同，需在锻件图上用双点划线画出零件形状，并在锻件尺寸的下面用括号注上零件尺寸。

（2）加工余量。自由锻件的精度及表面质量较差，表面应留有供机械加工的一部分金属，即机械加工余量，又称锻件余量。余量的大小主要取决于零件形状、尺寸、加工精度及表面粗糙度的要求，其数值的确定可查阅锻工手册。

（3）锻造公差。由于锻件的实际尺寸不可能达到公称尺寸，因此允许有一定的误差。为了限制其误差，经常给出其公差，称为锻造公差，其数值约为加工余量的 $\frac{1}{4} \sim \frac{1}{3}$。

2）坯料计算

锻造时应按锻件形状、大小选择合适的坯料，同时还应注意坯料的质量和尺寸，使坯料经锻造后能达到锻件的要求。

坯料质量可按下式计算：

$$G_坯 = G_锻 + G_烧 + G_料头 \quad (kg)$$

式中：$G_坯$ 表示坯料质量（kg）；$G_锻$ 表示锻件质量（kg）；$G_烧$ 表示加热过程中坯料表面氧化烧损的那部分金属的质量（kg），与加热火次有关，第一次加热取被加热金属质量的 2%～3%，以后各次加热取 1.5%～2.0%；$G_料头$ 表示锻造时被切掉的金属质量及修切端部时切掉的料头的质量（kg）。

坯料质量确定后，还须正确确定坯料的尺寸，以保证锻造时金属达到必需的变形程度，使得锻造顺利进行。坯料尺寸与锻造工序有关，若采用镦粗工序，为防止镦弯和便于下料，坯料的高度与直径之比应为 1.5～2.5。若采用拔长工序，则应满足锻造比要求。典型锻件的锻造比见表 3-1。

表 3-1 典型锻件的锻造比

| 锻件名称 | 计算部位 | 锻造比 | 锻件名称 | 计算部位 | 锻造比 |
|---|---|---|---|---|---|
| 碳素钢轴类锻件 | 最大截面 | 2.0～2.5 | 锤头 | 最大截面 | ≥2.5 |
| 合金钢轴类锻件 | 最大截面 | 2.5～3.0 | 水轮机主轴 | 轴身 | ≥2.5 |
| 热轧辊 | 辊身 | 2.5～3.0 | 水轮机立柱 | 最大截面 | ≥3.0 |
| 冷轧辊 | 辊身 | 3.5～5.0 | 模块 | 最大截面 | ≥3.0 |
| 齿轮轴 | 最大截面 | 2.5～3.0 | 航空用大型锻件 | 最大截面 | 6.0～8.0 |

3) 正确设计变形工序

设计变形工序的依据是锻件的形状、尺寸、技术要求、生产批量及生产条件等。设计变形工序包括锻件成型所必需的基本工序、辅助工序和精整工序，完成这些工序所使用的工具，以及确定各工序的顺序和工序尺寸等。一般而言，盘类零件多采用镦粗（或拔长-镦粗）和冲孔等工序；轴类零件多采用拔长、切肩和锻台阶等工序。一般锻件的分类及采用的工序见表 3-2。

表 3-2 一般锻件的分类及采用的工序

| 锻件类别 | 图 例 | 锻 造 工 序 |
|---|---|---|
| 盘类零件 | 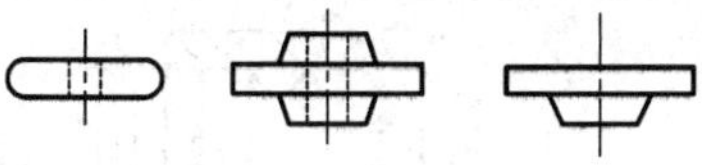 | 镦粗（或拔长-镦粗），冲孔等 |
| 轴类零件 | 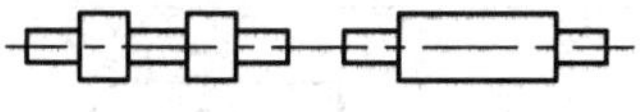 | 拔长（或镦粗-拔长），切肩，锻台阶等 |
| 筒类零件 | 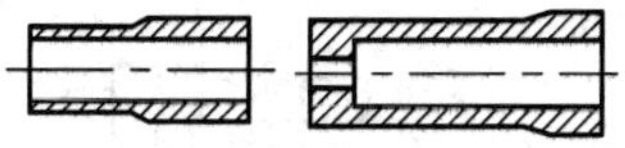 | 镦粗（或拔长-镦粗），冲孔，在芯轴上拔长等 |
| 环类零件 |  | 镦粗（或拔长-镦粗），冲孔，在芯轴上扩孔等 |
| 弯曲类零件 | 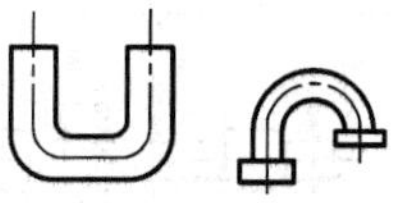 | 拔长，弯曲等 |

4) 选择设备

一般根据锻件的变形面积、锻件材质、变形温度等因素选择设备吨位。空气锤头落下部分的重量表示其吨位。空气锤的吨位一般为 650~1500 N。合理地选择设备吨位，可提高生产率，降低消耗。

除上述内容外，锻造工艺规程还应包括加热规范、加热火次、冷却规范和锻件的后续处理等。

**3. 自由锻实例**

表 3-3 所示为半轴的自由锻工艺卡。

**表 3 – 3　半轴自由锻工艺卡**

| 锻件名称 | 半　　　轴 | 图　　　例 |
|---|---|---|
| 坯料质量 | 25 kg | |
| 坯料尺寸 | $\phi130$ mm$\times$240 mm | |
| 材　料 | 18CrMnTi | |
| 工序 | 锻出头部 | |
| | 拔长 | |
| | 拔长及修整台阶 | |
| | 拔长并留出台阶 | |
| | 锻出凹档及拔长端部并修整 | |

#### 4. 自由锻件的结构工艺性

由于锻造是在固态下成型的,锻件所能达到的复杂程度远不如铸件,而自由锻件的形状和尺寸主要靠人工的操作技术来保证,因此,对自由锻零件结构工艺性总的要求是在满足使用要求的前提下,零件形状应尽量简单、规则,以达到方便锻造、节约金属和提高生产率的目的。自由锻结构工艺性如表 3 – 4 所示。但是不能由此认为,自由锻工艺只限于加工形状简单的零件,在实际需要时,依靠工人的技术并借助一些专用工具,自由锻也可以锻造出形状相当复杂的锻件。

表 3-4 自由锻结构工艺性

| 要　　求 | 结 构 对 比 |
|---|---|
| 尽量避免锥面或斜面 | 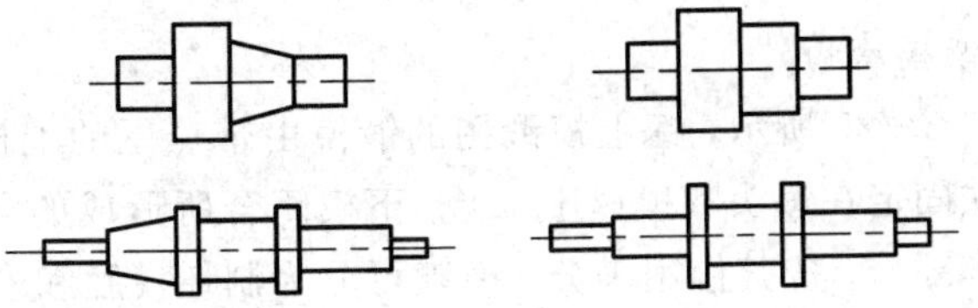 不合理　　　　　　　合理 |
| 避免曲面相交 | 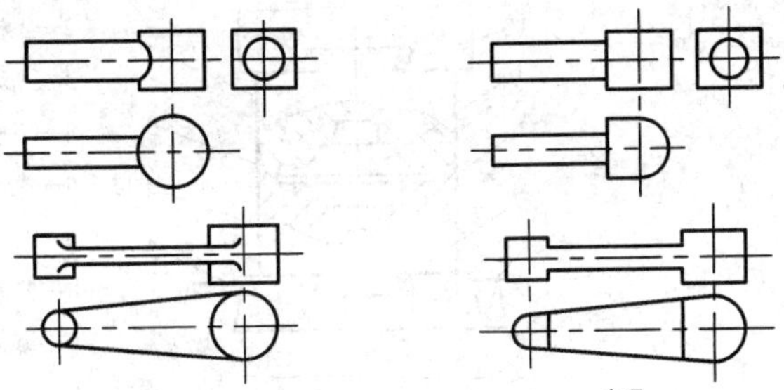 不合理　　　　　　　合理 |
| 避免筋板和凸台等结构 | 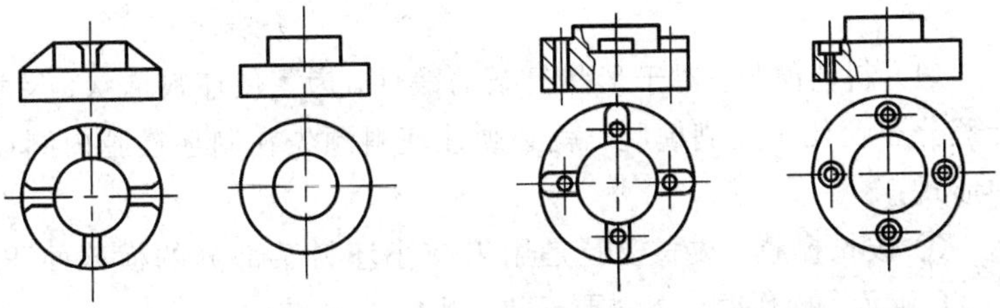 不合理　　合理　　　不合理　　合理 |

### 3.3.3　模型锻造和胎模锻造

#### 1. 模型锻造

模型锻造是利用模具使加热后的金属坯料变形而获得锻件的锻造方法。在变形过程中，金属的流动受到模具的限制和引导，从而获得要求形状的锻件。模型锻造与自由锻造相比具有以下特点：

（1）由于有模具引导金属的流动，因此锻件的形状可以比较复杂。

（2）锻件内部的纤维组织比较完整，从而提高了零件的力学性能和使用寿命。

（3）锻件尺寸精度高，表面光洁，能节约材料和节约切削加工工时。

（4）生产效率高，操作简单，易于实现机械化。

（5）所用锻模价格较昂贵，模具材料通常为 5CrNiMo 或 5CrMnMo 等模具钢，而且模具加工困难，制造周期长，故模型锻造适用于大批量生产，生产批量越大，成本越低。

（6）需要能力较大的专用设备。由于模锻是整体变形，并且金属流动时与模具之间产生很大的摩擦力，因此所需设备吨位大。目前，由于设备能力限制，模锻只适用于中、小型锻件的大批量生产，主要用于质量为 0.5～150 kg 的锻件生产。

按使用设备类型不同，模锻又分为锤上模锻、曲柄压力机上模锻、摩擦压力机上模锻、平锻机上模锻等。本节主要介绍锤上模锻，其工艺适应性广泛，是典型模型的常用锻造方法。

1) 锻模结构

如图 3-25 所示，锤上模锻用的锻模由带燕尾的上模和下模两部分组成，上、下模分别用楔铁固定在锤头和模座上，上、下模闭合所形成的空腔即为模膛。模膛是进行模锻生产的工作部分，按其作用来分，模膛可分为制坯模膛和模锻模膛。

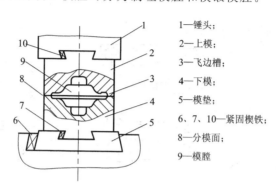

1—锤头；
2—上模；
3—飞边槽；
4—下模；
5—模垫；
6、7、10—紧固楔铁；
8—分模面；
9—模膛

图 3-25　锻模示意图

（1）制坯模膛。对于形状复杂的锻件，为了使坯料形状、尺寸尽量接近锻件，使金属能合理分布及便于充满模膛，就必须让坯料预先在制坯模膛内制坯。制坯模膛主要有以下几种形式：

① 拔长模膛。拔长模膛是用来减小坯料某部分的横截面积而增加该部分长度，如图 3-26 所示。操作时，坯料要送进，也需要翻转。

② 滚压模膛。滚压模膛是用来减小坯料某部分的横截面积而增大另一部分的横截面积，如图 3-27 所示。操作时，坯料需要不断翻转。

③ 弯曲模膛。弯曲模膛是用于轴线弯曲的杆形锻件的弯曲制坯，如图 3-28 所示。

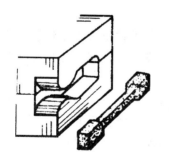
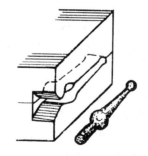
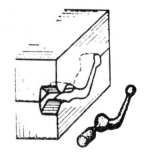

图 3-26　拔长模膛　　　　图 3-27　滚压模膛　　　　图 3-28　弯曲模膛

此外还有切断模膛、镦粗台和击扁面模膛等类型的制坯模膛。

（2）模锻模膛。锻模上进行最终锻造以获得锻件的工作部分称为模锻模膛。模锻模膛分为预锻模膛和终锻模膛两种。

① 预锻模膛。预锻模膛的作用是使坯料变形到接近锻件的形状和尺寸，再进行终锻，

此时金属容易充满模膛成型，以减小终锻模膛的磨损。对形状简单、批量不大的锻件，可不必采用预锻模膛。

②　终锻模膛。模膛形状及尺寸与锻件形状及尺寸基本相同，但因锻件的冷却收缩，模膛尺寸应比锻件大一个金属收缩量，钢件收缩量可取 1.5%。终锻模膛沿模膛四周设有飞边槽，如图 3-29 所示，其作用是容纳多余的金属；飞边槽桥部的高度小，对流向仓部的金属形成很大的阻力，可迫使金属充满模膛；飞边槽中形成的飞边能缓和上、下模间的冲击，延长模具寿命。飞边槽在锻后利用压力机上的切边模去除。

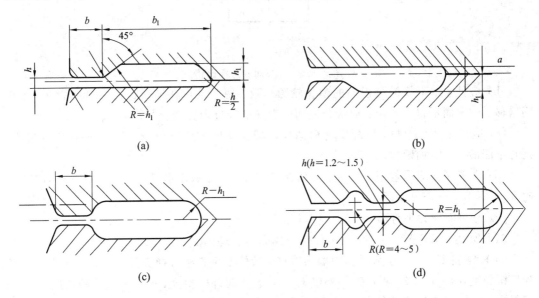

图 3-29　飞边槽结构

终锻模膛和预锻模膛的区别在于预锻模膛的圆角和斜度较大，并且没有飞边槽。

根据锻件的复杂程度不同，锻模可分为单膛锻模和多膛锻模两种。单膛锻模是在一副锻模上只有终锻模膛；多膛锻模是在一副锻模上具有两个以上模膛的锻模，比如可以有拔长、滚压、预锻和终锻模膛。

2）模锻工艺规程的制定

模锻工艺规程包括绘制模锻件图、确定模锻工序步骤、计算坯料、选择设备吨位及确定修整工序等。

（1）绘制模锻件图。模锻件图是锻造生产的基本技术文件，是设计和制造锻模、计算坯料和检查锻件的依据。其中模锻件的敷料、加工余量和锻造公差与自由锻件的相同，但由于模锻时金属坯料是在锻模中成型的，模锻件的尺寸较精确，所需敷料少，加工余量和锻造公差均较自由锻件的小，具体数值的确定可参考锻工手册。另外，在绘制模锻件图时，还应考虑下列内容。

①　选择分模面。上模和下模在锻件上的分界面称为分模面。分模面的选择将影响锻件的成型质量、材料利用率和成本等，对比图 3-30 中锻件的四种分模方案，可说明其选择原则。

（a）锻件应能从模膛中顺利取出，以 $a$-$a$ 面为分模面，锻件无法取出。一般情况下，分模面应选在锻件最大截面处。

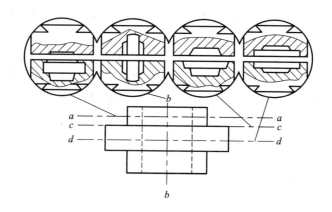

图 3-30　分模面的选择比较

（b）应使上、下模沿分模面的模腔轮廓一致，便于发现在模锻过程中出现的上、下模间错移，$c-c$ 面不符合要求，通常分模面应选在锻件外形无变化处。

（c）应尽量减少敷料，以降低材料消耗和减少切削加工工作量，若以 $b-b$ 作分模面，则孔不能锻出，需加敷料。

（d）模腔深度应尽量小，以利于金属充满模腔，便于取出锻件，且利于模腔的加工，因此 $b-b$ 面不适合作分模面。

（e）分模面应为平直面，以简化模具加工。

综上所述，图 3-30 中的 $d-d$ 面作分模面是合理的。

② 模锻斜度。为便于从模腔中取出锻件，锻件上垂直于分模面的表面均应有斜度，称为模锻斜度，如图 3-31 所示锻件外壁上的斜度 $\alpha_1$ 叫外壁斜度，锻件内壁上的斜度 $\alpha_2$ 叫内壁斜度。锻件的冷却收缩使其外壁离开模腔，但内壁收缩会把模腔内的凸起部分夹得更紧。因此，内壁斜度 $\alpha_2$ 应比外壁斜度 $\alpha_1$ 大，钢件的模锻斜度一般为 $\alpha_1=5°\sim7°$，$\alpha_2=7°\sim12°$。

③ 圆角半径。锻件上凡是面与面的相交处均应成圆角过渡，如图 3-31 所示。这样在锻造时，金属易于充满模腔，减少模具的磨损，提高模具的使用寿命。外凸的圆角半径 $r$ 叫外圆角半径，内凹的圆角半径 $R$ 叫内圆角半径。圆角半径的数值与锻件的形状、尺寸有关，通常取 $r=1.5\sim12$ mm，$R=(2\sim3)r$。模腔越深，圆角半径取值越大。

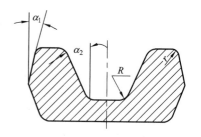

图 3-31　模锻斜度与圆角半径

④ 冲孔连皮。孔径 $d>30$ mm 的孔可以锻出，但不能锻出通孔，必须留有一层金属，称为冲孔连皮，锻后冲去冲孔连皮，才能获得通孔锻件。冲孔连皮的厚度 $S$ 应适当，厚度太小，增大了锻造力，加速了模具的磨损；厚度太大，不仅浪费金属，而且使冲力增加。冲孔连皮厚度的数值与孔径、孔深有关，当 $d=30\sim80$ mm 时，一般取 $S=4\sim8$ mm。

模锻锻件图可根据上述内容绘制，图 3-32 为齿轮坯的模锻件图。图 3-32 中双点划线为零件轮廓外形，分模面选在零件高度方向的中部。零件轮辐部分不加工，故不留加工余量，内孔中部两直线 $a$，$b(a，b$ 表示冲孔连皮痕迹)为冲孔连皮切掉后的痕迹。

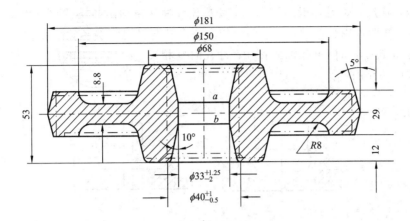

图 3-32　齿轮坯模锻件图

（2）确定模锻工序步骤。确定模锻工序步骤的主要依据是锻件的形状和尺寸。模锻件按其外形可分为盘类锻件和轴（杆）类锻件。

盘类锻件终锻时，金属沿高度、宽度及长度方向均产生流动。这类锻件的变形工序步骤通常是镦粗制坯和终锻成型。形状简单的盘类零件，可只用终锻成型工序。

轴（杆）类锻件的长度与宽度（直径）相差较大，锻造过程中锤击方向与坯料轴线垂直。终锻时，金属沿高度、宽度方向流动，长度方向流动不显著，制造时需采用拔长、滚压等工序制坯。对于形状复杂的锻件，还需选用预锻工序，最后在终锻模腔中模锻成型。

（3）计算坯料。模锻件的坯料质量按下式计算：

$$G_{坯} = (G_{锻} + G_{飞})(1 + \delta\%) \quad (kg)$$

式中：$G_{坯}$ 表示坯料质量（kg）；$G_{锻}$ 表示模锻件质量（kg）；$G_{飞}$ 表示飞边质量（kg），与锻件形状和大小有关，差别较大，一般可按锻件质量的 15%~25% 计算，形状复杂件取上限，形状简单件取下限；$\delta$ 表示氧化烧损率，按锻件与飞边质量之和的 3%~4% 计算。

模锻件坯料尺寸与锻件形状有关。

对以镦粗为主要变形的盘类锻件，其坯料尺寸可按下式计算：

$$1.25 < \frac{H_{坯}}{D_{坯}} < 2.5 \quad \text{或} \quad 1.25 D_{坯} < H_{坯} < 2.5 D_{坯}$$

式中：$H_{坯}$ 表示坯料高度（mm）；$D_{坯}$ 表示坯料直径（mm）。

对以拔长为主要变形的轴类锻件，其坯料尺寸可按下式计算：

$$L_{坯} = \frac{(1.05 \sim 1.30) V_{坯}}{F_{坯}} = (1.34 \sim 1.66) V_{坯} \ D_{坯}^{2} \quad (mm)$$

式中：$L_{坯}$ 表示坯料长度（mm）；$F_{坯}$ 表示坯料截面积（mm²）；$V_{坯}$ 表示坯料体积（mm³）；$D_{坯}$ 表示坯料直径（mm）。

（4）选择设备吨位。锻锤吨位可根据锻件重量和形状，查阅锻工手册。锻锤吨位一般为 75~160 kN。

（5）确定修整工序。终锻只是完成了锻件最主要的成型过程，成型后尚需经过切边、冲孔、校正、热处理、清理等修整工序，才能得到合格的锻件。对于精度和表面粗糙度要求严格的锻件，还要进行精压。

① 切边和冲孔。切边是切除锻件分模面四周的飞边，如图 3-33(a) 所示。冲孔是冲去

锻件上的冲孔连皮，如图 3-33(b)所示。切边模和冲孔模均由凸模(冲头)和凹模组成。切边时，锻件放在凹模内孔的刃口上，凹模的内孔形状与锻件和分模面上的轮廓一致，凹模的刃口起剪切作用，凸模只起推压作用。冲孔时则相反，冲孔时凹模起支承作用，而带刃口的凸模起剪切作用。

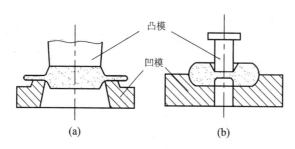

图 3-33　切边和冲孔模示意图
(a) 切边模；(b) 冲孔模

切边与冲孔在压力机上进行，分为热切(冲)和冷切(冲)。热切(冲)是利用模锻后的余热立即进行切边和冲孔，其特点是所需切断力小，锻件塑性好，不易产生裂纹，但容易产生变形；冷切(冲)则在室温下进行，劳动条件好，生产率高，变形小，模具易调整，但所需设备吨位大，锻件易产生裂纹。较大的锻件和高碳钢、高合金钢锻件常采用热切；中碳钢和低合金钢的小型锻件常采用冷切。

② 校正。在模锻、切边、冲孔及其他工序中，由于冷却不均、局部受力等原因而引起锻件变形，如果超出允许范围，则在切边、冲孔后需进行校正。校正分为热校正和冷校正。热校正一般用于大型锻件、高合金锻件和容易在切边和冲孔时变形的复杂锻件；冷校正作为模锻生产的最后工序，一般安排在热处理和清理工序之后，用于结构钢的中小型锻件和容易在冷切边、冷冲孔及热处理和清理中变形的锻件。校正可在终锻模膛或专门的校正模内进行。

③ 热处理。为了消除模锻件的过热组织或加工硬化组织，提高模锻件的力学性能，一般采用正火或退火对模锻件进行热处理。

④ 清理。模锻或热处理后的模锻件还需进行表面处理，去除在生产过程中形成的氧化皮、所沾油污和残余毛刺等，以提高模锻件的表面质量，改善模锻件的切削加工性能。

⑤ 精压。这是一种提高锻件精度和降低表面粗糙度的加工方法，通常在校正后进行。精压在精压机上进行，也可在摩擦压力机上进行。精压分为平面精压和整体精压，如图 3-34 所示。平面精压主要用来获得模锻件某些平行平面间的精确尺寸；整体精压主要用来提高模锻件所有尺寸的精度，减少锻件质量的差别。

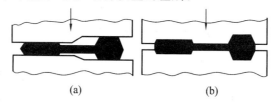

图 3-34　精压
(a) 平面精压；(b) 整体精压

3）模锻件结构的工艺性

设计模锻零件时，应根据模锻的特点和工艺要求，使零件结构符合下列原则，以便于加工和降低成本。

（1）锻件应具有合理的分模面，以满足制模方便、金属容易充满模膛、锻件便于出模及敷料最少的要求。

（2）锻件上与分模面垂直的非加工表面，应设计有结构斜度，非加工表面所形成的角都应按模锻圆角设计。

（3）在满足使用要求的前提下，锻件形状应力求简化，尤其应避免薄片、高筋、高台等结构，如图 3-35(a)所示的零件凸缘高而薄，两凸缘间形成较深的凹槽，难于用模锻方法锻制。图 3-35(b)所示的零件扁而薄，模锻对薄壁部易冷却，不易充满模膛，同时对锻模也不利。图 3-35(c)所示的零件有一高而薄的凸缘，使锻模制造及锻件取出困难，在不影响零件使用的条件下，改为图 3-35(d)所示的零件的形状，则其工艺性大为改善。

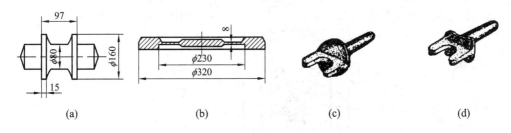

| (a) | (b) | (c) | (d) |

图 3-35 模锻零件形状

**2. 胎模锻造**

胎模锻造是在自由锻设备上使用胎模生产模锻件的一种锻造方法，简称胎模锻。胎模锻一般用自由锻方法制坯，然后在胎模中最后成型。胎模是不固定在锻造设备上的模具。

与自由锻比较，胎模锻的生产率高，锻件质量好，且锻件尺寸精度较高，因而敷料少，加工余量小，成本低。与模锻比较，胎模锻不需用昂贵的模锻设备，工艺操作灵活，可以局部成型，胎模制造简单，但工人劳动强度较大，尺寸精度较低，生产率不够高。

胎模锻兼有自由锻和模锻的特点，在没有模锻设备的工厂，胎模锻被广泛地用于锻件的批量生产。

胎模可分为扣模、筒模和合模三类。

1）扣模

扣膜由上、下扣组成，或只有下扣，上扣由锻锤的上砧铁代替，如图 3-36 所示。扣模锻造时，工件不转动，它常用于非回转锻件的整体成型或局部成型。

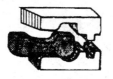

图 3-36 扣模

2）筒模

筒模也叫套模，又分开式筒模和闭式筒模，主要用于齿轮、法兰盘等回转体盘类锻件的生产。形状简单的锻件，只用一个筒模就可生产，如图 3 - 37 所示；而形状复杂的锻件，则需要用组合筒模，如图 3 - 38 所示。

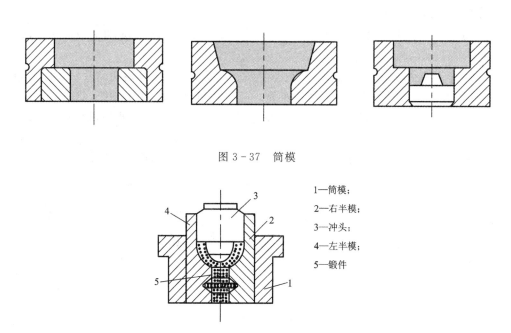

图 3 - 37　筒模

1—筒模；

2—右半模；

3—冲头；

4—左半模；

5—锻件

图 3 - 38　组合筒模

3）合模

合模属于成型模，由上模和下模两部分组成，如图 3 - 39 所示。为防止上、下模间错移，模具上设有导销、导套或导锁等导向定位装置，在模膛四周设飞边槽。合模的通用性强，适用于各种锻件，尤其是形状复杂的连杆、叉形等非回转体锻件的成型。

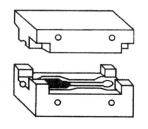

图 3 - 39　合模

胎模锻造的生产工艺过程包括制定工艺规程、胎模制造、备料、加热、锻制及后续工序等。其中在胎模锻造工艺规程制定中，分模面可灵活选取，数量不限于一个，并且在不同工序中可以选取不同的分模面，以便于制造胎模和使锻件成型。

# 3.4　冲　　压

## 3.4.1　冲压的特点及应用

冲压是利用装在冲床上的冲模，使板料产生分离和变形，从而获得毛坯或零件的压力加工方法。一般板料是在再结晶温度以下进行冲压的，所以又叫冷冲压，适用于厚度在

6 mm 以下的金属板料，而当板料厚度超过 8～10 mm 时，需采用热冲压。冲压加工广泛地应用于各种金属制品的生产中，尤其是在汽车、电器、仪表等金属加工领域中，冲压占有十分重要的地位。

冲压具有以下特点：

（1）可生产形状复杂且有较高精度和较低表面粗糙度的冲压件，冲压件具有质量轻、互换性好、强度高、刚性好等特点。

（2）材料利用率高，一般可达 70%～80%。

（3）生产率高，每分钟可冲压数百件至数千件，易于实现机械化和自动化，故零件成本低。

（4）适应性强，金属和非金属材料均可用冲压方法加工，冲压件可大可小，小的如仪表零件，大的如汽车、飞机的表面覆盖件等。

冷冲压模具制造复杂，材料（一般用高速钢、Cr12、Cr12MoV 等）价格高，在大批量生产时冲压加工方法的优越性比较突出。冲压生产通常采用具有足够塑性的金属材料，如低碳钢、低碳合金钢、铜、铝、镁及其合金等。非金属材料也广泛采用冲压加工方法，如石棉板、塑料、硬橡皮、皮革等。冲压原材料的形状有板料、条料及带料等。

冲压生产常用的设备有剪床和冲床。剪床的用途是将板料切成一定宽度的条料，以供下一步冲压工序用。常用的剪床有平刃剪、斜刃剪和圆盘剪等。冲床是冲压的基本设备，用来实现冲压工序，以制成所需形状和尺寸的成品零件。

### 3.4.2　板料的冲压成型性能

板料对各种冲压成型加工的适应能力称为板料的冲压成型性能。

#### 1. 冲压成型性能的表现形式

冲压成型性能是一个综合性的概念，可通过两个主要方面体现，即成型极限和冲压件质量。

在冲压成型中，材料的最大变形极限称为成型极限。对不同的成型工序，成型极限应采用不同的极限变形系数来表示。例如弯曲工序的最小相对弯曲半径、拉深工序的极限拉深系数等等。这些极限变形系数可以在各种冲压手册中查到，也可通过实验求得。如果在冲压成型过程中板料的变形超过了成型极限，则会发生失稳现象，即受拉部位发生缩颈断裂，受压部位发生起皱。为了提高冲压成型极限，必须提高板材的塑性指标和增强抗拉、抗压的能力。

冲压零件不但要求具有所需形状，还必须保证产品质量。冲压件的质量指标主要是厚度变薄率、尺寸精度、表面质量以及成型后材料的物理力学性能等。

在伸长类变形时，板厚变薄，它会直接影响到冲压件的强度，故对强度有要求的冲压件往往要限制其最大变薄率。

影响冲压件尺寸和形状精度的主要原因是回弹与畸变。由于在塑性变形的同时总伴随着弹性变形，卸载后会出现变形回复现象，即回弹现象，导致尺寸及形状精度的降低。影响冲压件表面质量的因素主要是成型过程中的擦伤。产生擦伤的原因除冲模间隙不合理或不均匀、模具表面粗糙外，往往还由材料黏附模具所致。

**2. 冲压成型性能与板料力学性能的关系**

板料冲压性能与板料的力学性能有密切关系。一般来说，板料的强度指标越高，产生相同变形量所需的力就越大；塑性指标越高，成型时所能承受的极限变形量就越大；刚性指标越高，成型时抗失稳起皱的能力就越大。对板料冲压成型性能影响较大的力学性能指标有以下几项。

1）屈服极限 $R_e$

屈服极限 $R_e$ 小，材料容易屈服，则变形抗力小，产生相同变形所需的变形力就小。当压缩变形时，屈服极限小的材料因易于变形而不易起皱，对弯曲变形则回弹小。

2）屈强比 $R_e/R_m$

屈强比小，说明屈服极限值小而强度极限值大，即容易产生塑性变形而不易产生拉裂，也就是说，从产生屈服至拉裂有较大的塑性变形区间。尤其是对压缩类变形中的拉深变形而言，具有重大影响，当变形抗力小而强度高时，变形区的材料易于变形而不易起皱，传力区的材料又有较高强度而不易拉裂，有利于提高拉深变形的变形程度。

3）延伸率 $A$

拉伸试验中，试样拉断时的延伸率称为总延伸率，简称延伸率，用 $A$ 表示。试样开始产生局部集中变形（缩颈时）的伸长率称为均匀延伸率，其表示板料产生均匀的或稳定的塑性变形的能力，它直接决定板料在伸长类变形中的冲压成型性能，从实验中得到验证，大多数材料的翻孔变形程度都与均匀延伸率成正比。可以得出结论：延伸率或均匀延伸率是影响翻孔或扩孔成型性能的最主要参数。

4）硬化指数 $n$

单向拉伸硬化曲线可表示为公式 $S=Ke^n$，其中 $K$ 表示硬化系数，$S$ 表示真应力，$e$ 表示真应变，指数 $n$ 即为硬化指数，表示在塑性变形中材料的硬化程度。硬化指数越大，在变形中材料加工硬化越严重。硬化使材料强度的提高得到加强，于是增大了均匀变形的范围。对伸长类变形（如胀形），硬化指数大的材料变形均匀，变薄趋势减小，厚度分布均匀，表面质量好，增大了极限变形程度，零件不易产生裂纹。

5）厚向异性指数 $\gamma$

板料的力学性能会因方向不同而出现差异，这种现象称为各向异性。厚向异性系数是指单向拉伸试样宽度应变和厚度应变之比，表示板料在厚度方向上的变形能力。厚向异性指数越大，表示板料越不易在厚度方向上产生变形，即不易出现变薄或增厚。厚向异性指数对压缩类变形的拉深影响较大，当厚向异性指数增大时，板料易于在宽度方向变形，可减小起皱的可能性，而板料受拉处厚度不易变薄，又使拉深不易出现裂纹，因此厚向异性指数较大时，有助于提高拉深变形程度。

**3. 常用冲压材料及其力学性能**

冲压最常用的材料是金属板料，表 3-5 列出了部分常用冲压材料的力学性能。

表 3 - 5　部分常用冲压材料的力学性能

| 材料名称 | 牌号 | 材料状态 | 抗剪强度/MPa | 抗拉强度/MPa | 延伸率/(%) | 屈服强度/MPa |
|---|---|---|---|---|---|---|
| 电工用纯铁 C%<0.025 | DT1、DT2、DT3 | 已退火 | 180 | 230 | 26 | — |
| 普通碳素钢 | Q195 | 未退火 | 260~320 | 320~400 | 28~33 | 200 |
| | Q235 | | 310~380 | 380~470 | 21~25 | 240 |
| | Q275 | | 400~500 | 500~620 | 15~19 | 280 |
| 优质碳素结构钢 | 08F | 已退火 | 220~310 | 280~390 | 32 | 180 |
| | 08 | | 260~360 | 330~450 | 32 | 200 |
| | 10 | | 260~340 | 300~440 | 29 | 210 |
| | 20 | | 280~400 | 360~510 | 25 | 250 |
| | 45 | | 440~560 | 550~700 | 16 | 360 |
| | 65Mn | | 600 | 750 | 12 | 400 |
| 不锈钢 | 12Cr13 | 已退火 | 320~380 | 400~470 | 21 | — |
| | 12Cr18Ni9Ti | 退火软态 | 430~550 | 540~700 | 40 | 200 |
| 铝 | 1060、1050A、1200 | 已退火 | 80 | 75~110 | 25 | 50~80 |
| | | 冷作硬化 | 100 | 120~150 | 4 | — |
| 铝锰合金 | 3A21 | 已退火 | 70~110 | 110~145 | 19 | 50 |
| 硬铝 | 2A12 | 已退火 | 105~150 | 150~215 | 12 | — |
| | | 淬硬后冷作硬化 | 280~320 | 400~600 | 10 | 340 |
| 纯铜 | T1、T2、T3 | 软态 | 160 | 200 | 30 | 7 |
| | | 硬态 | 240 | 300 | 3 | — |
| 黄铜 | H62 | 软态 | 260 | 300 | 35 | — |
| | | 半硬态 | 300 | 380 | 20 | 200 |
| | H68 | 软态 | 240 | 300 | 40 | 100 |
| | | 半硬态 | 280 | 350 | 25 | — |

### 3.4.3　冲压基本工序

冲压生产的基本工序可分为分离工序和变形工序两种。

**1. 分离工序**

分离工序是使板料的一部分与其另一部分产生相互分离的工序，如落料、冲孔、切断和修整等，并统称为冲裁。在表 3 - 6 中给出了分离工序的特点及应用范围。

表 3 – 6　分离工序的特点及应用范围

| 工序名称 | 简　图 | 特点及应用 |
|---|---|---|
| 落料 | 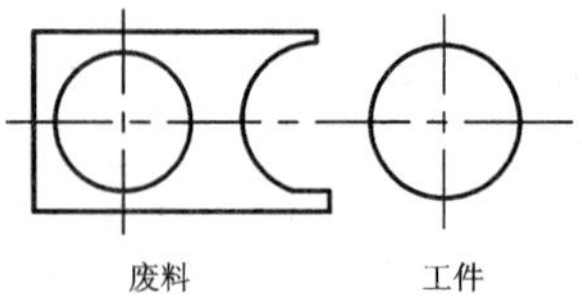 废料　　　工件 | 　用冲模沿封闭曲线冲切，冲下部分是工件，剩下部分是废料 |
| 冲孔 | 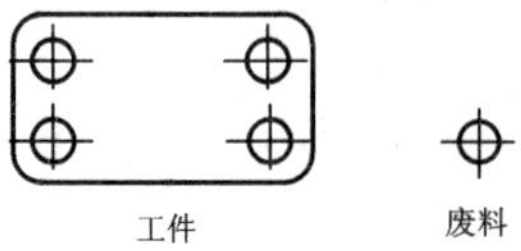 工件　　　废料 | 　用冲模沿封闭曲线冲切，冲下部分是废料，剩下部分是工件 |
| 切断 | 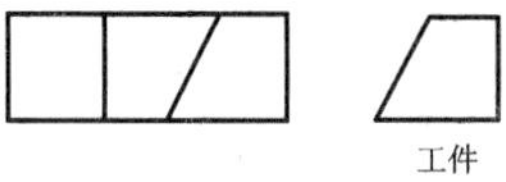 工件 | 用剪刀或冲模按不封闭曲线切断，多用于形状简单的平板工件或平板下料 |
| 切边 | 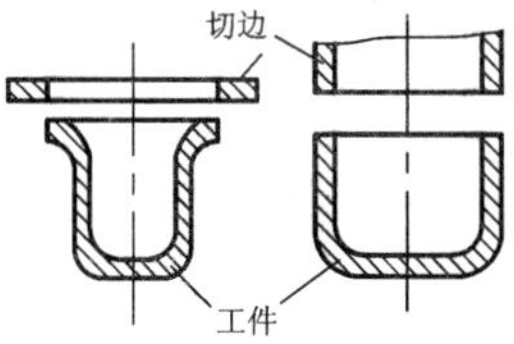 切边　　工件 | 将成型工件的边缘切齐或切成一定的形状 |
| 剖切 | 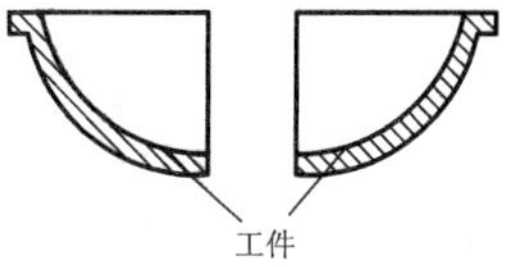 工件 | 把冲压加工成的半成品切开成为两个或数个零件，多用于不对称工件的成双或成组冲压成型之后 |
| 修整 | 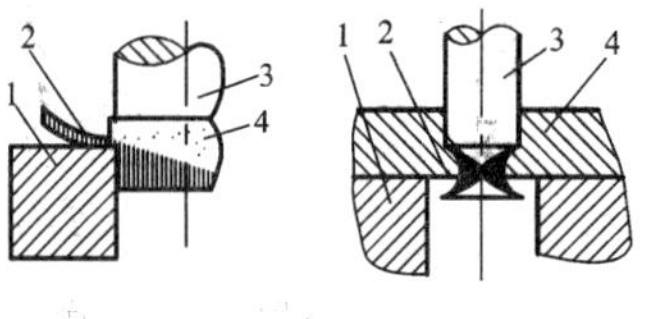 1—凹模；2—切屑；3—凸模；4—工件 | 当零件精度和表面质量要求高时，在落料和冲孔之后，应进行修整 |

　1）冲裁

习惯上冲裁一般专指落料和冲孔。这两个工序的板料变形过程和模具结构都是一样的，只是模具的用途不同。冲孔的目的是在板料上冲出孔洞，冲落部分为废料；而落料相反，冲落部分为成品，周边为废料。

（1）冲裁变形过程分析。冲裁变形过程对控制冲裁件质量、提高冲裁件的生产率、合理设计冲裁模结构是很重要的。冲裁变形过程大致可分为弹性变形、塑性变形、断裂分离三个阶段，其中塑性变形会导致裂纹出现并延伸，如图 3 – 40 所示。

　① 弹性变形阶段。凸模接触板料后，开始使板料产生弹性压缩、拉伸和弯曲等变形。随着冲头继续压入，材料的内应力达到弹性极限。此时，凸模下的材料略有弯曲，凹模上的材料则向上翘。凹、凸模间的间隙愈大，弯曲和上翘愈严重。

　② 塑性变形阶段。当凸模继续压入，冲压力增加，材料的应力达到屈服极限时，便开始进入塑性变形阶段。此时，材料内部的拉应力和弯矩都增大，位于凹、凸模刃口处的材

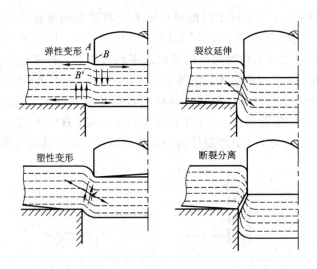

图 3 - 40 冲裁变形过程

料硬化加剧,直到刃口附近的材料出现微裂纹,冲裁力达到最大值,材料开始被破坏,塑性变形结束。

③ 断裂分离阶段。当凸模再继续深入时,已形成的上、下微裂纹逐渐扩大并向内延伸,当上、下裂纹相遇重合时,材料被剪断分离而完成整个冲裁过程。

冲裁件被剪断分离后断面的区域特征如图 3 - 41 所示。

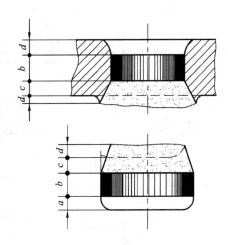

图 3 - 41 冲裁件断面特征

冲裁件的断面可明显地分为塌角、光亮带、剪裂带和毛刺四个部分。图 3 - 41 中,$a$ 为塌角,形成塌角的原因是当凸模压入材料时,刃口附近的材料被牵连拉入凹模变形而造成的;$b$ 为光亮带,是模具刃口切入后,在材料和模具侧面接触当中被挤光的光滑面,其表面质量较佳;$c$ 为剪裂带,是由裂纹扩展形成的粗糙面,略带有斜度,不与板料平面垂直,其表面质量较差;$d$ 为毛刺,呈竖直环状,是模具拉挤的结果。一般要求冲裁件有较大的光亮带,尽量减小断裂带区域的宽度。由以上分析可见,一般冲裁件的断面质量不高,为了顺利地完成冲裁过程和提高冲裁件断面质量,不仅要求凸模和凹模的工作刃口必须锋利,而且要求凸模和凹模之间要有适当间隙。

(2) 冲裁模间隙。冲裁模间隙是一个重要的工艺参数,它不仅对冲裁件的断面质量有极重要的影响,而且还影响模具的寿命、卸料力、推件力、冲裁力和冲裁件的尺寸精度等。在实际冲裁生产中,主要考虑冲裁件的断面质量和模具寿命这两个因素来选择合理的冲裁模间隙。

① 间隙对断面质量的影响。间隙过大或过小均导致上、下两面的剪切裂纹不能相交重合于一线,如图 3 - 42 所示。间隙太小时,凸模刃口附近的裂纹比正常间隙时的裂纹向外

错开一段距离。这样，上、下裂纹中间的材料随着冲裁过程的进行将被第二次剪切，并在断面上形成第二光亮带，如图 3 - 42(b)和图 3 - 43(a)所示，中部留下撕裂面，毛刺也增大；间隙过大时，剪裂纹比正常间隙时的裂纹远离凸模刃口，材料受到拉伸力较大，光亮带变小，毛刺、塌角、斜度也都增大，如图 3 - 43(c)所示。因此，间隙过小或过大均使冲裁件断面质量降低，同时也使冲裁件尺寸与冲模刃口尺寸偏差增大。间隙合适，如图 3 - 43(b)所示，即在合理的间隙范围内，上、下裂纹重合于一线，这时光亮带约占板厚的 1/3 左右，塌角、毛刺、斜度也均不大，冲裁件的断面质量较高，可以满足一般冲裁要求。

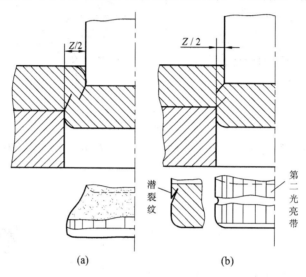

图 3 - 42    间隙对裂纹重合的影响

（a）间隙过大；（b）间隙过小

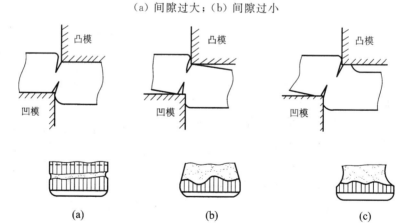

图 3 - 43    间隙对冲裁件断面的影响

（a）间隙过小；（b）间隙合适；（c）间隙过大

② 间隙对模具寿命的影响。在冲裁过程中，凸模与被冲的孔之间、凹模与落料件之间均有较大摩擦，而且间隙越小，摩擦越严重。在实际生产中，因为模具受到制造误差和装配精度的限制，凸模不可能绝对垂直于凹模平面，间隙也不会均匀分布，所以过小的间隙对模具寿命不利，而较大的间隙有利于提高模具寿命。因此，对冲裁件断面质量无严格要求时，应尽可能加大间隙，以利于提高冲裁模具的寿命。

在生产中，冲裁模的间隙值是根据材料的种类和厚度来确定的，通常双边间隙为板厚的 5%～10%。

（3）凸模和凹模刃口尺寸的确定。冲裁件的尺寸和冲裁模间隙都取决于凸模和凹模刃口的尺寸。因此，必须正确地确定冲裁模刃口尺寸及其公差。在落料时，应使落料模的凹模刃口尺寸等于落料件的尺寸，而凸模的刃口尺寸等于凹模刃口尺寸减去双边间隙值。在冲孔时，应使冲孔模的凸模刃口尺寸等于被冲孔径尺寸，而凹模刃口尺寸等于凸模刃口尺寸加上双边间隙值。考虑到冲裁模在使用过程中有磨损，落料件的尺寸会随凹模刃口的磨损而增大，而冲孔的尺寸则随凸模刃口的磨损而减小。因此，落料时所取的凹模刃口尺寸应靠近落料件公差范围内的最小尺寸，而冲孔时所取的凸模刃口尺寸应靠近孔的公差范围内的最大尺寸。不论是落料还是冲孔，冲裁模间隙均应采用合理间隙范围内的最小值，这样才能保证冲裁件的尺寸要求，并提高模具的使用寿命。

（4）冲裁力的计算。冲裁力是确定设备吨位和检验模具强度的重要依据。一般冲模刃口为平的，当冲裁高强度材料或厚度大、周边长的工件时，冲裁力很大，如超过现有设备负荷，则必须采取措施降低冲裁力，常用的方法是采用热冲，或使用斜刃口模具以及阶梯形凸模等。

平刃冲模的冲裁力（$P$）可按下式计算：

$$P = KLS\tau_b \times 10^{-3} (\text{kN})$$

式中：$K$ 表示系数，一般可取 $K = 1.3$；$L$ 表示冲裁件边长（mm）；$S$ 表示冲裁件厚度（mm）；$\tau_b$ 表示材料的抗剪强度（MPa），为便于估算，可取 $\tau_b = 0.8R_m$。

（5）冲裁件的排样。为了节省材料和减少废料，应对落料件进行合理排样。排样是指落料件在条料、带料或板料上进行布置的方法。图 3-44 为同一落料件的四种排样法，其中图 3-44（d）为无搭边排样，其用料最少，但落料件尺寸不易精确，毛刺不在同一平面，质量较差。生产中大多采用有搭边排样法，而图 3-44（b）为最节省材料的布置方法。

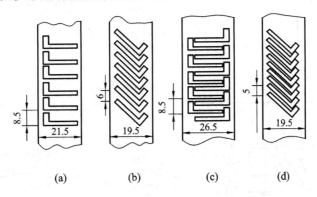

图 3-44 落料的排样方法

（a）、（b）、（c）有搭边排样；（d）无搭边排样

2）修整

如果零件的精度要求较高，表面粗糙度较低，在冲裁之后可把工件的孔或落料件进行修整。修整是利用修整模切掉冲裁件断面的剪裂带和毛刺。修整冲裁件的外形称为外缘修整，修整冲裁件的内孔称为内缘修整，如表 3-6 中的修整工序。修整所切除的余量较小，一般每边约 0.05～0.3 mm，修整后的冲裁件精度可达 IT6～IT7，表面粗糙度 $Ra$ 值约

为 0.8～1.6 μm。

**2. 变形工序**

变形工序是使板料的一部分相对于另一部分产生位移而不破裂的工序，如拉伸、弯曲、翻边、成型等。在表 3-7 中列出了变形工序的特点及应用范围。

**表 3-7　变形工序的特点及应用范围**

| 工序名称 | | 简　图 | 特点及应用 |
|---|---|---|---|
| 拉伸 | | 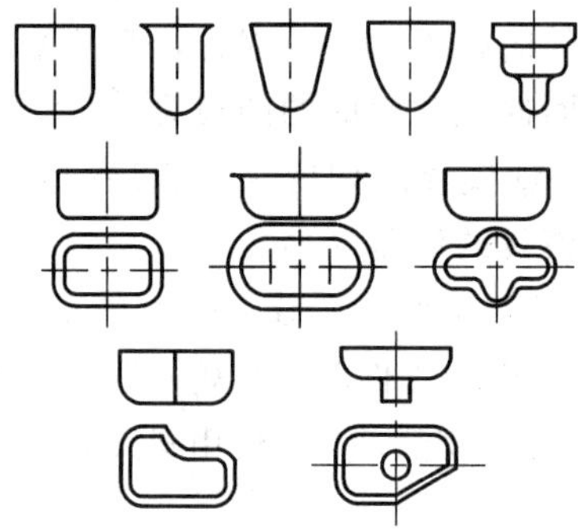 | 把板料毛坯拉伸成各种中空形的零件 |
| 弯曲 | | 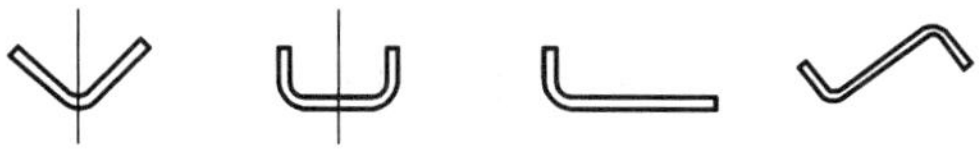 | 把板料弯成各种形状，可以加工成形状极为复杂的零件 |
| 翻边 | | 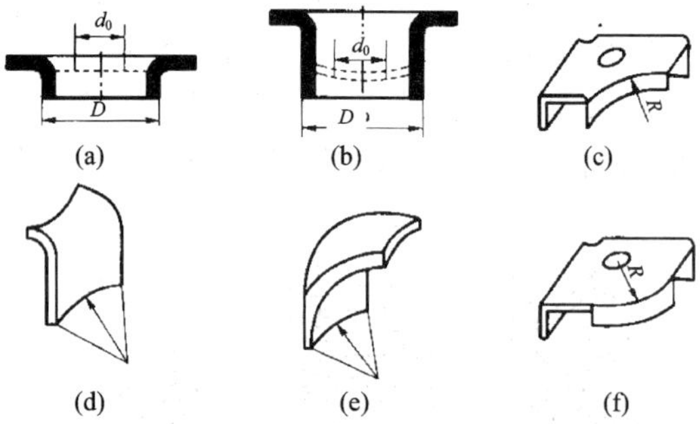$d_0$ D (a) (b) (c) R (d) (e) (f) | 把板料半成品的边缘按曲线或圆弧弯成直立的边缘，或在预先冲孔的半成品上冲制成直立的边缘 |
| 成型 | 胀形 | 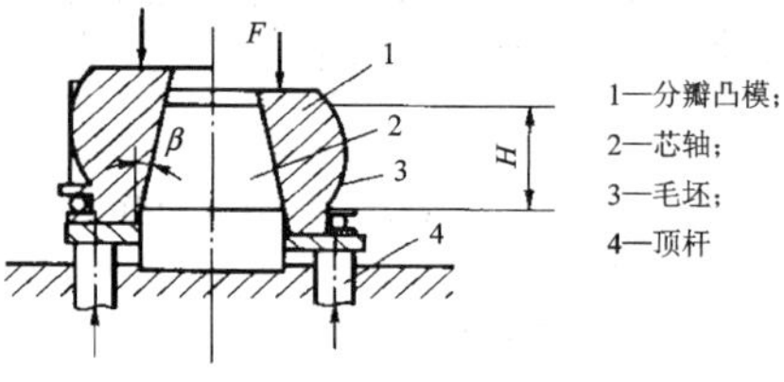F 1 2 3 4 β H 1—分瓣凸模；2—芯轴；3—毛坯；4—顶杆 | 在两向张应力作用下实现变形，可以成型各种空间曲线形状的零件 |
| | 起伏 | 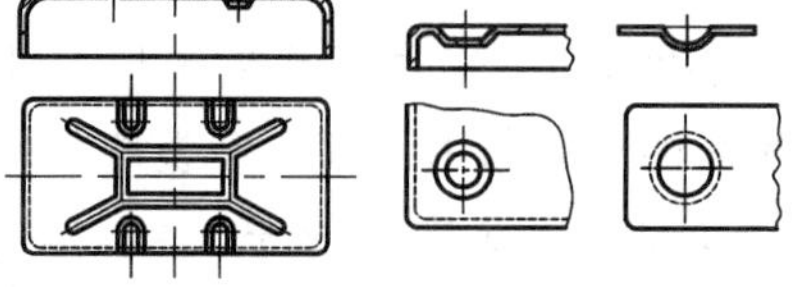 | 在空心毛坯或管状毛坯的某个部位上使其径向尺寸扩大或缩小的变形方法 |

| 工序名称 | 简　图 | 特点及应用 |
|---|---|---|
| 扩口及缩口 | 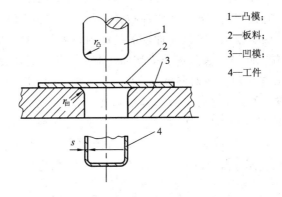 | 在板料零件的表面上用局部成型方法制成各种形状的凸起与凹陷 |
| 旋压 | 4 5<br>1—顶杆；2—毛坯；3—滚轮；4—模具；5—毛坯 | 在旋转状态下用滚轮或压棒使毛坯逐渐成型的方法，用于生产空心零件 |

以下主要介绍拉伸、弯曲、翻边等工序的内容，并举例说明。

1）拉伸

拉伸是利用模具将平板状的坯料加工成中空形零件的变形工序，又称为拉延或压延，如图 3-45 所示。

1—凸模；
2—板料；
3—凹模；
4—工件

图 3-45　拉伸工序

（1）拉伸过程的变形特点。将直径为 $D$ 的板料放在凹模上，在凸模的压力作用下，金属坯料被拉入凹模变形成空心零件。在拉伸过程中，与凸模底部相接触的那部分材料基本不变形，最后形成拉伸件的底部，受到双向拉伸作用，起到传递力的作用。环形部分在拉力的作用下，逐渐进入凸模与凹模的间隙，最终形成工件的侧壁，基本不再发生变形，受到轴向拉应力作用，坯料的厚度有所减小，侧壁与底部之间的过渡圆角被拉薄得最为严重。拉伸件的法兰部分是拉伸的主要变形区，这部分材料沿圆周方向受到压缩，沿径向方向受到拉伸，产生很大程度的变形，其厚度有所增大，会引起较大的加工硬化。

（2）拉伸过程中应注意的问题。

① 防止拉裂的措施。当径向拉应力过大时，会使拉伸件被拉裂而形成废品，拉裂通常发生在侧壁与底部之间的过渡圆角处，可通过合理设计模具和板料的工艺参数以及改善成

型条件等来防止。防止拉裂的措施如下：

（a）拉伸模的凸、凹模应具有适当的圆角半径。对于钢的拉伸件，一般取 $r_凹=10s$，$s$ 为坯料厚度，而 $r_凸=(0.6\sim1)r_凹$。若这两个圆角半径过小，坯料弯曲部位的应力集中严重，则容易拉裂产品。

（b）拉伸模的凸、凹模应选择合理的间隙 $z$，一般取 $z=(1.1\sim1.2)s$，$s$ 为坯料厚度。间隙过小，模具与坯料之间的摩擦力增大，容易拉裂，降低拉伸模的使用寿命；间隙过大，将降低拉伸件的精度。

（c）每次拉伸中，应控制拉伸系数，避免拉裂，如图 3－46（a）所示。拉伸系数是指拉伸件直径 $d$ 与坯料直径 $D$ 的比值，用 $m$ 表示，即 $m=d/D$。拉伸系数越小，表明变形程度越大，坯料被拉入凹模越困难，越易产生拉裂现象。一般取 $m=0.5\sim0.8$，对于塑性好的金属材料可取上限，塑性较差的金属材料可取下限。若拉伸系数太小，不能一次拉伸成型，则可采用多次拉伸工艺。在多次拉伸中，往往需要进行中间退火处理，以

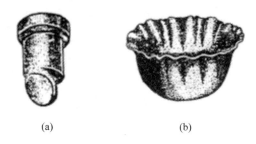

（a）　　　　　　　（b）

图 3－46　拉伸件废品
（a）拉裂；（b）起皱

消除前几次拉伸中所产生的加工硬化现象，使以后的拉伸能顺利进行。在多次拉伸中，拉伸系数 $m$ 值应当一次比一次略大些。总的拉伸系数等于每次拉伸系数的乘积。

（d）拉伸过程应具有良好的润滑。通常在拉伸之前，坯料表面涂加润滑剂（磷化处理），以减少金属流动阻力，减小摩擦，降低拉伸件的拉应力，减小模具的磨损。

② 防止起皱的措施。起皱是法兰部分受切向压应力过大，板料失稳而产生的现象，如图 3－46（b）所示。起皱与坯料的相对厚度（$s/D$，$s$ 为坯料厚度，$D$ 为坯料直径）和拉伸系数有关，相对厚度越小或拉伸系数越小，则越容易起皱。

生产中常采用在模具中增加压边圈的方法，以增大坯料径向拉力防止起皱，如图 3－47 所示。经验证明，当坯料的相对厚度 $s/D\times100>2$ 时，可以不用压边圈；当 $s/D\times100<1.5$ 时，必须用压边圈；当 $s/D\times100=1.5\sim2$ 时，可用也可不用压边圈，根据具体情况确定。

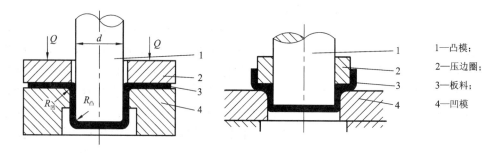

1—凸模；
2—压边圈；
3—板料；
4—凹模

图 3－47　有压边圈的拉伸

2）弯曲

弯曲是使坯料的一部分相对于另一部分形成一定角度的变形工序，如图 3－48 所示。

弯曲过程中，坯料的内侧产生压缩变形，存在压应力；外侧产生拉伸变形，存在拉应力。

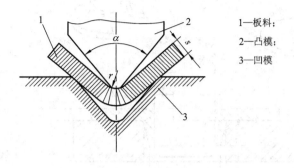

1—板料；

2—凸模；

3—凹模

图 3-48　弯曲示意图

当外侧拉应力超过坯料的抗拉强度时，会产生拉裂。尽量选用塑性好的材料，限制最小弯曲半径 $r_{min}$，使 $r_{min} \geqslant (0.25 \sim 1)s$，弯曲圆弧的切线方向与坯料的纤维组织方向一致，见图 3-49，防止坯料表面划伤，以免弯曲时造成应力集中而产生拉裂。

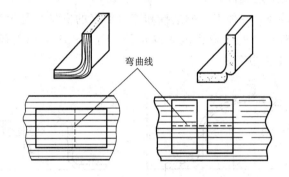

弯曲线

图 3-49　弯曲时纤维方向

（a）合理；（b）不合理

另外，在弯曲过程中，坯料的变形有弹性变形和塑性变形两部分。当弯曲载荷去除后，弹性变形部分将恢复，会使弯曲的角度增大，这种现象称为回弹。一般回弹角为 0°～10°。回弹将影响弯曲件的尺寸精度，因此，在设计弯曲模时，应使模具的角度比成品的角度小一个回弹角，以保证弯曲角度的准确性。

3）翻边

翻边是在带孔的平板料上用扩张的方法获得凸缘的变形工序，图 3-50 所示为各种不同形式的翻边。翻边时孔边材料沿切向和径向受拉而使孔径扩大，越接近孔边缘，变形越大。变形程度过大时，会使孔边拉裂。翻边拉裂的条件取决于变形程度的大小。翻边的变形程度可用翻边系数 $K_0$ 来衡量，即

$$K_0 = \frac{d_0}{d}$$

式中：$d_0$ 表示翻边前的孔径尺寸；$d$ 表示翻边后的孔径尺寸。$K_0$ 越小，变形程度就越大，孔边拉裂的可能性就越大，一般取 $K_0 = 0.65 \sim 0.72$。

4）典型零件的冲压工序举例

冲压工艺过程包括：分析冲压件的结构工艺性；拟定冲压件的总体工艺方案；确定毛坯形状、尺寸和下料方式；拟定冲压工序性质、数目和顺序；确定冲模类型和结构形式；选

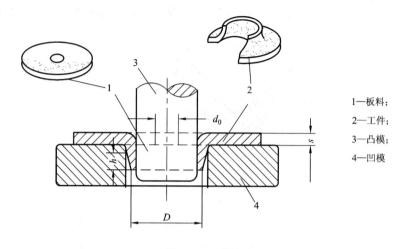

1—板料；
2—工件；
3—凸模；
4—凹模

图 3-50  翻边

择冲压设备；编写冲压工艺文件。

在生产各种冲压件时，各种工序的选择和工序顺序的安排都是根据冲压件的形状、尺寸和每道工序中材料所允许的变形程度来确定的。图 3-51 为出气阀罩盖的冲压工艺过程。表 3-8 为托架的工艺过程。

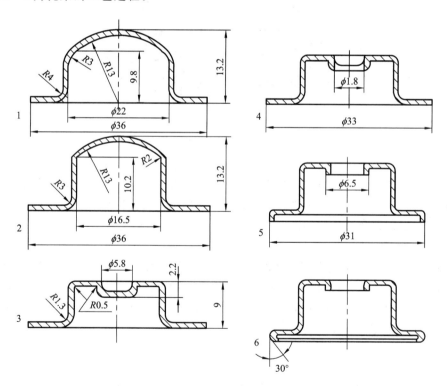

1—落料、拉伸；2—第二次拉伸；3—成型；4—冲孔；5—内孔、外缘翻边；6—折边

图 3-51  出气阀罩盖冲压工艺过程

**表 3 - 8　托架的工艺过程**

| 工序号 | 工序名称 | 工序草图 | 工序内容 | 设备重量 |
|---|---|---|---|---|
| 1 | 冲孔落料 | 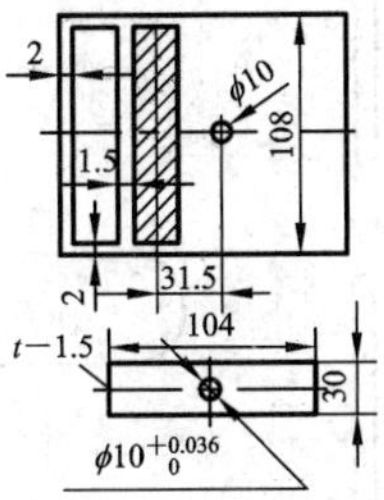 | 冲孔落料连续模 | 250 kN |
| 2 | 首次弯曲<br>(带预弯) |  | 弯曲模 | 160 kN |
| 3 | 二次弯曲 | 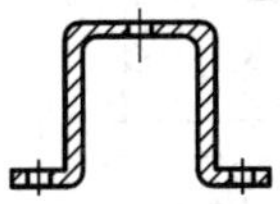 | 弯曲模 | 160 kN |
| 4 | 冲孔 4-φ5 | 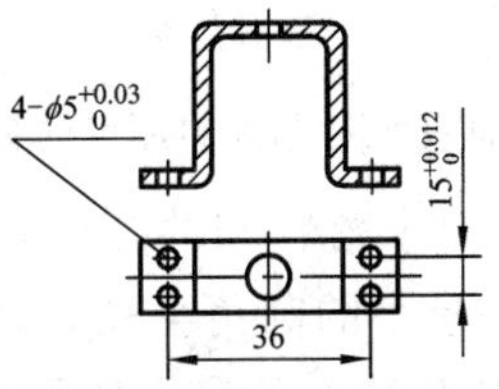 | 冲孔模 | 160 kN |

## 3.4.4　冲压件的结构设计

冲压件生产往往是大批量生产,因此在设计冲压件的结构时不仅要保证它具有良好的使用性能,而且还要考虑它的工艺性。这对于保证产品质量、提高生产率、节省材料和延长模具寿命具有重要的意义。冲压工艺对冲压件的设计在形状、尺寸、精度和材料等方面提出了许多要求,在设计时要充分加以考虑。

**1. 对落料和冲孔的要求**

(1) 落料与冲孔的形状应便于合理排样,使材料利用率最高。图 3 - 52 所示的落料件在改进设计后,在孔距不变的情况下,材料利用率由 38% 提高到 79%。

（2）落料与冲孔形状力求简单、对称，尽可能采用规则形状，并避免狭长的缺口和悬臂，否则制造模具困难，而且模具寿命降低。图 3-53 所示的落料件工艺性就很差。

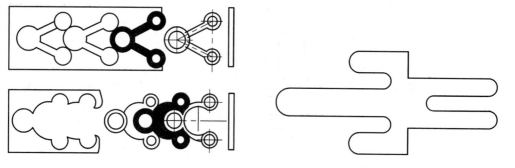

图 3-52　零件形状与材料利用率的关系　　　　图 3-53　落料件外形不合理

（3）冲孔时，冲孔尺寸 $b$ 与坯料厚度 $s$ 的关系如图 3-54 所示。冲孔时，孔径必须大于坯料厚度 $s$；方孔的边长必须大于 $0.9s$；孔与孔之间、孔与工件边缘之间的距离必须大于坯料厚度 $s$；外缘的凸起与凹入的尺寸必须大于 $1.5s$。

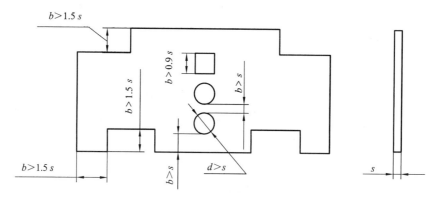

图 3-54　冲孔尺寸与坯料厚度的关系

（4）为了避免应力集中损坏模具，要求落料和冲孔的两条直线相交处或直线与曲线相交处必须采用圆弧连接。落料和冲孔件最小的圆角半径如表 3-9 所示。

表 3-9　落料和冲孔件最小的圆角半径

| 工序 | 圆弧角 $\alpha_1$ 或 $\alpha_2$ | 最小圆角半径 $R_1$ 或 $R_2$/mm | | |
|---|---|---|---|---|
| | | 黄铜、紫铜、铝 | 低碳钢 | 合金钢 |
| 落料 | $\geqslant 90°$ | $0.18s$ | $0.25s$ | $0.35s$ |
| | $\leqslant 90°$ | $0.35s$ | $0.50s$ | $0.70s$ |
| 冲孔 | $\geqslant 90°$ | $0.20s$ | $0.30s$ | $0.45s$ |
| | $\leqslant 90°$ | $0.40s$ | $0.60s$ | $0.90s$ |

注：$s$ 为板料厚度。

**2. 对拉伸件的要求**

(1) 拉伸件最好采用回转体形(轴对称)的零件，其拉伸工艺性最好，而非回转体、空间曲线形的零件，拉伸难度较大。因此，在使用条件允许的情况下，应尽量简化拉伸件的外形。

(2) 应尽量避免深度过大的冲压件，否则需要增加拉伸次数，且易出现废品。

(3) 带有凸缘的拉伸件，如图 3-55 所示，凸缘宽度设计要合适，不宜过大或过小，一般要求 $d+12s \leqslant D \leqslant d+25s$。

(4) 拉伸件的圆角半径在不增加工艺程序的情况下，最小许可半径(见图 3-55) $r_b \geqslant 2s$，$r_d \geqslant 3s$；图 3-56 中，$r_b \geqslant 3s$，$r \geqslant 0.15H$。否则需增加一次整形工序，其允许圆角半径为 $r \geqslant (0.1 \sim 0.3)s$。

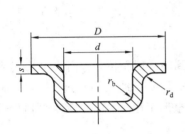

图 3-55　带凸缘的拉伸件

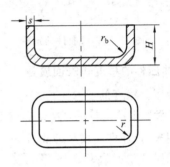

图 3-56　拉伸件最小允许半径

**3. 对弯曲件的要求**

(1) 弯曲件弯曲边的高度不能过小，当进行 90°弯曲时，弯曲边直线高度应不小于 2 倍板厚，即 $H \geqslant 2t$，如图 3-57(a)所示，否则不易弯曲成型。若弯曲边的高度 $H$ 要求小于 $2t$，则应留适当的余量，弯曲成型后再切去多余部分。

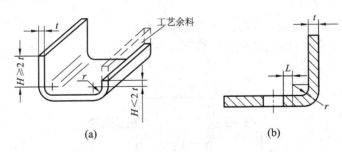

图 3-57　弯曲件的尺寸

(2) 弯曲件带孔时，为避免孔变形，孔的位置应在圆弧之外，如图 3-57(b)所示，$L \geqslant (1.5 \sim 2)t$。

(3) 弯曲时应考虑板料的纤维组织方向，并考虑弯曲半径不能小于最小弯曲半径，图 3-57 中 $r \geqslant (0.25 \sim 1)t$，防止弯裂形成废品。

(4) 为保证弯曲件的质量，应防止板料在弯曲时产生偏移和窜动，如图 3-58 所示。利用板料上已有的孔与模具上的销钉配合定位。若没有合适的孔，应考虑另加定位工艺孔或考虑其他定位方法。

（5）局部弯曲时，应在交接处切槽或使弯曲线与直边移开，以免在交界处撕裂；带竖边的弯曲件，可将弯曲处部分竖边切去，以免起皱；用窄料进行小半径弯曲，又不允许弯曲处增宽时，应先在弯曲处切口，如图3-59所示。

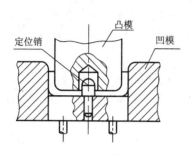

图3-58 弯曲件的定位

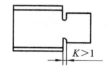

图3-59 切口弯曲

### 4. 冲压件的精度和表面质量

对冲压件精度的要求不应超过冲压工序所能达到的一般精度，否则需增加其他精整工序，因而增加了冲压件的成本。通常要求落料不超过IT10，冲孔不超过IT9，弯曲不超过IT10～IT9。拉伸件高度尺寸精度为IT10～IT8，经整形工序后，尺寸精度达IT8～IT7。拉伸件直径尺寸精度为IT10～IT9。

一般对冲压件表面质量所提出的要求应尽可能不高于原材料的表面质量，否则要增加切削加工等工序。

### 5. 合理设计冲压件的结构

根据各种冲压工艺的特点设计冲压件的结构，并不断地改进结构，使结构合理化，可以大大简化工艺过程，节省材料。

1）采用冲焊结构

对于形状复杂的冲压件，合理应用各种冲焊结构，如图3-60所示，以代替铸锻后再切削加工所制造的零件，能大量节省材料和工时，并可大大提高生产率，降低成本，减轻重量。

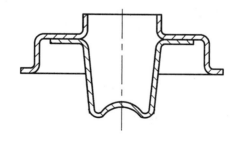

图3-60 冲焊结构零件

2）采用冲口工艺，减少组合数量

如图3-61所示的零件，原设计是用三个铆接或焊接组合而成，改为冲口弯曲制成整体零件，可以简化工艺，节省材料。

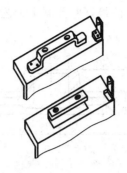

图 3-61　冲口工艺的应用

3）采用加强筋

采用加强筋，提高冲压件的强度、刚度，以实现薄板材料代替厚板材料，如图 3-62 所示。

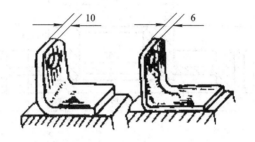

图 3-62　加强筋示意图
（a）无加强筋；（b）有加强筋

# 习　　题

1．塑性变形的实质是什么？材料在塑形变形后组织和性能会发生什么变化？

2．什么叫加工硬化现象？试分析它在生产中的利与弊。

3．纤维组织是怎么形成的？怎样合理利用它？用什么样的加工方法可以改变纤维组织？

4．什么是金属的锻造性能？其影响因素有哪些？

5．始锻温度过高或终锻温度过低在锻造时会引起什么后果？写出 45 钢的锻造温度范围。

6．锻造前对坯料加热的目的是什么？加热温度过高时会产生什么缺陷？

7．模锻时，如何合理确定分模面的位置？

8．预锻模膛与制坯模膛有何不同？

9．间隙对冲裁件断面质量有何影响？间隙过小会对冲裁产生什么影响？

10．表示弯曲与拉深变形程度大小的物理量是什么？生产中如何控制？

11. 题 3-11 图所示各零件，材料为 45 钢，分别在单件、小批量、大批量生产条件下，可选择哪些锻造方法？哪种加工方法最好？并制定工艺规程。

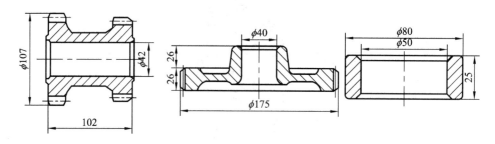

题 3-11 图

12. 改正题 3-12 图所示模锻零件结构的不合理处。

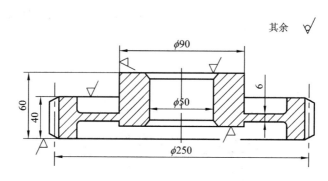

题 3-12 图

13. 题 3-13 图所示三种不同结构的连杆，当采用锤上模锻制造时，请确定最合理的分模面位置，并画出模锻件图。

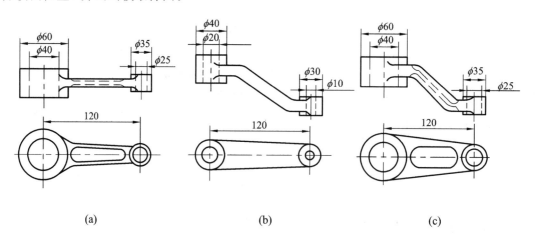

(a)     (b)     (c)

题 3-13 图

14. 题 3-14 图所示零件均为 2 mm 厚的 Q235 钢板冲压件，试说明其冲压过程，并绘出相应的工序简图。

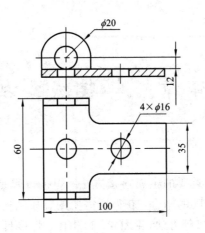

题 3 – 14 图

15. 计算题 3 – 15 图中拉伸件的坯料尺寸、拉伸次数及各次拉伸半成品尺寸,并用工序图表示出来。材料为 H62。

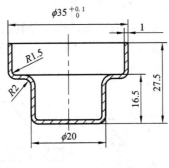

题 3 – 15 图

# 第4章　焊接成型技术

　　焊接是现代制造技术中重要的金属连接方法。焊接过程是指通过加热或加压等手段，使分离的金属材料达到原子间的结合，获得所需要的金属结构的一种加工方法。

　　与铆接、胶接、螺栓连接等方法（见图4-1）相比，焊接具有如下特点：

　　（1）节省金属材料，结构重量轻。

　　（2）可用于制造重型、复杂的机器零部件，简化铸造、锻造及切削加工工艺，获得最佳技术经济效果。

　　（3）焊接接头具有良好的力学性能和密封性。

　　（4）能够制造双金属结构，使材料的性能得到充分利用。

　　（5）焊接结构不可拆卸，维修不便；存在焊接应力和变形，且组织性能不均匀，会产生焊接缺陷。

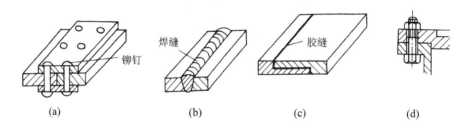

图4-1　连接方法
（a）铆接；（b）焊接；（c）胶接；（d）螺栓连接

　　焊接方法种类很多，并在汽车、造船、锅炉、压力容器、桥梁、建筑、飞机制造、电子等工业部门中广泛应用。据估计，世界上50％～60％钢材要经过焊接才能最终投入使用。

　　按照焊接过程的不同物理特点和所采用能源的性质，可将焊接方法分为熔焊、压焊、钎焊三大类。常用的焊接方法如图4-2所示。

　　熔焊是将焊接接头处加热到熔化状态，并加入（或不加入）填充金属，经冷却结晶后形成牢固的接头，而将两部分被焊金属焊接成为一个整体。该方法适用于各种常用金属材料的焊接，是现代工业生产中主要的焊接方法。

　　压焊是在焊接过程中对工件加压（加热或不加热），并在压力作用下使金属接触部位产生塑性变形或局部熔化，通过原子扩散，使两部分被焊金属连接成一个整体。该方法只适用于塑性较高的金属材料的焊接。

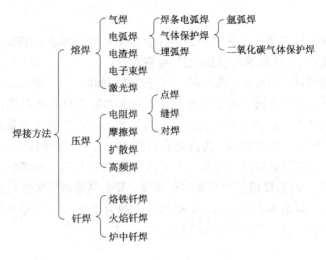

图 4-2　焊接方法分类

　　钎焊是把熔点比母材金属低的填充金属(简称钎料)熔化后,填充接头间隙并与固态的母材相互扩散从而实现连接的焊接方法。该方法适用于各种异类金属的焊接。

# 4.1　焊 接 方 法

## 4.1.1　焊条电弧焊

　　焊条电弧焊是利用手工操纵电焊条进行焊接的电弧焊方法。它是利用焊件与焊条之间产生的电弧热量,将焊件与焊条熔化,待冷却凝固后形成牢固接头。

　　焊条电弧焊的设备简单,制造容易,成本低,并且可在室内、室外、高空和各种位置施焊,操纵灵活,且焊接质量较好,能焊接各种金属材料,因而焊条电弧焊被广泛应用。焊条电弧焊的焊接过程如图 4-3 所示。电弧在焊条与被焊件之间燃烧,电弧热使工件与焊条同时熔化成为熔池。焊条金属熔滴在重力和电弧吹力的作用下,过渡到熔池中。当电弧向前移动时,熔池前方的金属和焊条不断熔化形成新的熔池,熔池尾部金属不断地冷却结晶形成连续焊缝。

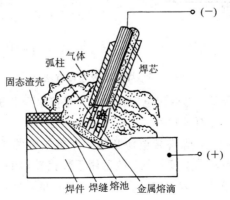

图 4-3　焊条电弧焊的焊接过程

### 1. 焊接电弧

焊接电弧是在电极焊条与工件之间的气体介质中长时间而稳定的放电现象，即在局部气体介质中有大量电子(或离子)流通过的导电现象。

焊接电弧由阴极区、阳极区、弧柱区三部分组成，如图 4-4 所示。

电弧引燃后，弧柱中充满了高温电离气体，放出大量的热能和强烈的光。电弧热量的多少是与焊接电流和电压的乘积成正比的。电流越大，电弧产生的热量越多。在焊接电弧中，电弧热量在阳极区产生的较多，约占总热量的 42%；阴极区因放出大量电子需消耗一定能量，所以产生的热量就较少，约占 38%；其余的 20% 左右是在弧柱中产生的。焊条电弧焊只有 65%～80% 的热量用于加热和熔化金属，其余热量则散失在电弧周围和飞溅的金属液滴中。在采用钢焊条焊接钢材时，阳极区温度约为 2600 K；阴极区温度约为 2400 K；电弧中心区温度最高，能达到 6000～8000 K。

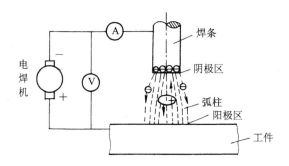

图 4-4　焊接电弧的构造

由于电弧产生的热量在阳极和阴极上有一定的差异，因此在使用直流电焊机焊接时，有正接和反接两种方法，如图 4-5 所示。

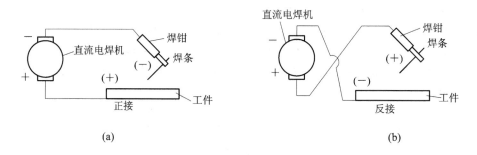

(a)　　　　　　　　　　　　　　　　　　(b)

图 4-5　焊接电极连接方法

正接法如图 4-5(a)所示，焊件接电源正极，焊条接电源负极，此时，阳极区在被焊件上，温度较高，适用于焊接较厚的焊件。

反接法如图 4-5(b)所示，焊件接电源负极，焊条接电源正极，此时，阳极区在焊条上，阴极区在工件上，因阴极区温度较低，故适用于焊接较薄的焊件。

当采用交流电焊机焊接时，因为电流的极性是变化的，所以两极加热温度基本一样，都在 2500 K 左右。

**2. 电焊条及其选择原则**

1）焊条的组成

焊条电弧焊焊条是由焊芯和药皮组成的，如图 4-6 所示。焊芯起导电和填充焊缝金属的作用，焊条药皮主要起保证焊接顺利进行以及保证焊缝质量的作用。

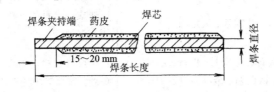

图 4-6　焊条

（1）焊芯。焊芯是组成焊缝金属的主要材料，它的化学成分及质量将直接影响焊缝质量。因此，焊芯应符合国家标准 GB 1300—77《焊接用钢丝》的要求。常见的焊芯牌号和化学成分见表 4-1。从表中可以看出，焊芯具有较低的含碳量和一定的含锰量，硅、硫和磷的含量都很低。末尾注有"高"字（用字母"A"表示），说明是高级优质钢，含硫、磷量较低（不大于 0.030%）；末尾注有"特"字（用字母"E"表示），说明是特级钢材，其含硫、磷量更低（不大于 0.025%）；末尾未注字母的，说明是一般钢，含硫、磷量不大于 0.40%。焊芯的直径即为焊条直径，最小为 0.4 mm，最大为 9 mm，其中直径为 3.2～5 mm 的焊芯应用最广。

表 4-1　常见的焊芯牌号和化学成分

| 牌　号 | 化学成分的质量分数/（%） | | | | | | | 用　途 |
|---|---|---|---|---|---|---|---|---|
| | C | Mn | Si | Cr | Ni | S | P | |
| H08 | ≤0.1 | 0.35～0.55 | ≤0.03 | ≤0.20 | ≤0.30 | ≤0.04 | ≤0.040 | 一般焊接结构 |
| H08A | ≤0.10 | 0.35～0.55 | ≤0.03 | ≤0.20 | ≤0.30 | ≤0.030 | ≤0.030 | 重要焊接结构及埋弧焊焊丝 |
| H08E | ≤0.10 | 0.35～0.55 | ≤0.03 | ≤0.20 | ≤0.30 | ≤0.025 | ≤0.025 | |
| H08Mn2Si | ≤0.11 | 1.7～2.1 | 0.65～0.95 | ≤0.20 | ≤0.30 | ≤0.040 | ≤0.040 | 二氧化碳气体保护焊焊丝 |
| H08Mn2SiA | ≤0.11 | 1.80～2.10 | 0.65～0.95 | ≤0.20 | ≤0.30 | ≤0.030 | ≤0.030 | |

（2）焊条药皮。药皮对焊接过程和焊接质量有很大的影响。焊条药皮的组成物按其作用分为稳弧剂、造气剂、造渣剂、脱氧剂、合金剂、稀渣剂、黏结剂等，由矿石、铁合金、有机物和化工产品四大类原材料粉末，如碳酸钾、碳酸钠、大理石、萤石、锰铁、硅铁、钾钠水玻璃等配成。它的主要作用有：提高电弧燃烧的稳定性；防止空气对熔化金属的有害作用；保证焊缝金属的脱氧、去硫和渗入合金元素，提高焊缝金属的力学性能。焊条药皮的组成及作用见表 4-2。其中碳钢及低合金钢焊条的药皮类型、电流种类及焊接特点见表 4-3。

表 4-2 焊条药皮的组成及作用

| 原料种类 | 原料名称 | 作用 |
|---|---|---|
| 稳弧剂 | 碳酸钾、碳酸钠、长石、大理石、钛白粉、钠水玻璃、钾水玻璃 | 改善引弧性能，提高电弧燃烧的稳定性 |
| 造气剂 | 淀粉、木屑、纤维素、大理石 | 造成一定量的气体，隔绝空气，保护焊接熔滴与熔池 |
| 造渣剂 | 大理石、萤石、菱苦土、长石、锰矿、钛铁矿、黏土、钛白粉、金红石 | 造成具有一定物理、化学性能的熔渣，保护焊缝。碱性渣中的 $CaO$ 还可起脱硫、磷作用 |
| 脱氧剂 | 锰铁、硅铁、钛铁、铝铁、石墨 | 降低电弧气体和熔渣的氧化性，脱除金属中的氧。锰还起脱硫作用 |
| 合金剂 | 锰铁、硅铁、铬铁、钼铁、钒铁、钨铁 | 使焊缝金属获得必要的合金成分 |
| 稀渣剂 | 萤石、长石、钛白粉、钛铁矿 | 增加熔渣流动性，降低熔渣黏度 |
| 黏结剂 | 钾水玻璃、钠水玻璃 | 让药皮牢固地黏在钢芯上 |

表 4-3 碳钢及低合金钢焊条的药皮类型、电流种类及焊接特点

| 牌号 | 药皮类型 | 电流种类 | 焊接位置 | 熔渣性质 | 电弧稳定性 | 飞溅程度 | 脱渣性 | 熔深 | 焊缝 | 抗裂性 | 应用 |
|---|---|---|---|---|---|---|---|---|---|---|---|
| EXX00 | 特殊 | 交、直 | 全位置 | 酸 | 好 | 中 | 易 | 较大 | 整齐 | 较好 | 低碳钢结构 |
| EXX03 | 钛钙 | 交、直 | 全位置 | 酸 | 好 | 少 | 易 | 中 | 整齐 | 较好 | 重要低碳钢结构 |
| EXX11 | 高纤维钾 | 交、直反 | 全位置 | 酸 | 好 | 中 | 易 | 小 | 整齐 | 稍差 | 一般低碳钢结构 |
| EXX13 | 高钛钾 | 交、直 | 全位置 | 酸 | 好 | 少 | 易 | 浅 | 整齐 | 较差 | 一般低碳钢薄板结构 |
| EXX24 | 铁粉钛 | 交、直 | 平、平角 | 酸 | 较好 | 少 | 易 | 小 | 光滑 | 较好 | 一般低碳钢结构 |
| EXX15 | 低氢钠 | 直反 | 全位置 | 碱 | 较好 | 较大 | 好 | 中 | 较粗 | 好 | 重要低碳钢、低合金钢结构 |
| EXX16 | 低氢钾 | 交、直反 | 全位置 | 碱 | 好 | 较大 | 好 | 中 | 较粗 | 好 | 重要低碳钢、低合金钢结构 |
| EXX48 | 铁粉低氢 | 交、直反 | 向下立 | 碱 | 好 | 稍少 | 好 | 大 | 致密 | 较好 | 低合金耐热钢结构 |
| EXX20 | 氧化铁 | 交、直正 | 平、平角 | 酸 | 好 | 稍大 | 好 | 大 | 致密 | 较好 | 重要低碳钢结构 |

2）焊条分类及编号

（1）焊条分类。国家标准局将焊条按化学成分划分为若干类，焊条行业统一将焊条按用途分为十类，表 4 - 4 列出了两种分类有关内容的对应关系。

表 4 - 4　两种焊条分类的对应关系

| 焊条按用途分类（行业标准） | | | 焊条按成分分类（国家标准） | | |
|---|---|---|---|---|---|
| 类别 | 名　称 | 代　号 | 国家标准编号 | 名　称 | 代号 |
| 一 | 结构钢焊条 | J（结） | GB/T 5117—2012 | 非合金钢及细晶粒钢焊条 | E |
| 二 | 钼和铬钼耐热钢焊条 | R（热） | GB/T 5118—2012 | 热强钢焊条 | |
| 三 | 低温钢焊条 | W（温） | | | |
| 四 | 不锈钢焊条 | G（铬），A（奥） | GB/T 983—2012 | 不锈钢焊条 | |
| 五 | 堆焊焊条 | D（堆） | GB/T 984—2001 | 堆焊焊条 | ED |
| 六 | 铸铁焊条 | Z（铸） | GB/T 10044—2006 | 铸铁焊条 | EZ |
| 七 | 镍及镍合金焊条 | Ni（镍） | GB/T 13814—2008 | 镍及镍合金焊条 | $EN_i$ |
| 八 | 铜及铜合金焊条 | T（铜） | GB/T 3670—1995 | 铜及铜合金焊条 | ECu |
| 九 | 铝及铝合金焊条 | L（铝） | GB/T 3669—2001 | 铝及铝合金焊条 | EAl |
| 十 | 特殊用途焊条 | TS（特） | — | — | — |

焊条按药皮熔渣的性质分为酸性焊条与碱性焊条两大类。

酸性焊条药皮中含有较多的酸性氧化物（如 $SiO_2$、$TiO_2$、$Fe_2O_3$ 等），其氧化性强，焊接时合金元素烧损多，焊缝中氧、氮、氢含量较高，焊缝的力学性能较差，尤其是抗冲击韧性低。但它的工艺性能好，易引弧，电弧稳定，飞溅小，气体易逸出，脱渣性好，焊缝成型性好，且对焊件上的铁锈、水分不敏感，能用交、直流电源焊接，因而酸性焊条应用较为广泛。

碱性焊条药皮中，含有较多的 CaO、$CaCO_3$、$CaF_2$、$K_2O$ 等，熔渣呈碱性。其中 $CaF_2$（萤石）在高温下分解出氟，与氢结合生成有毒的 HF 气体，使焊缝金属含氢量降低，故碱性焊条也称低氢型焊条。用碱性焊条焊出的焊缝力学性能好，尤其是抗裂性好，但它的工艺性较差，引弧差，电弧不稳定，飞溅大，焊缝成型不美观，对焊件上的油、水、铁锈敏感性大，因此焊前要严格清理焊件，在焊接电源上多采用直流反接。所以碱性焊条多用于重要结构的焊接，如压力容器、锅炉及重要的合金结构钢的焊接。

（2）焊条牌号。在生产中应用最多的是碳钢焊条和低合金钢焊条。根据国标 GB/T 5117—2012《非合金钢及细晶粒钢焊条》和 GB/T 5118—2012《热强钢焊条》的规定，两种焊条型号用大写字母"E"和数字及字母来表示。第一部分用字母"E"表示焊条；第二部分为字母"E"后面的紧邻两位数字，表示熔敷金属的最小抗拉强度代号，二位数字也可表示熔敷金属的最小抗拉强度值（MPa）；第三部分为字母"E"后面的第三和第四两位数字，表示药皮类型、焊接位置和电流类型，其中，第三位数字表示焊条使用的焊接位置，"0"、"1"均表示适用于全位置焊接，"2"表示适用于平焊和平角焊，"4"表示适用于向下立焊，第三、四位数字组合表示焊接电流的种类和焊条药皮类型；第四部分为熔敷金属的化学成分分类代号，可为"无标记"或短划线"-"后的字母、数字或字母和数字的组合。

如 E4303 焊条，表示熔敷金属抗拉强度最小值为 430 MPa，用直流或交流电源正反接，并可全位置焊接，药皮为钛型；E5515 - N5 焊条，表示熔敷金属抗拉强度最小值为 550 MPa，用直流电源反接，并可全位置焊接，药皮为碱性，化学成分分类代号为- N5（即 Ni 含量 2.5%）。

**3. 电焊条的选用原则**

焊条的选用通常是根据焊件的化学成分、力学性能、抗裂性、耐蚀性及高温性能等要求，选用相应焊条种类，再考虑焊接结构形状、工作条件、焊接设备条件等来选择具体的焊条型号。一般遵循下列原则：

（1）考虑母材的力学性能和化学成分。焊接低碳钢和低合金结构钢时，应根据焊接件的抗拉强度选择相应强度等级的焊条，即等强度原则；焊接耐热钢、不锈钢等材料时，则应选择与焊接件化学成分相同或相近的焊条，即等成分原则。

（2）考虑结构的使用条件和特点。承受冲击力较大或在低温条件下工作的结构件、复杂结构件、厚大或刚性大的结构件多选用抗裂性好的碱性焊条；如果构件受冲击力较小，构件结构简单，母材质量较好，应尽量选用工艺性能好、较经济的酸性焊条。

（3）考虑焊条的工艺性。对于狭小、不通风的场合，以及焊前清理困难且容易产生气孔的焊接件，应当选择酸性焊条；如果母材中含碳、硫、磷量较高，则应选择抗裂性较好的碱性焊条。

（4）选用与施焊现场条件相适应的焊条。如对无直流焊机的地方，应选用交直流电源的焊条。

在确定了焊条牌号后，还应根据焊接件厚度、焊接位置等条件选择焊条直径。一般是焊接件愈厚，焊条直径应愈大。

## 4.1.2 其他焊接方法

**1. 埋弧焊**

埋弧焊是一种电弧在焊剂层下燃烧进行焊接的电弧焊方法，又称焊剂层下焊接。埋弧焊在造船、锅炉、化工容器、起重机械和冶金机械制造中的应用非常广泛。

1）埋弧焊的焊接过程

埋弧焊在焊接时，焊接机头将光焊丝自动送入电弧区并保持一定的弧长。电弧靠焊机控制，均匀地向前移动。焊丝为连续盘状，在焊丝前方，焊剂从漏斗中不断流出，使被焊部位覆盖着一层 30～50 mm 厚的颗粒状焊剂，焊丝连续送进，电弧在焊剂层下稳定地燃烧，使焊丝、工件和焊剂都熔化，形成金属熔池和熔渣。液态熔渣覆盖在熔池表面，以防止空气侵入。随着机头自动向前移动，不断熔化前方的母材金属，焊丝和焊剂使焊接连续进行，熔池尾部的金属也随之冷却结晶形成焊缝，熔渣浮在熔池表面冷却后成为渣壳。埋弧焊的焊接情况如图 4-7 和图 4-8 所示。

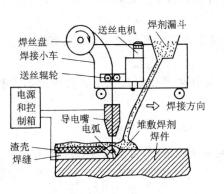

图 4-7　埋弧焊示意图　　　　　　　　图 4-8　埋弧焊焊缝的形成

2) 埋弧焊的焊丝与焊剂

埋弧焊时，焊丝相当于电焊条的焊芯，焊剂起保护、净化熔池、稳定电弧和渗入合金元素的作用。焊剂按制造方法可分为熔炼焊剂与陶质焊剂两大类。各种焊剂应与一定的焊丝配合使用才能获得优质焊缝。常用焊剂的牌号、配用焊丝及用途如表 4-5 所示。

表 4-5　常用焊剂的牌号、配用焊丝及用途

| 焊剂牌号 | 焊剂类型 | 配用焊丝 | 用　途 |
|---|---|---|---|
| 焊剂 130(HJ130) | 无锰高硅低氟 | H10Mn2 | 低碳钢及低合金结构钢，如 Q345(即 16Mn)等 |
| 焊剂 230(HJ230) | 低锰高硅低氟 | H08MnA，H10Mn2 | 低碳钢及低合金结构钢 |
| 焊剂 250(HJ250) | 低锰中硅中氟 | H08MnMoA，H08Mn2MoA | 焊接 15MnV、14MnMoV、18MnMoNb 等 |
| 焊剂 260(HJ260) | 低锰高硅中氟 | Cr19Ni9 | 焊接不锈钢 |
| 焊剂 330(HJ330) | 中锰高硅低氟 | H08MnA，H08Mn2 | 重要低碳钢及低合金钢，如 15、20、16Mn 等 |
| 焊剂 350(HJ350) | 中锰中硅中氟 | H08MnMoA，H08MnSi | 焊接含 MnMo、MnSi 的低合金高强度钢 |
| 焊剂 431(HJ431) | 高锰高硅低氟 | H08A，H08MnA | 低碳钢及低合金结构钢 |

3) 埋弧焊的特点

(1) 生产率高。埋弧焊焊接电流大(可达 1000 A 以上)，同时节省了更换焊条的时间，其生产率比焊条电弧焊高 5～10 倍。

(2) 焊接质量稳定可靠。由于焊缝区受焊剂和熔渣的有效保护，焊接热量集中，焊接

速度快，热影响区小，焊接变形小，同时，焊接参数自动控制，因此焊接质量高而且稳定，焊缝成型美观。

（3）节省金属材料，降低成本。埋弧焊熔深大，可不开或少开坡口，而且没有焊条电弧焊焊条头的浪费，因而能节省金属材料。

埋弧焊的设备费用高，工艺装备复杂，主要用于焊接生产批量较大的长直焊缝与大直径环形焊缝，不适合薄板和曲线焊缝的焊接。

**2. 气体保护焊**

气体保护焊是用外加气体保护电弧及焊接区的电弧焊。保护气体通常有两种，即惰性气体（如氩气）和活性气体（如二氧化碳）。

1）氩弧焊

用氩气作为保护性气体的气体保护焊称为氩弧焊。氩气（Ar）是惰性气体，在高温下既不溶入液态金属也不与金属元素发生化学反应，它是一种比较理想的保护气体。氩气电离势高，引弧较困难，但一经引燃电弧就能稳定燃烧。

按照电极不同，氩弧焊可分为熔化极氩弧焊和非熔化极氩弧焊，如图 4-9 所示。

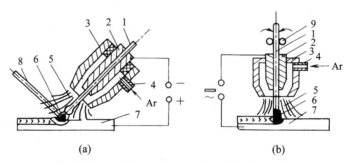

1—焊丝或电极；2—导电嘴；3—喷嘴；4—进气管；5—氩气流；
6—电弧；7—工件；8—填充焊丝；9—送丝辊轮

图 4-9　氩弧焊示意图

（a）不熔化极氩弧焊；（b）熔化极氩弧焊

熔化极氩弧焊是以连续送进的焊丝作为电极，电弧在焊丝与工件之间燃烧，焊丝熔化后形成熔滴填充到熔池中，冷却结晶后形成焊缝。熔化极氩弧焊允许使用大电流，生产率比非熔化极氩弧焊高，适用于较厚板材的焊接。

非熔化极氩弧焊是以高熔点的钨棒为电极，因此也称钨极氩弧焊。焊接时，电弧在高熔点的电极与工件之间燃烧，工件局部熔化形成熔池，电极（钨极）不熔化，适当填加金属（焊丝）并将其熔化过渡到熔池中，冷却结晶后形成焊缝。

氩弧焊焊接由于氩气的保护效果好，焊缝金属纯净，焊缝质量优良；同时由于电弧在氩气流的压缩下燃烧，热量集中，热影响区小，焊后变形也小；电弧稳定，明弧可见，飞溅小，焊缝致密，焊后无渣，成型美观；可实现全位置焊，便于操作，易实现机械化和自动化。因此，氩弧焊特别适合于焊接各类易氧化的金属材料，如不锈钢、有色金属及稀有金属等。

2）二氧化碳气体保护焊

二氧化碳气体保护焊是以二氧化碳为保护气体、以焊丝为电极的电弧焊。利用工件与电极（焊丝）之间产生的电弧熔化工件与焊丝，以自动或半自动方式焊接。图 4-10 为二氧化碳气体保护焊示意图。

二氧化碳价格便宜，来源广泛，但它呈氧化性，在高温下分解为一氧化碳和氧气，易使材料中的合金元素氧化烧损，并且由于一氧化碳密度小，体积膨胀，导致熔滴飞溅严重，焊缝成型不光滑。因此为保证焊缝的化学成分，需采用含锰、硅较高的焊接钢丝或含有相应合金元素的合金钢丝，例如焊接低合金钢时可采用 H08Mn2SiA 焊丝，焊低碳钢时可采用 H08MnSiA 焊丝。

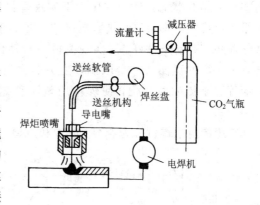

图 4-10 二氧化碳气体保护焊示意图

二氧化碳气体保护焊具有成本低、生产率高、操作性好、质量较好等特点，广泛应用于机车、汽车、造船和农业机械等部门，尤其适用于焊接薄钢板（低碳钢和低合金结构钢）。

### 3. 电渣焊

电渣焊是利用电流通过液体熔渣所产生的电阻热作为热源进行焊接的方法。电渣焊一般都是将两焊件垂直放置，在立焊位置进行焊接，如图 4-11 所示。焊接时，两个被焊件接头相距 25～35 mm，焊丝与引弧板短路引弧，电弧将固态熔剂熔化后形成渣池，渣池具有很大的电阻，电流流过时产生大量的电阻热（温度在 1700～2000 ℃）将焊丝和工件熔化形成金属熔池。随着焊丝的不断送进，熔池逐渐上升。在工件待焊面两侧有冷却铜滑块，防止液态熔渣及熔池金属液外流，并加速熔池冷却凝固成为焊缝。

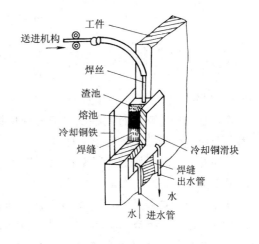

图 4-11 电渣焊示意图

电渣焊渣池热量多、温度高，而且根据焊件厚度可采用单丝或多丝焊接，焊接时焊丝还可在渣池内摆动，因此对很厚的工件可一次焊成。如单丝不摆动可焊厚度为 40～60 mm；单丝摆动可焊厚度为 60～150 mm；三丝摆动焊接厚度可达 400 mm。电渣焊生产率高，焊接时不需开坡口，焊接材料消耗少，成本低。电渣焊焊缝金属纯净，焊接质量较好，但电渣焊的焊接区在高温停留时间长，热影响区比其他焊接方法宽，晶粒粗大，易出现过热组织，因此焊接时焊丝、焊剂中应加入钼、钛等元素，细化焊缝组织，并且一般焊后需进行正火处理，以改善性能。

目前，电渣焊主要用于大型构件的铸-焊、锻-焊、厚板拼接焊等焊接及厚壁压力容器纵缝焊接。

### 4. 电阻焊

电阻焊是利用电流通过焊件接触处产生的电阻热为热源，将焊件接触处局部加热到高塑性或熔化状态,然后在压力下实现焊接的方法。电阻焊可采用很大的电流,焊接时间很短,其生产率很高,热影响区窄,变形小,接头不需开坡口,不需填充金属和焊剂,操作简单,劳动条件好,易实现机械与自动化。但电阻焊设备费用昂贵,设备功率大,耗电量大,焊件截面尺寸受限制,接头形式只限于对接和搭接,电阻热受电阻大小、电流波动等因素影响而变化,使焊接质量不稳定,这就限制了电阻焊在某些重要焊件上的应用。

常用的电阻焊可分为点焊、缝焊和对焊三种,如图 4-12 所示。

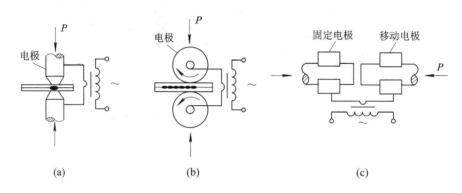

图 4-12　电阻焊
(a) 点焊；(b) 缝焊；(c) 对焊

1) 点焊

点焊是利用电流通过圆柱状电极和两块搭接工件接触面产生的电阻热,熔化接触面处的固态金属,在压力下将两个工件焊在一起的焊接方法。

点焊时,先加压使工件紧密接触,然后接通电流,因接触处的电阻很大,该处产生的电阻热最多,金属被熔化成熔核,断电后继续保持压力或增大压力,熔核在压力下凝固结晶,形成焊点。焊完一点后,移动工件,可依次焊成其他焊点。当焊第二个焊点时,将有一部分电流会流经已焊好的焊点,使焊接处的电流减小,影响焊接质量,这种现象称为分流现象,如图 4-13 所示。分流现象主要与工件厚度和两焊点之间的距离有关,一般工件导电性越强,厚度越大,分流现象越严重。因此,两焊点之间的距离应加大。

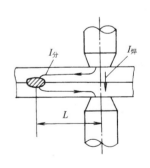

图 4-13　分流现象

点焊的主要工艺参数有焊接电流、电极压力、通电时间及被焊件接触点的状态等。电流过大,通电时间长,熔池深度大,并有金属飞溅,甚至烧穿；电流过小,通电时间短,熔深小,甚至未熔化。电极压力过大,两个被焊件接触紧密,电阻减小,使热量减小,造成焊点强度不足；电极压力过小,极间接触不良,热源不稳定。一般来说,工件厚度越大,材料高温强度越大,电极压力也应越大。

焊件接触处的状态对焊接质量影响很大,如焊件表面存在着氧化膜、油污等,将使电阻增大,甚至出现局部不导电而影响电流流通。因此,点焊前必须对焊件表面进行清理。

点焊主要适用于薄板(厚度小于 4 mm)冲压结构及线材的搭接,在大批量生产中多用机械手自动操作。目前点焊广泛应用于汽车制造、机车车辆、飞机等薄壁结构及仪表、电信、轻工等工业中薄材、线材的焊接。

2）缝焊

缝焊实际上就是连续的点焊，用旋转的圆盘电极代替点焊时的柱状电极，边焊边滚动（同时带动焊件向前移动），相邻焊点部分重叠，形成一条致密焊缝。由于缝焊时分流现象严重，一般只适用于厚度小于 3 mm 的薄板结构。缝焊时，焊点相互重叠 50％以上，密封性好，可焊接低碳钢、不锈钢、耐热钢、铝合金等，但不适于铜及铜合金，因此主要用于制造要求密封性的薄壁结构，如油箱、小型容器和管道等。

3）对焊

对焊即为对接电阻焊，焊件按设计要求装配成对接接头，利用电阻热加热至塑性状态，然后在压力下完成焊接。按操作方法的不同，对焊可分为电阻对焊和闪光对焊，如图 4-14 所示。

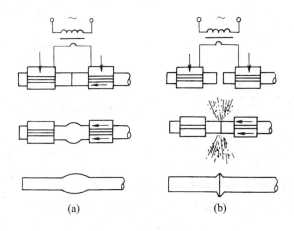

图 4-14　对焊类型

(a) 电阻对焊；(b) 闪光对焊

（1）电阻对焊。电阻对焊过程是先将两工件夹在对焊机的电极钳口中，如图 4-14(a)所示，施加预压力使两被焊件端面接触，并压紧，通电加热后，再断电加压顶端，使工件接触处在压力下发生交互结合，形成焊接接头。

电阻对焊操作简单，成产率高，接头光滑，但焊前对焊件端面要加工和清理，否则易出现加热不均匀，接合面易侵入空气，生成氧化夹杂物，使焊接质量下降。电阻对焊一般只适用于直径小于 20 mm 的简单截面的焊件及强度要求不高的低碳钢杆件连接，可以焊接碳钢、不锈钢、铜和铝等。

（2）闪光对焊。闪光对焊过程是将两工件夹在电极钳口内，通电后使两个工件轻微接触，如图 4-14(b)所示。由于接触点少，电流密度大，接触点金属迅速熔化，甚至蒸发、爆破，并在电磁力的作用下以火花形式形成飞溅（闪光）。继续送进工件，保持一定的闪光时间，待焊件端面全部被加热熔化时，迅速断电加压，形成焊接接头。

闪光对焊过程中，工件接触面的氧化物、杂质、油污被闪光火花带出，因此接头中夹渣少，组织纯净，强度高，质量好，对端面加工要求低。但闪光对焊后焊件表面有毛刺需清理，同时金属损耗也较大。

闪光对焊常用于重要工件的焊接,如焊接碳钢、合金钢、有色金属等材料以及异种金属材料。它既可以焊接直径小到 0.01 mm 的金属丝,也可以焊接断面达数万平方毫米的金属棒料和型材。对钢轨、钢筋、刀具、管子、车圈、锚链等的连接均可采用闪光对焊。

### 5. 摩擦焊

摩擦焊是利用工件接触面的摩擦热为热源,同时加压而进行焊接的方法。摩擦焊焊接过程如图 4-15 所示。先将两焊件夹在焊机上,预加一定压力使焊件紧密接触。使被焊件高速旋转后,由于剧烈摩擦而产生热量,使接触面被加热到高温塑性状态,然后急速制动,停止转动,并加大压力,使两焊件接触处产生塑性变形而焊接在一起。摩擦焊接头一般为等断面,有时也可以是不等断面,但至少需要一个断面为圆形或管形的焊件。摩擦焊接头形式如图 4-16 所示。

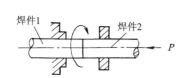

图 4-15　摩擦焊示意图

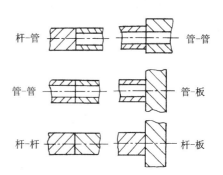

图 4-16　摩擦焊接头形式

摩擦焊在焊接过程中两端面的氧化膜与杂质被清除,不易产生夹渣、气孔等缺陷。接头组织致密,接头质量好,其废品率仅为闪光焊的 1‰ 左右。焊接时操作简单,不需要焊接材料,易实现自动控制,生产率高,劳动条件好,但摩擦焊要求有灵敏控制的制动及加压装置。

适用摩擦焊的金属很多,并可对异种金属进行对接,如碳钢-不锈钢、铜-钢、铝-钢、硬质合金-钢等,但摩擦系数小的铸铁、黄铜不宜采用摩擦焊。目前,摩擦焊在汽车、拖拉机、电力设备、金属切削刀具、纺织机械等工业中应用较广,如圆形工件、棒料及管类件的焊接。

### 6. 钎焊

钎焊是以低熔点的金属作为钎料,将其熔化后填充到被焊金属的缝隙中,液态钎料与母材金属相互扩散溶解,冷凝后形成钎焊接头的方法。

钎焊时,构件的接头形式常采用对接、搭接和套接,如图 4-17 所示。这些接头钎接面较大,可提高接头强度。另外,接头间应有良好的配合和适当的间隙,以保证钎料对接触部位的渗入与湿润,以达到最好的焊接效果。

钎焊过程中,一般还要使用钎焊剂,其目的是去除焊件表面的氧化物及杂质,同时改善钎料

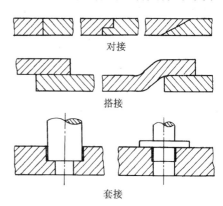

图 4-17　钎焊接头形式

对焊件的润湿作用,并促进钎料流动和填满焊缝。常用的钎剂主要有硼酸、硼砂、松香等。

　　钎焊根据所用钎料熔点的不同，可分为软钎焊和硬钎焊两大类。

　　软钎焊的钎料熔点低于 450℃，钎料常为以锡、铅、锌等为主的合金，最常使用的锡-铅钎料焊接俗称锡焊，焊接接头导电性良好。软钎焊的钎剂主要有松香、氯化锌溶液等，加热方式一般为烙铁加热。其接头强度较低，但钎料渗入接头间隙能力强，具有良好的焊接工艺性，主要用于受力不大或工作温度较低的构件。

　　硬钎焊的钎料熔点高于 450℃，钎料常为以铜、铝、银、镍等为主的合金，硬钎焊的钎剂主要有硼酸、硼砂、氯化物等。硬钎焊接头强度高，工作温度较高，主要用于焊接能承受较大载荷的构件，如自行车车架、切削刀具等。

　　按热源不同，钎焊可分为烙铁钎焊、电阻钎焊、火焰钎焊、感应钎焊、炉中钎焊、红外钎焊和激光钎焊等。焊接时，可根据钎料种类、工件形状及尺寸、接头数量及形式、对质量的要求、生产批量等因素综合考虑选择钎焊热源。

　　钎焊与其他焊接方法相比，具有如下特点：

　　(1) 工件加热温度低，母材组织性能变化小，焊接应力与变形小，接头光滑平整，尺寸精确。

　　(2) 可焊接性能差异较大的异种金属及用于金属与非金属的焊接。

　　(3) 对工件整体加热时，可同时钎焊很多条焊缝，生产率较高。

　　(4) 设备简单，易于实现自动化。

　　钎焊的主要缺点是接头强度较低，尤其是动载强度低，允许的工作温度不高，焊前清理及组装要求较高。因此它不适合于一般钢结构件及重载、动载零件的焊接。目前钎焊主要用于制造仪表、电机、电气部件、导线、导管、容器、硬质合金刀具、异种金属构件等的焊接。

### 7. 等离子弧焊与切割

　　一般电弧焊中的电弧未受到外界约束，电弧区内的气体尚未完全电离，能量不能高度集中，这种情况被称为自由电弧。当利用某种装置使自由电弧的弧柱区的气体完全电离，产生高度热量集中的电弧，这种电弧称为等离子电弧。其发生装置如图 4-18 所示。一般等离子弧焊以钨棒为电极，以氩气或氮气($N_2$)作为保护性气体。钨极与工件之间产生的电弧在机械压缩效应、热压缩

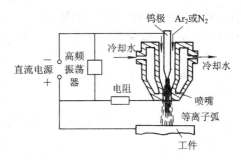

图 4-18　等离子电弧发生装置

效应和电磁收缩效应的共同作用下，被压缩得很细，能量高度集中，弧柱区内的气体完全电离，其温度可达 16 000 K 以上。

　　等离子弧焊实质上是一种电弧具有压缩效应的钨极氩气保护焊，除具有氩弧焊的优点外，还具有能量集中、热影响区小、焊接质量好、生产率高等优点。但等离子弧焊的设备复杂，气体消耗量大，只限于室内焊接。目前，等离子弧焊已应用于化工、仪器仪表、航空航天等工业部门，特别是在国防工业、尖端技术领域中所用的铜合金、合金钢、钛合金、钨、钼、钴等金属的焊接，如钛合金导弹壳体、波纹管、电容器外壳及飞机上的薄壁容器件，都可采用等离子弧焊。

　　等离子弧切割是利用等离子弧的高温将被割件熔化，并借助弧焰的机械冲击力将熔融金属排出，形成割缝以实现切割。等离子弧切割主要用于切割高合金钢、一些难熔金属以

及铸铁、铜、镍、钛、铝及其合金，而且切割速度快，切口较窄，切边质量高。

**8. 电子束焊**

电子束焊是利用加速和聚焦的电子束轰击焊件所产生的热能进行焊接的一种方法。真空电子束焊接原理如图 4-19 所示。电子枪、工件及夹具全部置于真空室内。电子枪由加热灯丝、阴极、聚束极、阳极等组成。当阴极被灯丝加热到一定温度时而发射大量电子，这些电子在强电场的作用下，被加速到很高的速度，然后经聚束极、阳极和聚焦透镜而形成高速电子流束射向工件表面，电子的动能变为热能，将工件迅速熔化甚至汽化。根据焊件的熔化程度，逐渐移动焊件，即可得到所需的焊接接头。

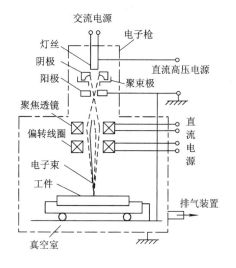

图 4-19　真空电子束焊接原理

根据焊件所处的真空度不同，电子束焊可分为真空电子束焊、低真空电子束焊和非真空电子束焊。其中，真空电子束焊应用最广。焊接时，真空室内的真空度可达 $1.33 \times 10^{-3} \sim 1.33 \times 10^{-2}$ Pa。

真空电子束焊接能量密度大，热影响区窄，焊接变形小，适应性强，由于在真空中焊接，焊缝不会氧化、氮化及析氢，因此保护效果好，焊接质量高。真空电子束可焊难熔金属（如铌、钽、钨等）及原截面工件（如厚度可达 $200 \sim 300$ mm 的钢板），并适用于焊接一些化学活性强、纯度高的金属，如钛、铝、钼及高强度钢、高合金钢等。但真空电子束焊接设备复杂，造价高，焊件尺寸受真空室限制而不能太大。

真空电子束焊目前在电子、航空、原子能、导弹等工业部门得到广泛应用，如微型电子线路组件、导弹外壳、核电站锅炉汽包等，也可用于轴承、齿轮组合件等。

# 4.2　焊接原理与焊接接头

## 4.2.1　焊接基本原理

大多数焊接方法都需要借助加热、加压，或同时实施加热和加压，以实现原子结合。

从冶金的角度来看，可将焊接区分为三大类：液相焊接、固相焊接、固-液相焊接。利用热源加热待焊部位，使之发生熔化，利用液相的相溶而实现原子间的结合，即液相焊接。熔焊属于最典型的液相焊接。除了被连接的母材（同质或异质），还可填加同质或非同质的填充材料，共同构成统一的液相物质。常用的填充材料是焊条或焊丝。

固相焊接属于典型的压力焊方法。因为固相焊接时，必须利用压力使待焊部位的表面在固态下直接紧密接触，并使待焊表面的温度升高（但一般低于母材金属熔点），通过调节温度、压力和时间，以充分进行扩散而实现原子间的结合。在预定的温度（利用电阻加热、摩擦加热、超声振荡等）紧密接触时，金属内的原子获得能量、增大活动能力，可跨越待焊界面进行扩散，从而形成固相接合。

　　固-液相焊接就是待焊表面并不直接接触,而是通过两者毛细间隙中的中间液相相联系。于是,在待焊的同质或异质固态母材与中间液相之间存在两个固-液界面,通过固液相间充分进行扩散,可实现很好的原子结合。钎焊即属此类方法,形成中间液相的填充材料称为钎料。

**1. 焊接热源**

　　焊接热源应是热量高度集中,可快速实现焊接过程,并可保证得到致密而强韧的焊缝和最小的焊接热影响区。每种热源都有其本身的特点,并在生产上有不同程度的应用。满足焊接条件的热源有以下几种。

　　(1)电弧热:利用气体介质中放电过程所产生的热能作为焊接热源,是目前焊接热源中应用最为广泛的一种,如手工电弧焊、埋弧自动焊等。

　　(2)化学热:利用可燃气体(氧、乙炔等)或铝、镁热剂燃烧时所产生的热量作为焊接热源,如气焊。这种热源在一些电力供应困难和边远地区仍起重要的作用。

　　(3)电阻热:利用电流通过导体时产生的电阻热作为焊接热源,如电阻焊和电渣焊。采用这种热源所实现的焊接方法,都具有高度的机械化和自动化,有很高的生产率,但耗电量大。

　　(4)高频热源:对于有磁性的被焊金属,利用高频感应所产生的二次电流作为热源,在局部集中加热,实质上也属电阻热。由于这种加热方式热量高度集中,故可以实现很高的焊接速度,如高频焊管等。

　　(5)摩擦热:由机械摩擦而产生的热能作为焊接热源,如摩擦焊。

　　(6)电子束:在真空中,利用高压高速运动的电子猛烈轰击金属局部表面,使这种动能转化为热能作为焊接热源,如电子束焊。

　　(7)激光束:通过受激辐射而使放射增强的单色光子流即激光,经过聚焦产生能量高度集中的激光束作为焊接热源。

**2. 焊接化学冶金过程**

　　焊接过程中,焊接区内各种物质之间在高温下相互作用的过程,称为焊接化学冶金过程。在空气中焊接时,焊缝金属中的含氧、氮量显著增加,同时锰、碳等有益合金元素大量减少,这时,焊缝金属的强度基本不变,但塑性和韧性急剧下降,力学性能受到很大影响。因此,焊接化学冶金过程决定了可否得到优质的焊缝金属。

　　1)焊接化学冶金的特点

　　焊接化学冶金反应过程从焊接材料被加热、熔化开始,经熔滴过渡,最后到达熔池中。该过程是分区域(药皮反应区、熔滴反应区、熔池反应区)连续进行的,不同的焊接方法有不同的反应区。

　　在药皮反应区中,主要发生水分的蒸发、某些物质的分解、铁合金的氧化等。反应析出的大量气体隔绝了空气,也对被焊金属和药皮中的铁合金产生了很大的氧化作用,因此,该反应区将显著改变焊接区气相的氧化性。

　　熔滴反应区包括熔滴形成、长大到过渡至熔池前的整个阶段。此区域发生气体的分解和溶解、金属的蒸发、金属及其合金成分的氧化和还原、焊缝金属的合金化等。反应时间仅有 $0.01\sim0.1$ s,但平均温度高达 $2000\sim2800$ K,而且液态金属与气体及熔渣的接触面积大，是冶金反应最激烈的部位，对焊缝成分的影响最大。

熔滴金属和熔渣以很高的速度落入熔池后，即同熔化了的母材混合、接触、反应。此区温度较熔滴反应区低，约为 1800～2200 K，反应时间较长，大约数秒。此区有两个显著特点：一是温度分布极不均匀，熔池头部和尾部存在温度差，因而冶金反应可以同时向相反的方向进行；二是反应过程不仅在液态金属与气、渣界面上进行，而且也在液态金属与固态金属和液态熔渣的界面上进行。

2）熔池结晶的特点

焊接熔池的结晶过程与一般冶金和铸造时液态金属的结晶过程并无本质上的区别，具有以下特点：

（1）熔池金属体积很小，周围是冷金属、气体等，故金属处于液态的时间很短，手工电弧焊从加热到熔池冷却往往只有十几秒，各种冶金反应进行得不充分。

（2）熔池中反应温度高，往往高于炼钢炉温 200℃，使金属元素强烈地烧损和蒸发。

（3）熔池的结晶是一个连续熔化、连续结晶的动态过程。

3）焊接区内的气体和杂质

焊接区内的气体主要来源于焊接材料、热源周围的气体介质、焊丝和母材表面的杂质、材料的蒸发。产生的气体中，对焊接质量影响最大的是 $N_2$、$H_2$、$O_2$、$CO_2$、$H_2O$。

其中金属与氧的作用对焊接的影响最大，氧原子能与多种金属发生氧化反应，如 $Fe+O \rightarrow FeO$；$Si+2O \rightarrow SiO_2$；$Mn+O \rightarrow MnO$；$2Al+3O \rightarrow Al_2O_3$。有的氧化物（如 $FeO$）能溶解在液态金属中，冷凝时因溶解度下降而析出，成为焊缝中的杂质，影响焊缝质量，是一种有害的冶金反应物；大部分金属氧化物（如 $SiO_2$、$MnO$）则不溶于液态金属，生成后会浮在熔池表面进入渣中。而不同元素与氧的亲和能力的大小不同，钢中几种常见金属元素与氧的亲和力大小排列顺序是 $Al \rightarrow Ti \rightarrow Si \rightarrow Mn \rightarrow Fe$。由于 Al、Ti、Si 等金属元素与氧的亲和力比 Fe 的强，因此在焊接时，常用 Al、Ti、Si、Mn 等金属元素作为脱氧剂，如 $Mn+FeO \rightarrow MnO+Fe$；$Si+2FeO \rightarrow SiO_2+2Fe$，进行脱氧后，使其形成的氧化物不溶于金属液，而进入渣中浮出，从而净化熔池，提高焊缝质量。

氮和氢在高温时，能溶解于液态金属内，氮能与铁化合成 $Fe_4N$ 和 $Fe_2N$，它将以夹杂物的形式存在于焊缝中；而氢的存在则引起氢脆（白点）和造成气孔。

那么，由于焊缝中存在着 $FeO$、$Fe_4N$ 等杂质及氢脆和气孔，以及合金元素被严重氧化和烧损，使得焊缝金属的力学性能较差，尤其是塑性和韧性远比母材金属低。

硫和磷是钢中有害的杂质，焊缝中的硫和磷主要来源于母材、焊芯和药皮。硫在钢中以 $FeS$ 形式存在，与 $FeO$ 等形成低熔共晶聚集在晶界上，增加焊缝的裂纹倾向，同时降低焊缝的冲击韧度和抗腐蚀性。磷与铁、镍等也可形成低熔点共晶，促进热裂纹的产生，磷化铁硬而脆，会使焊缝的冷脆性加大。

因此，为了保证焊缝质量，要从以下几个方面采取措施：

（1）减少有害元素进入熔池，其主要措施是机械保护，如焊条电弧焊的焊条药皮、埋弧焊的焊剂、气体保护焊中的保护气体（$CO_2$、$Ar_2$）。它们所形成的保护性熔渣和保护性气体，使电弧空间的熔滴和熔池与空气隔绝，防止空气进入；还应清理坡口及两侧的锈、水、油污；烘干焊条，去除水分等。

（2）清除已进入熔池中的有害元素，增添合金元素，主要通过焊接材料中的合金元素进行脱氧、脱硫、脱磷、去氢和渗合金等，从而保证和调整焊缝的化学成分，提高焊缝的金属力学性能。

　　焊接时，电弧沿着工件逐渐移动并对工件进行局部加热。在焊件横截面上，愈靠近焊缝中心，被加热的温度愈高；离焊缝中心愈远，被加热的温度愈低。低碳钢焊件横截面上的温度变化见图 4-20。在焊接过程中，由于受到焊接热的影响，焊件横截面上各点相当于受到一次不同程度的热处理，必然有相应的组织与性能变化。

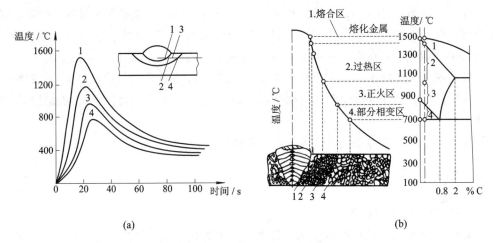

图 4-20　低碳钢焊件横截面上的温度变化
(a) 焊缝区各点温度变化情况；(b) 低碳钢焊接接头的组织变化

## 4.2.2　焊接接头的组织与性能

　　焊接接头由焊缝和热影响区组成。现以低碳钢为例，来说明焊缝及热影响区在焊接过程中对金属组织与性能的变化。

### 1. 焊缝

　　焊缝金属是由母材和焊条(丝)熔化形成的熔池冷却结晶而成的。焊缝金属属于铸态组织，在结晶时，是以熔池和母材金属的交界处的半熔化金属晶粒为晶核，沿着垂直于散热面方向反向生长为柱状晶，最后这些柱状晶在焊缝中心相接触而停止生长，则得到粗大的柱状晶粒。同时，硫、磷等低熔点杂质易在焊缝中心形成偏析，使焊缝塑性下降，易产生热裂纹，但由于焊缝冷却速度快，加之焊条药皮渗合金的作用使焊缝得到强化，因此焊缝金属的性能不低于母材金属。

### 2. 焊接热影响区

　　热影响区是指焊缝两侧受到热的影响而发生组织和性能变化的区域。靠近焊缝部位温度较高，远离焊缝则温度越低，根据温度的不同，把热影响区分为熔合区、过热区、正火区、部分相变区，如图 4-20 所示。

　　熔合区是熔池与固态母材的过渡区，又称为半熔化区。该区加热的温度位于液固两相线之间，成分及组织极不均匀，组织中包括未熔化但受热而长大的粗大晶粒和部分铸态组织，导致强度、塑性和韧性极差。这一区域很窄，仅有约 0.1～1 mm，但它对接头的性能起着决定性的不良影响。

过热区紧靠熔合区，由于该区被加热到很高温度，在固相线至 1100℃之间，晶粒急剧长大，最后得到粗大晶粒的过热组织，致使塑性、冲击韧性显著下降，易产生裂纹。此区宽度约 1～3 mm。

正火区金属被加热到比 $Ac_3$ 线（见图 1 - 19）稍高的温度。由于金属发生了重结晶，冷却后得到均匀细小的正火组织，因此正火区的金属力学性能良好，一般优于母材。此区宽度约为 1.2～4.0 mm。

部分相变区被加热到 $Ac_1$～$Ac_3$（见图 1 - 19）之间，珠光体和部分铁素体发生重结晶使晶体细化，而部分铁素体未发生重结晶，得到较粗大的铁素体晶粒。由于晶粒大小不一，致使其力学性能比母材稍差。

一般情况下，离焊缝较远的母材金属被加热到 $Ac_1$（见图 1 - 19）温度以下，钢的组织不发生变化。但对于经过冷塑性变形的钢材，在 450℃～$Ac_1$ 之间还将产生再结晶现象，使钢材软化。

焊接热影响区宽度愈小，焊接接头的力学性能愈好。

### 4.2.3　热影响区

#### 1. 影响热影响区的因素

热影响区的大小和组织性能变化的程度取决于焊接方法、焊接规范、接头形式和焊接加热温度及冷却速度等因素。不同焊接方法的热源不同，产生的温度高低和热量集中程度就不同，而且采用的机械保护效果也不同，因此，热影响区的大小也会不同。通常焊接热量集中、焊接速度快时，热影响区就小。而同一种焊接方法采用不同的焊接工艺时，热影响区的大小也不相同。一般在保证焊接质量的前提下，增大施焊速度、减小焊接电流都能减小焊接热影响区。焊接方法对焊接热影响区的影响如表 4 - 6 所示。

表 4 - 6　焊接方法对焊接热影响区的影响　　　　　　　　　　mm

| 焊接方法 | 各区平均尺寸 | | | 总宽度 |
| --- | --- | --- | --- | --- |
| | 过热区 | 正火区 | 部分正火区 | |
| 手工电弧焊 | 2.2～3.0 | 1.5～2.5 | 2.2～3.0 | 5.9～8.5 |
| 埋弧焊 | 0.8～1.2 | 0.8～1.7 | 0.7～1.0 | 2.3～3.9 |
| 电渣焊 | 18～20 | 5.0～7.0 | 2.0～3.0 | 25～30 |
| 气焊 | 21 | 4.0 | 2.0 | 27 |
| 电子束焊 | — | — | — | 0.05～0.75 |

#### 2. 改善焊接热影响区性能的方法

热影响区在焊接过程中是不可避免的。对于热影响区较窄及危害较小的焊接构件，焊后不需处理就能正常使用。但对于重要的焊接构件及热影响区较大的焊接构件（如电渣焊焊接构件），要充分注意到热影响区的不良影响。改善焊接热影响区性能的主要措施如下：

（1）热影响区的冷却速度应适当。对于低碳钢，采用细焊丝、小电流、高焊速，可提高接头韧度，减轻接头脆化；对于易淬硬钢，在不出现硬脆马氏体的前提下适当提高冷却速度，可以细化晶粒，有利于改善接头性能。

（2）进行焊后热处理。焊后进行退火或正火处理可以细化晶粒，改善焊接接头的力学性能。

## 4.2.4　焊接应力与变形

### 1. 焊接应力

1）焊接应力的形成原因

焊接过程中对焊件进行局部的不均匀加热，是产生焊接应力的根本原因。另外，焊缝金属的收缩、金属组织的变化以及焊件的刚性约束等都会引起焊接应力的产生。

焊接时由于对焊件进行局部加热，焊缝区被加热到很高温度，两边母材金属受焊接热的影响，也被加热到不同的温度，越远离焊缝的部分被加热温度越低。根据金属的热胀冷缩特性，焊件上各部位因温度不同，将产生不同的纵向膨胀。现以焊接低碳钢平板对接焊缝为例进行说明。对图 4-21 所示的平板焊接加热时，焊缝区域温度最高，两端母材金属的温度随着远离焊缝而逐渐降低，在自由伸长的条件下，伸长量应为图 4-21(a)所示。但钢板是一个整体，它不能实现自由伸长，各部分伸长要相互牵制，平板整体的伸长量为 $\Delta L$。因为

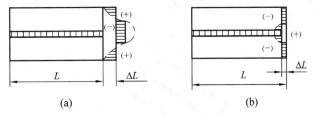

图 4-21　平板焊接应力分布
(a) 焊接过程中；(b) 冷却后

焊缝中心温度最高，焊缝区的热膨胀最大，但因受到周围母材金属的牵制，其膨胀受到限制，所以产生压缩塑性变形，而远离焊缝区的金属受到焊缝区膨胀的影响而产生拉应力，使平板整体达到应力平衡。在焊后冷却时，由于焊缝区金属已产生了压缩塑性变形，因此冷却后的长度将变短，如图 4-21(b)所示，但板料两边金属阻碍了中心焊缝区的缩短，此时，焊缝区受拉应力，两边金属受压应力并达到平衡。这些应力将残留在焊件内部，称为焊接残余应力。

2）焊接应力的预防及消除措施

焊接应力不仅会引起焊件产生变形，而且直接影响焊接结构的使用性能，使其有效承载能力降低。如果焊接应力过大，还可使焊接结构在焊后或使用过程中产生裂纹，甚至导致整个构件出现脆断。因此，对于一些重要的焊接结构(如高压容器等)，焊接应力必须加以防止和消除。在实际生产中常采用下列措施来消除和防止焊接应力：

（1）在设计焊接结构时，应选用塑性好的材料，避免焊缝密集交叉，焊缝截面过大及焊缝过长。

（2）在施焊中要选择正确的焊接次序，以防止焊接应力及裂纹。焊接图 4-22 所示的结构时，按图 4-22(a)中的次序 1、2 进行焊接可减小内应力；如按图 4-22(b)中的焊接次序进行焊接，就会增加内应力，且在焊缝的交叉处易产生

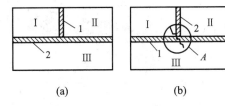

图 4-22　焊接次序对焊接应力的影响
(a) 合理次序；(b) 不合理次序

裂纹，如图 4-22(b)中 A 圈出的区域。

（3）焊前对焊件进行预热是防止焊接应力最有效的工艺措施，这样可减弱焊件各部分温差，从而显著减小焊接应力。

（4）焊接中采用小能量焊接方法或对红热状态的焊缝进行锤击，亦可减小焊接应力。

（5）消除焊接应力最有效的方法是焊后进行去应力退火，即将焊件加热至 $500 \sim 600℃$ 左右，保温后缓慢冷却至室温。此外还可采用震动法来消除焊接应力。

**2. 焊接变形**

1）焊接变形的形式及形成原因

焊接变形的形式是多种多样的，其形成原因也较为复杂，与焊件结构、焊缝布置、焊接工艺及应力分布等诸多因素有关。几种常见的变形形式及形成的原因如表 4-7 所示。

**表 4-7　常见的变形形式及形成的原因**

| 变形形式 | 示　意　图 | 产　生　原　因 |
|---|---|---|
| 收缩变形 | 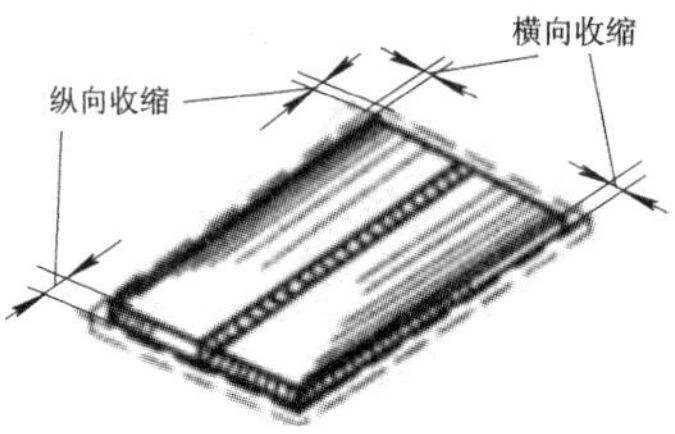 | 焊接后由焊缝的纵向(沿焊缝长度方向)和横向(沿焊缝宽度方向)收缩引起 |
| 角变形 | 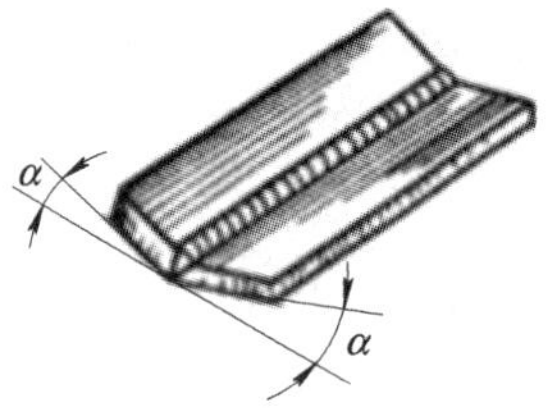 | V 形坡口对接焊后，焊缝横截面形状上下不对称，由焊缝横向收缩不均引起 |
| 弯曲变形 | 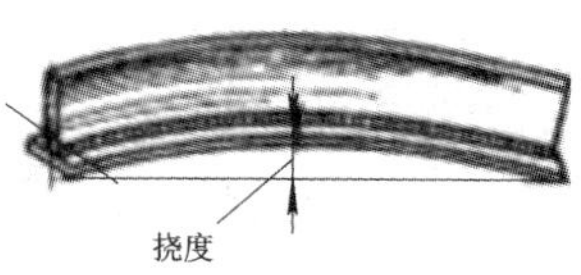 | T 形梁焊接时，焊缝布置不对称，由焊缝纵向收缩引起 |
| 扭曲变形 | 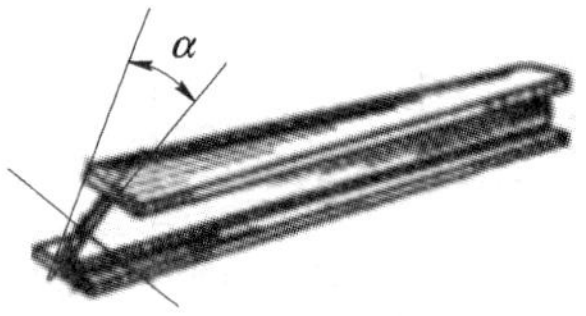 | 工字梁焊接时，由于焊接顺序和焊接方向不合理引起结构上出现扭曲 |
| 波浪变形 |  | 薄板焊接时，由于焊接应力局部较大使薄板局部失稳而引起 |

2）焊接变形的防止与矫正

焊接结构出现变形将影响其使用性，过大的变形量将使焊接结构件报废，因此须加以防止及矫正。

（1）防止焊接变形的措施。焊接变形产生的主要原因是焊接应力，预防焊接应力的措施对防止焊接变形是十分有效的。

合理设计焊件结构可有效防止焊件变形，例如，可使焊缝的布置和坡口形式尽可能对称，采用大刚度结构，尽量减少焊缝总长度等。

在焊接工艺上，对于不同的变形形式也可采取不同的措施防止焊接变形。例如，对易产生角变形及弯曲变形的构件采用反变形法，即在焊前组装时使工件反向变形，以抵消焊接变形，如图 4-23 所示。对于焊缝较密集、易产生收缩变形的焊件可采用加裕量法，即在工件尺寸上加一个收缩裕量以补充焊后收缩，通常需增加 0.1%～0.2%。薄板焊接时易产生波浪变形，为防止其产生，可采用刚性夹持法，即将工件固定夹紧后施焊，焊后变形可大大缩小。

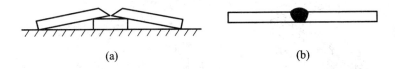

(a)　　　　　　　　　　　　　　(b)

图 4-23　反变形法防止焊接变形

另外，选择合理的焊接次序，也能有效防止焊接变形。如对 X 形坡口的焊缝采用对称焊，如图 4-24 所示。对易产生扭曲变形的工字梁与矩形梁焊接，以及多板焊接时也可采用对称焊防止变形，如图 4-25 所示。

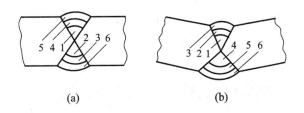

(a)　　　　　　　　　　　　(b)

图 4-24　X 形坡口焊接次序

（a）合理次序；（b）不合理次序

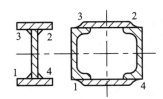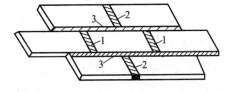

图 4-25　对称焊接

对于长焊缝的焊接，为防止焊接变形，可采用分段焊或逆向分段焊，如图 4 - 26 所示。

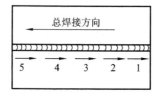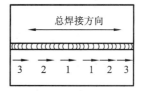

图 4 - 26　分段焊法

（2）焊接变形的矫正。矫正过程的实质是使结构产生新的变形来抵消已产生的变形。常用的矫正方法有机械矫正法和火焰加热矫正法。

机械矫正法是利用机械外力使焊件产生塑性变形的矫正变形法。可采用压力机、辊床等产生的机械外力，也可用手工锤击方法矫正，如图 4 - 27 所示。

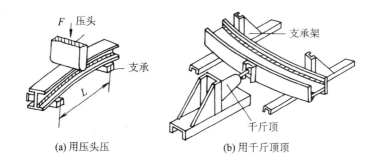

(a) 用压头压　　　　　　(b) 用千斤顶顶

图 4 - 27　机械矫正法

火焰加热矫正法通常采用氧-乙炔火焰在焊件的适当部位上加热，使焊件在冷却收缩时产生与焊接变形大小相等、方向相反的变形，以抵消焊件变形，但要求加热部位必须准确。加热温度一般应控制在 600～800℃，如图 4 - 28 所示。

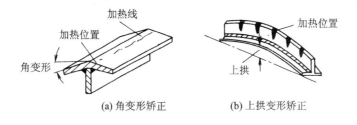

(a) 角变形矫正　　　　　　(b) 上拱变形矫正

图 4 - 28　火焰加热矫正法

### 3. 常见的焊接缺陷

在焊接生产过程中，由于设计、工艺、操作中各种因素的影响，往往会产生各种焊接缺陷。焊接缺陷不仅会影响焊缝的美观，还有可能减小焊缝的有效承载面积，造成应力集中而引起断裂，直接影响焊接结构使用的可靠性。表 4 - 8 列出了常见的焊接缺陷及其产生的原因。

表 4 - 8　常见焊接缺陷及其产生原因

| 缺陷名称 | 示意图 | 特征 | 产生原因 |
|---|---|---|---|
| 气孔 |  | 焊接时，熔池中的过饱和 H、N 以及冶金反应产生的 CO，在熔池凝固时未能逸出，在焊缝中形成的空穴 | 焊接材料不清洁；弧长太长，保护效果差；焊接规范不恰当，冷速太快；焊前清理不当 |
| 裂纹 | 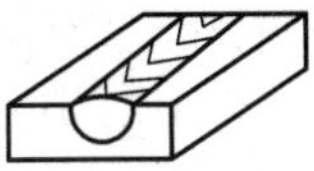 | 热裂纹：沿晶开裂，具有氧化色泽，多在焊缝上，焊后立即开裂<br>冷裂纹：穿晶开裂，具有金属光泽，多在热影响区，有延时性，可发生在焊后任何时刻 | 热裂纹：母材硫、磷含量高；焊缝冷速太快，焊接应力大；焊接材料选择不当<br>冷裂纹：母材淬硬倾向大；焊缝含氢量高；焊接残余应力较大 |
| 夹渣 | 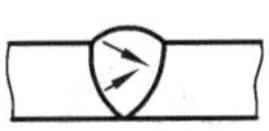 | 焊后残留在焊缝中的非金属夹杂物 | 焊道间的熔渣未清理干净；焊接电流太小、焊接速度太快；操作不当 |
| 咬边 | 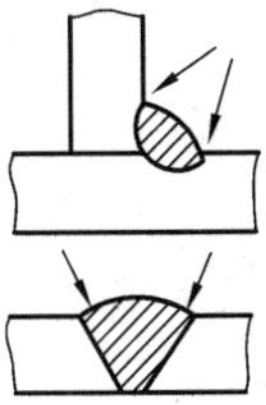 | 在焊缝和母材的交界处产生的沟槽和凹陷 | 焊条角度和摆动不正确；焊接电流太大、电弧过长 |
| 焊瘤 | 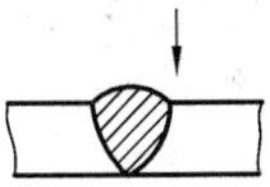 | 焊接时，熔化金属流淌到焊缝区之外的母材上所形成的金属瘤 | 焊接电流太大、电弧过长、焊接速度太慢；焊接位置和运条不当 |
| 未焊透 |  | 焊接接头的根部未完全熔透 | 焊接电流太小、焊接速度太快；坡口角度太小、间隙过窄、钝边太厚 |

# 4.3　常用金属材料的焊接

## 4.3.1　金属材料的焊接性

### 1. 金属焊接性的概念

金属焊接性能是金属材料的工艺性能之一，是金属材料对焊接加工的适用程度。它主要是指在一定的焊接工艺条件下，获得优质焊接接头的难易程度，以及在使用过程中安全运行的能力。焊接性一般包括两个方面的内容：一是工艺焊接性，主要是指在一定的焊接工艺条件下，出现各种焊接缺陷的可能性，即能得到优质焊接接头的能力；二是使用焊接性，主要指焊接接头在使用过程中的可靠性，即焊接接头或整体结构满足技术条件规定的使用性能的程度，包括焊接接头的力学性能及其他特殊性能(如耐腐蚀性、耐热性等)。

金属的焊接性与金属本身的性质有关，又与焊接方法、焊接材料、焊接的工艺条件有关。同一种金属材料，采用不同的焊接方法、不同的焊接工艺或焊接材料，其焊接性会有很大差别。例如，采用焊条电弧焊和气焊焊接铝合金，难以获得优质焊接接头，但采用氩弧焊焊接铝合金，则容易达到质量要求。

**2. 焊接性评定方法**

在焊接结构生产中，最常用的金属材料是钢，影响钢的焊接性的主要因素是其化学成分，因此，可以根据钢材的化学成分来估算其焊接性好坏。通常把钢中的碳和合金元素的含量，按其对焊接性影响的程度，换算成碳的相当含量，其总和称为碳当量。在实际生产中，对于碳钢、低合金钢等钢材，常用碳当量估算其焊接性。

国际焊接学会推荐的碳当量计算公式如下：

$$C_{当量} = C + \frac{Mn}{6} + \frac{Cu+Ni}{15} + \frac{Cr+Mo+V}{5}$$

式中化学元素符号都表示该元素在钢中含量的百分数。

根据经验，可得到以下结论：

（1）$C_{当量} < 0.4\%$ 时，钢材塑性优良，淬硬倾向不明显，焊接性优良，焊接时一般不需要预热，只有在焊接厚板（厚度大于 35 mm）或在低温条件下焊接时才需考虑采用预热措施。

（2）$C_{当量} = 0.4\% \sim 0.6\%$ 时，钢材塑性下降，淬硬倾向明显，焊接性能较差，焊前构件需预热，并控制焊接工艺参数，采取一定的工艺措施。

（3）$C_{当量} > 0.6\%$ 时，钢材塑性较低，淬硬倾向很强，焊接性极差，必须采用较高的预热温度及严格的焊接工艺措施，才能保证焊接质量。

碳当量法只考虑了钢材本身性质对焊接性的影响，而没有考虑到结构刚度、环境温度、使用条件及焊接工艺参数等因素对焊接性的影响，因而是比较粗略的。在实际生产中确定钢材的焊接性时，除初步估算外，还应根据实际情况进行抗裂试验及进行焊接接头使用可靠性的试验，据此制定合理的焊接工艺规程。

## 4.3.2　常用金属材料的焊接

**1. 碳钢的焊接**

*1）低碳钢的焊接*

Q235、10、15、20 等低碳钢是应用最广泛的焊接结构材料。低碳钢的含碳量小于 0.25%，碳当量小于 0.4%，一般没有淬硬、冷裂倾向，焊接性良好，一般不需要采取特殊的工艺措施，焊后也不需要进行热处理。总之，对低碳钢所有的焊接方法都会得到满意的焊接效果。对于厚度较大（厚度大于 35 mm）的低碳钢结构，常用大电流多层焊，焊后应进行热处理来消除内应力。在低温环境下焊接刚度较大的结构时，要考虑预热，且预热温度一般不超过 150℃。

采用熔化焊焊接结构钢时，选择焊接材料及焊接工艺应保证焊缝与工件材料等的强度要求。焊接一般低碳钢结构时，可选用 E4303、E4313、E4320 焊条；焊接复杂结构或厚板结构时，应选用抗裂性好的低氢型焊条，如 E4315、E5015、E4316 等。

*2）中碳钢的焊接*

实际生产中，主要是焊接各种中碳钢的锻件和铸件。这类钢含碳量在 0.25%～0.60%

之间，有一定的淬硬倾向，焊接接头容易产生低塑性的淬硬组织和冷裂纹，焊接性较差。中碳钢的焊接结构多为锻件和铸钢件。

中碳钢属于易淬火钢，在热影响区内易产生马氏体等淬硬组织，当焊件刚性较大或焊接工艺不当时，就会在淬火区产生冷裂纹。同时由于母材的含碳量与硫、磷杂质的含量远高于焊芯，母材熔化后进入熔池，使焊缝的含碳量增加，导致塑性下降。加上硫、磷等低熔点杂质的存在，使焊缝金属产生热裂纹的倾向增大，因此，焊接中碳钢构件，焊前必须预热，以减小焊接时工件各部分的温差，减小焊接应力。一般情况下，预热温度为150~250℃。当含碳量较高、结构刚度较大时，预热温度应更高些。另外还要严格要求焊接工艺，选用抗裂性好的低氢型焊条（如 E4315、E5016、E6016）。焊后要缓冷，并及时进行热处理以消除焊接应力。

由于中碳钢多用于制造各类机械零件，焊缝长度不大，焊接中碳钢时一般多采用焊条电弧焊，厚件也可采用电渣焊。

3）高碳钢的焊接

高碳钢的碳当量大于 0.6%，淬硬、冷裂倾向更大，焊接性极差。焊接时需更高温度的预热及采取严格的焊接工艺措施。实际上，高碳钢一般不用作焊接结构件，大多采用手工电弧焊或气焊进行修补工件缺陷的工作。

**2. 合金结构钢的焊接**

合金结构钢分为机械制造合金结构钢和低合金结构钢两大类。焊接结构中，使用最多的是低合金结构钢，也称为普通低合金钢。低合金结构钢属强度用钢，按其屈服强度可以分为 9 级，即 300、350、400、450、500、550、600、700、800 MPa。按钢材强度级别的不同，焊接特点及焊接工艺也有所不同。

对强度级别较低（$R_e \leqslant 300 \sim 400$ MPa）的钢，所含碳及合金元素较少，其碳当量小于0.4%，其淬硬、冷裂倾向都较小，焊接性好。在常温下焊接时，可以采用类似于低碳钢的焊接工艺。在低温环境或在大刚度、大厚度构件上进行小焊脚、短焊缝焊接时，应防止出现淬硬组织，要采用焊前预热（100~150℃），适当增大电流，减慢施焊速度，选用抗裂性好的低氢型焊条等工艺措施。

对强度级别较高（$R_e \geqslant 450$ MPa）的低合金钢，其碳及合金元素含量也较高，碳当量大于 0.4%，焊接性较差。主要表现在：一方面热影响区的淬硬倾向明显，热影响区易产生马氏体组织，硬度增高，塑性和韧性下降；另一方面，焊接接头产生冷裂纹的倾向加剧。影响冷裂纹的因素主要有三个：一是焊缝及热影响区的含氢量，二是热影响区的淬硬程度，三是焊接接头残余应力的大小。因此，对强度级别较高的低合金钢焊接时，焊前一般均需预热，预热温度大于150℃。焊后还应进行热处理，以消除内应力。优先选用抗裂性好的低氢型焊条（如 E6015 - D1、E6016 - D1 等）；焊接时，要选择合适的焊接规范以控制热影响区的冷却速度。

低合金结构钢含碳量较低，对硫、磷控制较严，手工电弧焊、埋弧焊、气体保护焊和电渣焊均可用于此类钢的焊接，其中手工电弧焊和埋弧焊比较常用。

**3. 铸铁的焊补**

铸铁含碳量高，硫、磷杂质多，组织不均匀，塑性极低，属于焊接性很差的材料，一般不用作焊接构件。但铸铁件在生产和使用过程中，会出现各种铸造缺陷及局部损坏或断裂，此时可采用焊补的方法进行修复，使其能继续使用。

铸铁焊补时易产生如下缺陷：

（1）易产生白口组织。由于焊补时为局部加热，焊补区冷却速度极快，不利于石墨析出，因此极易产生白口组织，其硬度很高，焊后很难进行机械加工。

（2）易产生裂纹。铸铁强度低、塑性差，当焊接应力较大时，焊缝及热影响区内易产生裂纹。

（3）易产生气孔。铸铁含碳量高，焊补时易形成 CO 和 $CO_2$ 气体，由于结晶速度快，熔池中的气体来不及逸出而形成气孔。

目前，铸铁的焊补方法有焊条电弧焊、气焊、钎焊、细丝 $CO_2$ 焊（$CO_2$ 气体保护焊）等，应用较多的是焊条电弧焊。按焊前是否预热，铸铁焊补可分为热焊法和冷焊法两大类。

1）热焊法

所谓热焊法，就是焊前将铸件整体或局部加热至 600～700℃，焊补过程中，温度始终不低于 400℃，焊后缓慢冷却。热焊法能有效地防止白口组织和裂纹的产生，焊补质量较好，焊后可进行机械加工。但热焊法劳动条件差，成本高，生产率低，一般只用于焊后需进行加工的重要铸件，如汽缸体、床头箱等。

2）冷焊法

所谓冷焊法，就是焊前工件不预热或只进行 400℃ 以下的低温预热。冷焊法焊补时，主要依靠焊条来调整焊缝的化学成分，以减小白口组织和裂纹倾向。焊接时，应尽量采用小电流、短焊弧、窄焊缝、短焊道焊接，焊后立即用锤轻击焊缝，以松弛焊接应力。冷焊法比热焊法生产效率高，劳动条件好，但焊接质量较差，焊补处切削加工性较差。

焊补铸铁常用的焊条有铸铁芯铸铁焊条、钢芯石墨化铸铁焊条、镍基铸铁焊条和铜基铸铁焊条等。其中前两种焊条适用于一般非加工表面的焊补；镍基铸铁焊条适用于重要铸件的加工面焊补；铜基焊条主要用于焊后需加工的灰口铸铁件的焊补。

**4. 有色金属及合金的焊接**

1）铜及铜合金的焊接

铜及铜合金的导热性好，热容量大，母材和填充金属不能很好熔合，易产生焊不透现象，并且线膨胀系数大，凝固时收缩率大，易产生焊接应力与变形。而铜在液态时吸气性强，特别是易吸收氢，凝固时随着对气体溶解度的减小，如果气体来不及析出，则易产生气孔；铜合金中的合金元素易氧化烧损，使焊缝的化学成分发生变化，性能下降。

为解决上述问题，铜及其合金在焊接工艺上要采取一系列措施及相应的焊接方法。主要焊接方法有氩弧焊、气焊、焊条电弧焊及钎焊。铜的电阻值极小，不宜采用电阻焊进行焊接。氩弧焊时，氩气能有效地保护熔池，焊接质量较好，对紫铜、黄铜、青铜的焊接都能达到满意的效果。气焊多用于焊接黄铜，这是由于气焊的温度较低，焊接过程中锌的蒸发较少。焊条电弧焊时应选用相应的铜及铜合金焊条。

2）铝及铝合金焊接

铝及铝合金的焊接特点是铝易氧化成氧化铝（$Al_2O_3$），它熔点高（2050℃），组织致密，比重大，易引起焊缝熔合不良和氧化物夹渣；氢能大量溶入液态铝而几乎不溶于固态铝，因此熔池在凝固时易产生氢气孔；铝的膨胀系数大，易产生焊接应力与变形，甚至开裂；铝在高温时的强度低、塑性差，焊接时由于不能支持熔池金属的重量会引起焊缝的塌陷和焊穿，因此常需要垫板。

用于焊接的铝合金主要有铝锰合金、铝镁合金及铸造铝合金。高强度铝合金及硬铝的焊接性很差，不适宜焊接成型。

目前，铝及铝合金常用的焊接方法有氩弧焊、气焊、电阻焊和钎焊。氩弧焊的效果最好。气焊时必须采用气焊熔剂(气剂 401)，以去除表面的氧化物和杂质。不论采用哪种焊接方法，在焊前必须用化学或机械方法去除焊接处和焊丝表面的氧化膜和油污，焊后必须冲洗。对厚度超过 5～8 mm 的焊件，预热至 100～300℃，以减小焊接应力，避免裂纹，且有利于氢的逸出，防止气孔的产生。

3) 镁及镁合金焊接

由于镁合金具有密度小和熔点低，热导率、电导率及热膨胀系数大，化学活性强，易氧化且氧化物的熔点高等特点，使镁合金的焊接性能较差，通常会出现晶粒粗大、热应力、裂纹和气孔等缺陷。镁的氧化性极强，易同氧结合，在焊接过程中易形成 MgO。MgO 熔点高、密度大，易在焊缝中形成细小片状固态夹渣，不仅严重阻碍焊缝成型，也降低焊缝性能；而且镁的沸点不高，在电弧高温下很容易蒸发。大多数情况下，镁合金件焊接可采用熔化焊，如氩弧焊、激光焊、电子束焊和摩擦焊等方法。

# 4.4　焊接结构工艺设计

## 4.4.1　焊接结构材料及焊接方法的选择

### 1. 焊接结构材料

在选择焊接结构材料时，主要考虑两个方面的要求。一方面要考虑结构强度和工作条件等性能要求，以满足焊接结构使用的可靠性；另一方面还应考虑焊接工艺过程的特点，所选的材料要有良好的焊接性，以便用简单可靠的焊接工艺获得优质的焊接产品。

在满足使用性能要求的前提下，应优先选用焊接性能良好的材料制造焊接构件，如低碳钢和强度级别不高的低合金钢。

镇静钢组织致密，质量较好，重要的焊接构件应优先选用；沸腾钢含氧较多，焊接时易产生裂缝；厚板焊接时还有层状撕裂倾向，不宜用作承受动载荷或在严寒条件下工作的重要焊接结构。

为减少焊缝总数量及焊接工作量，应尽量选用各种型材、冲压件及尺寸较大的原材料。

焊接异种金属时，要特别注意它们的焊接性能，并采取有效的工艺措施来保证焊接质量。在一般情况下，尽量减少异种金属的焊接。

### 2. 焊接方法的选择

在制造焊接结构时，合理选择焊接方法，可以获得质量优良的焊接构件、较高的生产率及良好的经济效益。选择焊接方法主要考虑以下几方面因素：

(1) 各种焊接方法的工艺特点及适用范围。

（2）焊接结构所用材料的焊接性能和工件厚度。

（3）生产批量，包括单件、小批量、大批量、大量生产等。

（4）现场设备条件和工作环境。

常用焊接方法的比较见表 4-9。

### 表 4-9　常用焊接方法的比较

| 焊接方法 | 主要接头形式 | 焊接位置 | 被焊材料选择 | 应用选择 |
|---|---|---|---|---|
| 手工电弧焊 | 对接 角接 搭接 T 形接 | 全位置 | 碳钢、低合金钢、铸铁、铜及铜合金、铝及铝合金 | 各类中小型结构 |
| 埋弧自动焊 | | 平焊 | 碳钢、合金钢 | 成批生产、中厚板长直焊缝和较大直径环焊缝 |
| 氩弧焊 | | 全位置 | 铝、铜、镁、钛及其合金、耐热钢、不锈钢 | 致密、耐蚀、耐热的焊件 |
| $CO_2$ 气体保护焊 | | | 碳钢、低合金钢、不锈钢 | |
| 等离子弧焊 | 对接 搭接 | | 耐热钢、不锈钢、铜、镍、钛及其合金 | 一般焊接方法难以焊接的金属和合金 |
| 气焊 | 对接 | | 碳钢、低合金钢、铸铁、铜及铜合金、铝及铝合金 | 受力不大的薄板及铸件和损坏的机件的补焊 |
| 电渣焊 | 对接 | 立焊 | 碳钢、低合金钢、铸铁、不锈钢 | 大厚铸、锻件的焊接 |
| 点焊 | 搭接 | 全位置 | 碳钢、低合金钢、不锈钢、铝及铝合金 | 焊接薄板壳体 |
| 缝焊 | | | | 焊接薄壁容器和管道 |
| 对焊 | 对接 | 平焊 | | 杆状零件的焊接 |
| 摩擦焊 | | | 各类同种金属和异种金属 | 圆形截面零件的焊接 |
| 钎焊 | 搭接 | — | 碳钢、合金钢、铸铁、非铁合金 | 强度要求不高，其他焊接方法难于焊接的焊件 |

## 4.4.2　焊接接头的工艺设计

### 1. 焊接接头形式设计

焊接接头形式应根据结构形状及强度要求、工件厚度、焊后变形大小、坡口加工难易程度、焊条消耗量等因素综合考虑决定。

根据 GB/T 985.1—2008 规定，低碳钢和低合金钢的接头形式可分为对接接头、角接接头、搭接接头及 T 形接头四种形式。接头形式见图 4-29。

对接接头是焊接结构中使用最多的一种形式，接头上应力分布比较均匀，焊接质量容易保证，但对焊前准备和装配质量要求相对较高以及重要受力焊缝应尽量采用。角接接头便于组装，能获得美观的外形，但其承载能力较差，通常只起连接作用，不能用来传递工

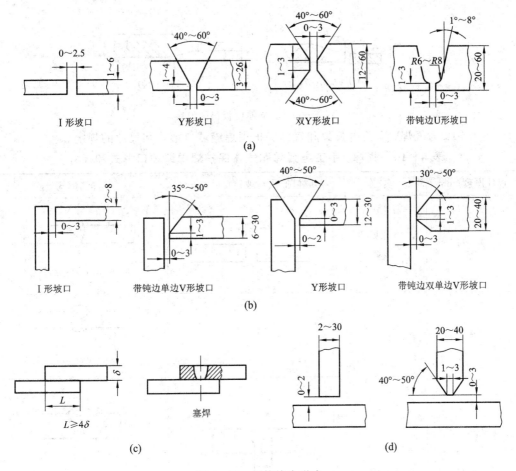

图 4-29　焊接接头形式

（a）对接接头；（b）角接接头；（c）搭接接头；（d）T 形接头

作载荷。搭接接头常用于对焊前准备和装配要求简单的结构，但因两工件不在同一平面，受力时将产生附加弯曲，应力分布不均，承载能力较差，且金属消耗量大。这种接头不需开坡口，装配时尺寸要求不高，对一些受力不大的平面连接与空间构架可采用此类接头，在电阻焊及钎焊中也多采用此类接头。T 形接头也是一种应用非常广泛的接头形式，受力情况比较复杂，但接头成直角连接时，必须采用这种接头。在船体结构中约有 70% 的焊缝采用 T 形接头，此类接头在机床焊接结构中的应用也十分广泛。

　　对较厚板的焊接需要开坡口，常见的坡口形式有不开坡口（I 形坡口）、Y 形坡口、双Y 形坡口（X 形坡口）、U 形坡口等，如图 4-29（a）所示。焊条电弧焊板厚度在 6 mm 以下对接时，可不开坡口直接焊成。当板厚增大时，为了焊透，要开各种形式的坡口。一般Y 形和 U 形坡口用于单面焊，焊接性较好，但焊后变形较大，焊条消耗也大。X 形和双U 形坡口两面施焊，变形小，受热均匀，焊条消耗也少，但有时受结构形状限制。设计焊接接头时最好采用等厚度的材料，以便达到良好的焊接效果。因为不同厚度金属对接时，接头处会产生应力集中、两边受热不均匀及焊不透等缺陷，所以不同厚度金属材料对接时，要采用一定的过渡形式，如图 4-30 所示。同时，不允许厚度差极大的两块板对接。

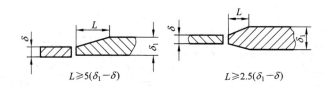

$L \geqslant 5(\delta_1 - \delta)$　　　　$L \geqslant 2.5(\delta_1 - \delta)$

图 4-30　不同厚度板料的焊接

表 4-10 为气焊、手工电弧焊和气体保护焊焊缝坡口形式和尺寸的规定。

**表 4-10　气焊、手工电弧焊和气体保护焊焊缝坡口形式和尺寸**

| 焊件厚度/mm | 名　称 | 坡口形式与坡口尺寸/mm | 焊缝形式 |
|---|---|---|---|
| 1~3 | 不开坡口<br>（I 形坡口） | 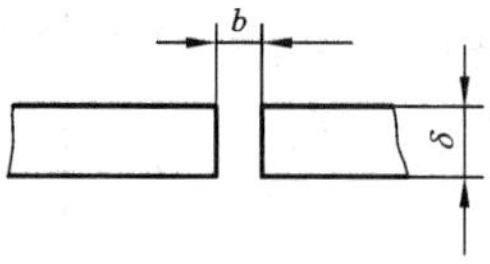 $b$　$\delta$ | 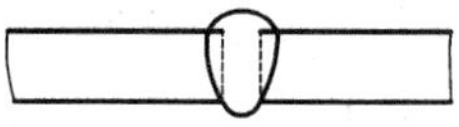 $b=0\sim1.5$ |
| 3~6 | | | 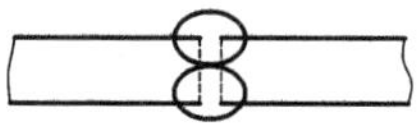 $b=0\sim2.5$ |
| 3~26 | Y 形坡口 | 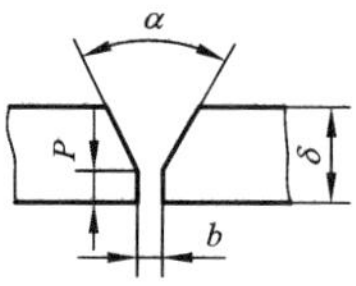 $\alpha$　$P$　$\delta$　$b$<br><br>$\alpha=40°\sim60°$；$b=0\sim3$；<br>$P=1\sim4$ | 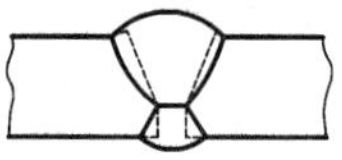 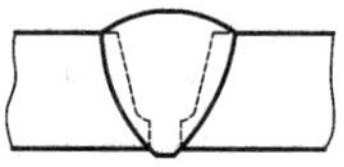 |
| 20~60 | U 形坡口 | 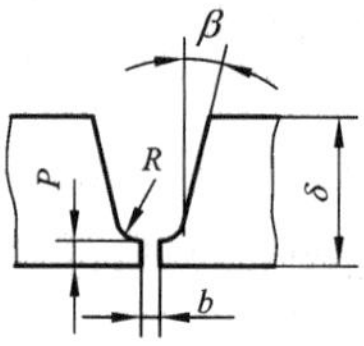 $\beta$　$R$　$P$　$\delta$　$b$<br><br>$\beta=1°\sim8°$；$b=0\sim3$；<br>$P=1\sim4$；$R=6\sim8$； | 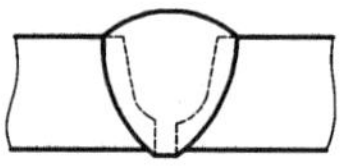 |

**2. 焊缝的布置**

合理布置焊缝，是保证焊接质量、提高生产率及降低焊接成本的关键因素。焊缝的布置一般遵循下列原则：

（1）在焊接结构的设计上，应使焊缝总数量及总长度越少越好，同时应避免焊缝的密集与交叉，尽可能使焊缝对称布置。这样可以减小焊接应力与变形，提高焊接质量。图

4-31(a)所示的设计不合理(焊缝数量较多),可采用一些型材和冲压件,改为图4-31(b)所示的结构较好。图4-32(a)中的焊缝过于密集或交叉,改为图4-32(b)所示的结构较合理。图4-33中焊缝采用图4-33(b)所示的对称布置较合理。

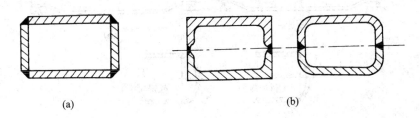

图 4-31 减少焊缝数量
(a) 不合理;(b) 合理

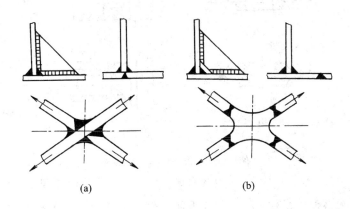

图 4-32 避免焊缝密集、交叉
(a) 不合理;(b) 合理

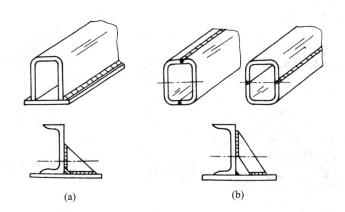

图 4-33 焊缝对称布置
(a) 不合理;(b) 合理

(2) 焊缝应尽量避开应力集中的部位及加工表面,以防止因应力集中导致焊接结构的破坏及产生焊缝使加工件的表面质量下降,如图4-34所示。

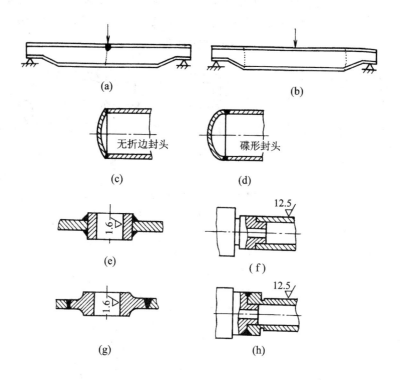

图 4 - 34　焊缝应避开的表面

(a)、(c)、(e)、(g) 不合理；(b)、(d)、(f)、(h) 合理

（3）焊缝布置应便于操作。图 4 - 35 为便于焊条电弧焊操作的设计；图 4 - 36 为便于埋弧焊存放焊剂的设计；图 4 - 37 为便于点焊电极伸入的设计。

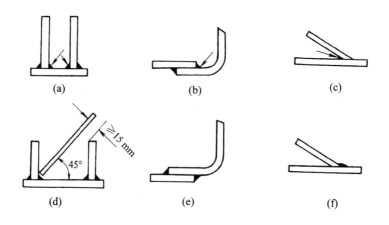

图 4 - 35　便于焊条电弧焊的设计

(a)、(b)、(c) 不合理；(d)、(e)、(f) 合理

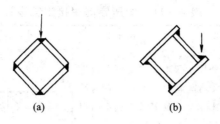

图 4 - 36　便于埋弧焊的焊缝设计
（a）不合理；（b）合理

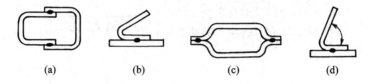

图 4 - 37　点焊焊缝设计
（a）、（b）不合理；（c）、（d）合理

### 3. 焊接结构分析实例

结构名称：中压容器，如图 4 - 38 所示。

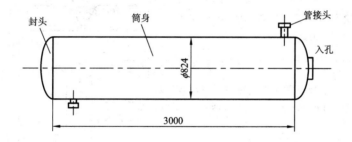

图 4 - 38　中压容器

材料：16MnR（原材料尺寸为 1200 mm×5000 mm）。

件厚：筒身 12 mm，封头 14 mm，入孔圈 20 mm，管接头 7 mm。

生产数量：小批量生产。

工艺设计重点：筒身采用冷卷钢板，按实际尺寸可分为 3 节，为避免焊缝密集，筒身纵焊缝应相互错开 180°。封头用热压成型，与筒身连接处应有 30～50 mm 的直段，使焊缝避开转角应力集中的位置。入孔圈板厚较大，可加热卷制，其焊缝布置如图 4 - 39 所示。根据焊缝的不同情况，可选用不同的焊接方法、接头形式、焊接材料及焊接工艺，其工艺设计如表 4 - 11 所示。

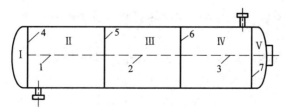

图 4 - 39　中压容器的焊缝布置

### 表 4-11　中压容器焊接工艺设计

| 序号 | 焊缝名称 | 焊接方法选择与焊接工艺 | 接头形式 | 焊接材料 |
|---|---|---|---|---|
| 1 | 筒身纵缝 1、2、3 | 因容器质量要求高,又小批量生产,故采用埋弧焊双面焊,先内后外。因材料为16MnR,应在室内焊接(以下同) | 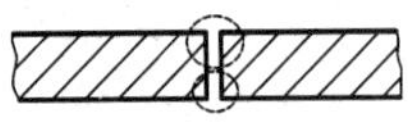 | 焊丝:H08 MnA 焊剂:HJ431 点固焊条:E5015 |
| 2 | 筒身环缝 4、5、6、7 | 采用埋弧焊,顺次焊 4、5、6 焊缝,先内后外。7 装配后先在内部用焊条电弧焊封底,再用自动焊焊外环缝 |  | 焊丝:H08MnA 焊剂:HJ431 焊条:E5015 |
| 3 | 管接头焊接 | 管壁为 7 mm,角焊缝插入式装配,采用焊条电弧焊,双面焊 | 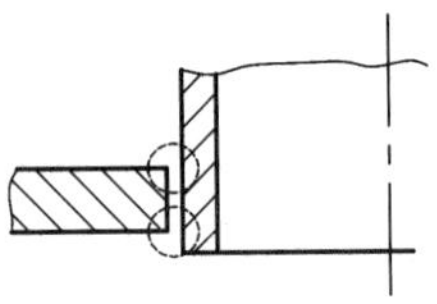 | 焊条:E5015 |
| 4 | 人孔圈纵缝 | 板厚 20 mm,焊缝短,为 100 mm,选用焊条电弧焊,平焊位置,V 形坡口 | 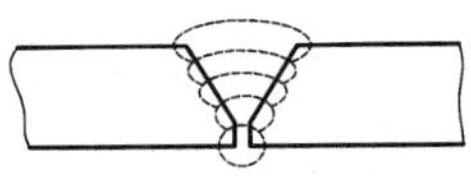 | 焊条:E5015 |
| 5 | 人孔圈焊接 | 处于立焊位置的圆周角焊缝,采用焊条电弧焊。单面坡口双面焊,焊透 | 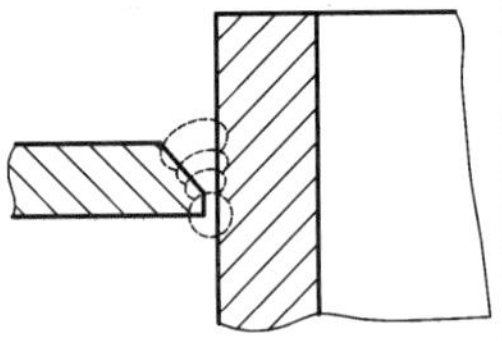 | 焊条:E5015 |

# 习　　题

1. 什么叫焊接电弧?试述电弧的构造和温度分布。

2. 直流电和交流电的焊接效果是否一样?什么叫直流电的正接法、反接法?如何应用?

3. 试述焊芯和药皮的组成与作用。如何合理选用电焊条?

4. 试比较焊条电弧焊、埋弧焊、二氧化碳气体保护焊、氩弧焊、电渣焊、电阻焊、钎焊的工艺特点和应用范围。

5. 何谓焊接热影响区?低碳钢焊接时热影响区分为哪些区段?各区段的组织和性能对焊接接头有何影响?

6. 金属材料的焊接性能是指什么?如何衡量钢材的焊接性能?

7. 分析高强度低合金结构钢的焊接特点。为防止其产生焊接缺陷,应采取哪些措施?

8. 焊接应力与变形产生的原因是什么?如何防止和减小焊接应力与变形?

9. 铸铁焊补有哪些问题?可采用什么方法克服?

10. 铝及铝合金、铜及铜合金的焊接工艺特点各是什么？应采用什么工艺措施和焊接方法来保证其焊接质量？

11. 焊接接头的基本形式有哪几种？为什么厚板焊接时要开坡口？常见的坡口形式有哪几种？

12. 有厚 4 mm、长 1200 mm、宽 800 mm 的钢板 3 块，需拼焊成一长 1800 mm、宽 1600 mm 的矩形钢板，则如题 4-12 图所示的拼焊方法是否合理？为什么？若需改变，怎样改变？为减小焊接应力与变形，其合理的焊接次序应如何安排？

13. 如题 4-13 图所示的低压容器，材料为 20 钢，板厚为 15 mm，小批量生产，试为焊缝 A、B、C 选择合适的焊接方法。

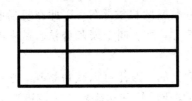

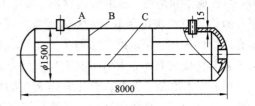

题 4-12 图　　　　　　　　　　　题 4-13 图

14. 分析题 4-14 图所示的焊接结构哪组合理？并说明理由。

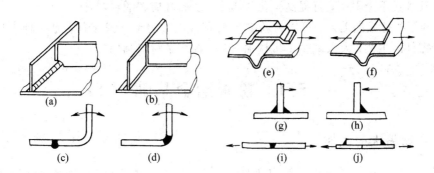

题 4-14 图

# 第5章　粉末冶金及其成型

粉末冶金是制取金属粉末或用金属粉末（或金属粉末与非金属粉末的混合物）作为原料，经过成型和烧结，制造金属材料、复合材料以及各种类型制品的工艺技术。它可制取用普通熔炼方法难以制取的特殊材料，又可制造各种精密的机械零件，因此在机器制造业中有广泛的应用。粉末冶金法与生产陶瓷有相似的地方，故也叫金属陶瓷法。粉末冶金材料工艺与传统材料工艺相比，具有以下特点：

（1）粉末冶金工艺是在低于基体金属的熔点下进行的，因此可以获得熔点、密度相差悬殊的多种金属、金属与陶瓷、金属与塑料等多相不均质的特殊功能复合材料和制品。

（2）提高材料性能。用特殊方法制取的细小金属或合金粉末，凝固速度极快，晶粒细小均匀，保证了材料的组织均匀、性能稳定，以及良好的冷、热加工性能，且粉末颗粒中合金元素及其含量不受限制，可提高强化相程度，从而发展新的材料体系。

（3）利用各种成型工艺，可以将粉末原料直接成型为毛坯或零件，是一种少切削、无切削生产零件的工艺，大大减少了机械加工量，提高了材料利用率。

## 5.1　粉末冶金基础

### 5.1.1　金属粉末的性能

金属粉末的性能主要指粉末的物理性能和工艺性能，对其成型和烧结过程以及制品的性能都有重大的影响。而金属粉末的化学成分对金属粉末的性能也有很大的影响。

**1. 化学成分**

金属粉末的化学成分一般是指主要金属或组分、杂质以及气体含量。其中金属通常占98%～99%以上。

金属粉末中的杂质主要为氧化物，氧化物的存在使金属粉末的压缩性变坏，使压模的磨损增大。它可分为易被氢还原的金属氧化物（铁、铜、钨、钴、钼等的氧化物）和难还原的氧化物（如铬、锰、硅、铝等的氧化物）。有时含有少量的易还原金属氧化物，有利于金属粉末的烧结，而难还原金属氧化物却不利于烧结。不过，通常金属粉末的氧化物含量越少越好。

金属粉末中的主要气体杂质是氧、氢、一氧化碳及氮，这些气体杂质使金属粉末脆性增大，压制性能变坏，特别是使一些难熔金属与化合物（如钛、铬、碳化物、硼化物、硅化物）的塑性变坏。加热时，气体强烈析出，这也可能影响压坯在烧结时的正常收缩过程。因此，一些金属粉末往往要进行真空脱气处理，以除去气体杂质。

**2. 物理性能**

粉末的物理性能主要包括颗粒形状、颗粒大小和粒度分布，此外还有颗粒的比表面积、颗粒的密度、显微硬度等。

金属粉末的颗粒形状即粉末颗粒的外观几何形状，通常有球状、树枝状、针状、海绵状、粒状、片状、角状和不规则状，它主要由粉末的生产方法决定，同时也与制造过程的工艺参数以及物质的分子和原子排列的结晶几何学因素有关。粉末的颗粒形状直接影响粉末的流动性、松装密度、气体透过性，对压制(缩)性和烧结体强度均有显著影响。

通常情况下，金属粉末的颗粒大小可用筛来测定，用"目"来表示($1\ \mu m=12\ 500$ 目)。粉末的颗粒大小对其压制成型时的比压、烧结时的收缩及烧结制品的力学性能都有重大影响。

粒度分布是指大小不同的颗粒级的相对含量，也称作粒度组成，它对金属粉末的压制和烧结都有很大影响。

比表面积即单位质量粉末的总表面积，可通过实际测定。比表面积大小影响着粉末的表面能、表面吸附及凝聚等表面特性，与粒度有一定的关系，粒度越细，比表面积越大，但比表面积也受其他因素的影响。

**3. 工艺性能**

粉末的工艺性能包括松装密度、流动性、压缩性与成型性。工艺性能也主要取决于粉末的生产方法和粉末的处理工艺(球磨、退火、加润滑剂、制粒等)。

松装密度亦称松装比，是金属粉末的一项主要特性，指金属粉末在规定条件下，自由充填标准容器所测得的单位体积松装粉末的质量，与材料密度、颗粒大小、颗粒形状和粒度分布有关。松装密度影响粉末成型时的压制与烧结，也是压模设计的一个重要参数。一般粉末压制成型时，将一定体积或重量的粉末装入压模中，然后压制到一定高度或施加一定压力进行成型，若粉末的松装密度不同，压坯的高度或孔隙度就必然不同。例如还原铁粉的松装密度一般为 $2.3\sim3.0\ g/cm^3$，若采用松装密度为 $2.3\ g/cm^3$ 的还原铁粉压制密度为 $6.9\ g/cm^3$ 的压坯，则压缩比(粉末的充填高度与压坯高度之比)为 $6.9:2.3=3:1$，即若压坯高度为 1 cm 时，模腔深度须大于 3 cm 才行。

粉末流动性是 50 g 粉末从标准的流速漏斗(又称流速计)流出所需的时间，单位为 s/50 g。时间愈短，流动性愈好。一般来说，等轴状粉末、粗颗粒粉末流动性好。流动性受颗粒间黏附作用的影响，因此，颗粒表面如果吸附水分、气体或加入成型剂会降低粉末的流动性。粉末流动性直接影响压制操作的自动装粉和压件密度的均匀性，流动性好的粉末有利于快速连续装粉及复杂零件的均匀装粉。

压缩性是指金属粉末在压制过程中的压缩能力。它取决于粉末的硬度、塑性变形能力与加工硬化性，并在相当大的程度上与颗粒的大小及形状有关。压缩性一般用一定压力下压制时获得的压坯密度来表示。经退火后的粉末压缩性较好。

成型性是指粉末压制后，压坯保持既定形状的能力，用粉末得以成型的最小单位压制力表示，或者用压坯的强度来衡量。为保证压坯品质，使其具有一定的强度，且便于生产过程中的运输，粉末需有良好的成型性。成型性与粉末的物理性质有关，还受到粒度、粒形与粒度组成的影响。为了改善成型性，常在粉末中加入少量润滑剂，如硬脂酸锌、石蜡、橡胶等。通常用压坯的抗弯强度或抗压强度作为成型性试验的指标。

## 5.1.2　金属粉末的制备方法

金属粉末的各种性能均与制粉方法有密切关系，一般由专门生产粉末的工厂按规格要求来供应，其制造方法很多，可分为以下几种。

### 1. 机械方法

机械方法制取粉末是将原材料机械地粉碎，常用的有机械粉碎法和雾化法两种。机械粉碎法是靠压碎、击碎和磨削等作用，将块状金属、合金或化合物机械地粉碎成粉末，包括机械研磨、涡旋研磨和冷气流粉碎等方法。实践表明，机械研磨比较适用于脆性材料，塑性金属或合金制取粉末多采用涡旋研磨、冷气流粉碎等方法；而雾化法是目前广泛使用的一种制取粉末的机械方法，易于制造高纯度的金属和合金粉末。将熔化的液态金属从雾化塔上部的小孔中流出，同时喷入高压气体，在气流的机械力和急冷作用下，液态金属被雾化、冷凝成细小粒状的金属粉末，落入雾化塔下的盛粉桶中。任何能形成液体的材料都可以通过雾化来制取粉末，这种方法得到的粉末称为雾化粉。

### 2. 物理方法

常用的物理方法为蒸气冷凝法，即将金属蒸气经冷凝后形成金属粉末，主要用于制取具有大的蒸气压的金属粉末。例如，将锌、铅等金属蒸气冷凝便可以获得相应的金属粉末。

### 3. 化学方法

常用的化学方法有还原法、电解法等。

还原法是使用还原剂从固态金属氧化物或金属化合物中还原制取金属或合金粉末。它是最常用的金属粉末生产方法之一，方法简单，生产费用较低。比如铁粉通常采用固体碳还原法，即把经过清洗、干燥的氧化铁粉以一定比例装入耐热罐，入炉加热后保温，得到海绵铁，经过破碎后得到铁粉。

电解法是从水溶液或熔盐中电解沉积金属粉末的方法，生产成本较高，电解粉末纯度高，颗粒呈树枝状或针状，其压制性和烧结性很好，因此，在有特殊性能（高纯度、高密度、高压缩性）要求时使用。

## 5.1.3　金属粉末的预处理

为了具有一定粒度又具有一定物理、化学性能，金属粉末在成型前要经过一些预处理。预处理包括粉末退火、筛分、制粒、加入润滑剂等。

退火的目的是使氧化物还原，降低碳和其他杂质的含量，提高粉末的纯度，同时，还能消除粉末的加工硬化，稳定粉末的晶体结构等。用还原法、机械研磨法、电解法、雾化法以及羰基离解法所制得的粉末都要经退火处理。此外，为防止某些超细金属粉末的自燃，需要将其表面钝化，也要做退火处理。经过退火后的粉末，压制性得到改善，压坯的弹性后效相应减小。例如，将铜粉在氢气保护下于 300℃ 左右还原退火，将铁粉在氢气保护下于 600～900℃ 还原退火，这时粉末颗粒表面因还原而呈现活化状态，并使细颗粒变粗，从而改善粉末的压制性。而且，粉末在氢气保护下处理时，还有脱氧、脱碳、脱磷、脱硫等反应，其纯度得到了提高。

　　筛分的目的是使粉末中的各组元均匀化。筛分是一种常用的测定粉末粒度的方法，适于 $40\ \mu m$ 以上的中等和粗粉末的分级和粒度测定。其操作为：称取一定重量的粉末，使粉末依次通过一组筛孔尺寸由大到小的筛网，按粒度分成若干级别，用相应筛网的孔径代表各级粉末的粒度。只要称量各级粉末的重量，就可以计算用重量百分数表示的粉末的粒度组成。目前，国际标准采用泰勒筛制。习惯上以网目数（简称目）表示筛网的孔径和粉末的粒度。所谓目数，就是筛网 1 英寸长度上的网孔数，在中国规格以每平方厘米面积内的目孔数表示，因目数都注明在筛框上，故有时称筛号。目数越大，网孔越细。

　　制粒是将小颗粒的粉末制成大颗粒或团粒的工序，常用来改善粉末的流动性。将液态物料雾化成细小的液滴，与加热介质（氮气或空气）直接接触后液体快速蒸发而干燥，获得制粒。在硬质合金生产中，为了便于自动成型，使粉末能顺利充填模腔，就必须先进行制粒。

　　粉末冶金零件在压制和脱模过程中，粉末和模具之间摩擦力很大，必须在粉末中加入润滑剂。加入润滑剂可以改善压制过程，降低压制压力，改善压块密度分布，增加压块强度。常用的润滑剂有硬脂酸锌、硬脂酸锂、石蜡等。但由于粉末相对于润滑剂，其松装密度较小，润滑剂加入后易产生偏析，易使压坯烧结后产生麻点等缺陷。近年来，出现了一些润滑剂的新品种，如高性能专用润滑剂 Kenolube（白蜡与硬脂酸锌的混合物）、Metallub（美特润）等，可以大大改善粉末之间和粉末与横壁之间的摩擦，稳定和减小压坯的密度误差。

## 5.1.4　粉末冶金材料的应用及发展

　　粉末冶金在技术和经济上具有一定的优越性，粉末冶金材料及制品在不同行业领域中都得到了广泛的应用，见表 5-1。

表 5-1　粉末冶金材料及制品的应用

| 应用的行业领域 | 粉末冶金材料及制品 |
|---|---|
| 机械加工模具 | 硬质合金、金属陶瓷、高速钢、立方氮化硼、金刚石 |
| 汽车、拖拉机、机床制造 | 机械零件、摩擦材料、多孔含油轴承、过滤器 |
| 电机制造 | 多孔含油轴承、铜-石墨电刷 |
| 精密仪器 | 仪表零件、软磁材料、硬磁材料 |
| 电气、电子工业 | 电触头材料、电真空电极材料、磁性材料 |
| 计算机工业 | 记忆元件 |
| 化学、石油工业 | 过滤器、防腐零件、催化剂 |
| 军工 | 穿甲弹头、军械零件、高比重合金 |
| 航空 | 摩擦片、过滤器、防冻用多孔材料、粉末超合金 |
| 航天和火箭 | 发汗材料、难熔金属及合金、纤维强化材料 |
| 原子能工程 | 核燃料元件、反应堆结构材料、控制材料、屏蔽材料 |

　　粉末冶金技术的优点使其在新材料的发展中起着举足轻重的作用。铁基粉末冶金，即

以铁粉为基粉的粉末冶金，是一种替代特钢锻件的新材料产品。目前国内生产的铁基粉末冶金的产量仅为 50 亿元左右，而我国的需求量则达 100 亿元左右，具有巨大的应用前景。为此，我国铁基粉末冶金制造业的发展方向主要为提高铁基粉末冶金的密度，依托粉末冶金的高一致性、高精度、形状复杂等特点，达到轻量化和功能化。

## 5.2　粉末冶金工艺过程

粉末冶金的工艺流程如图 5-1 所示，主要包括粉末混合、压制成型、烧结和后处理。

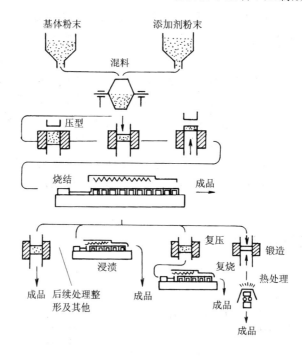

图 5-1　粉末冶金的工艺流程

### 5.2.1　粉末混合

粉末混合是将金属或合金粉末与润滑剂、增塑剂等混合，以获得各种组分均匀分布的粉末混合物。混合一般是指将两种以上不同成分的粉末混合均匀的过程。有时候，为了需要也将成分相同而粒度不同的粉末进行混合，这种过程称为和批。混合而成的粉末称为混合粉。

混合常用的方法有两种，即机械法和化学法。其中用得最广泛的是机械法，即用各种混合机（如球磨机、V 形混合机、锥形混合器等）将粉末机械地掺和均匀而不发生化学反应。机械法混合又可分为干混和湿混，干混在铁基制品生产和钨粉、碳化钨粉末生产中广泛采用；湿混在制备硬质合金混合料时经常采用，湿混时使用的液体介质常为酒精、汽油、丙酮、水等。化学法混合是将金属或化合物粉末与添加金属的盐溶液混合，或者是将各组元全部以某种盐的溶液形式混合，然后经沉淀、干燥、还原等处理而得到均匀分布的混合物。

混合好的粉末通常需要过筛,除去较大的夹杂物和润滑剂的块状凝聚物,并且应尽快使用,否则应密封储存起来,运输时应减少震动,防止混合料发生偏析。

### 5.2.2　金属粉末压制成型

#### 1. 封闭钢模压制成型方法

粉末冶金的压制成型方法很多,主要有封闭钢模压制、流体等静压制、粉末锻造、三轴向压制成型、高能成型、震动压制、挤压、连续成型等。其中封闭钢模压制(冷压)成型在粉末冶金成型生产中占有重要地位,它是指在常温下于封闭钢模中用规定的比压将粉末成型为压坯的方法。封闭钢模压制成型过程由称粉、装粉、压制、保压及脱模组成。

装粉通常采用定量装粉方法,可分为质量法和容积法两种。通过称取一个压坯所需粉料质量来定量的方法称为质量法;通过量取一个压坯所需粉料容积来定量的方法称为容积法。通常小批量生产多采用质量法,大批量生产一般采用容积法。

压制示意图如图 5-2。压制过程中,在压力作用下,金属粉末首先发生相对移动,使孔隙之间的空气逐步向外逸出,粉末颗粒间相互啮合。在颗粒相互接触处先后产生弹性变形、塑性变形以及脆性断裂(或冷焊现象)的过程中,颗粒间从点接触转为面接触。

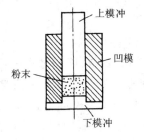

图 5-2　压制示意图

常用的压制方法有四种,如图 5-3 所示。

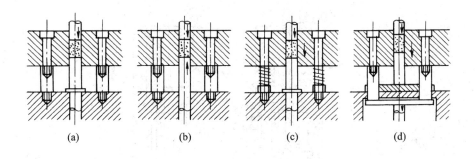

图 5-3　压制方法
(a) 单向压制;(b) 双向压制;(c) 浮动模压制;(d) 引下法

1) 单向压制

单向压制是阴模与下模冲不动,仅在上模冲上施加压力,如图 5-3(a)所示。这种方式适用于压制无台阶类厚度较薄的零件。压制过程中,单向压模相对于阴模运动只有一个模冲,即上模冲或是下模冲,这种压模适用于生产高径比 $H/D<1$、形状简单的零件。图 5-4 是有孔类压坯的单向手动压模,压模结构由阴模、上模冲、下模冲和芯杆组成。压制时,下模冲和芯杆固定不动,上模冲向下加压,压缩粉末体,用压床滑块行程来控制压坯高度。脱模时,将阴模移至右边脱模座上,使上模冲向下顶出压坯即可。

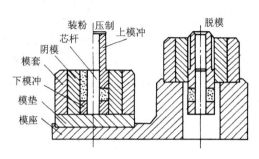

图 5-4 有孔类压坯的单向手动压模

2)双向压制

双向压制是阴模固定不动,上、下模冲从两面同时加压,特点是上、下模冲相对阴模都移动,模腔内粉末体受到两个方向压缩,如图 5-3(b)所示。这种方式适用于压制无台阶的厚度较大的零件。

3)浮动模压制

浮动模压制时,阴模由弹簧支撑着,在压制过程中,下模冲固定不动,一开始在上模冲上加压,随着粉末被压缩,阴模壁与粉末间的摩擦逐渐增大,当摩擦力大于弹簧的支撑力时,阴模即与上模冲一起下降(相当于下模冲上升),实现双向压制,如图 5-3(c)所示。图 5-5 为套类压坯浮动式双向手动压模,压制是调节弹簧可调节阴模和芯杆的浮动量,阴模的浮动结构与上模冲一起向下作不等距离移动,实现了上、下模冲的双向压制,又与芯杆的浮动一起改善了压坯密度的均匀性。

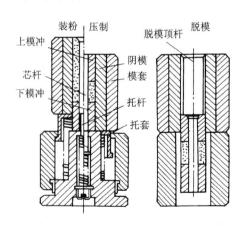

图 5-5 套类压坯浮动式双向手动压模

4)引下法

如图 5-3(d)所示,一开始上模冲压下既定距离,然后和阴模一起下降,阴模的下降速度可以调整。若阴模的下降速度与上模冲相同，称之为非同时压制；当阴模的下降速度小于上模冲时，称之为同时压制。压制终了时，上模冲回升，阴模被进一步引下，位于下模冲上的压坯，即呈静止状态脱出。零件形状复杂时，宜采用这种压制方式。

保压是指在压制过程中，在最大压制压力下保持一定的时间，以保证压坯的形状，提高压坯密度。通常对于形状复杂或体积较大的压坯，必须采取保压的方法，而对于形状简单和体积小的压坯，一般不必采取保压。

脱模是指压坯从模具型腔中脱出，压坯脱出后，会产生弹性恢复而胀大，此现象为回弹或弹性后效。脱模方式主要有两种，即拉下式和顶出式脱模。拉下式脱模是指下模冲不动，阴模通过成型设备的下压头向下拉，将压坯脱出模腔的方法。顶出式脱模是指阴模不动，下模冲通过成型设备下压头向上顶，将压坯脱出模腔的方法。

**2. 压坯密度**

在压制成型过程中，将发生粉末颗粒与颗粒之间、粉末颗粒与模壁之间的摩擦、压力的传递以及压坯密度和强度的变化等复杂现象。得到一定的压坯密度是压制过程的主要目的。压坯密度表示压制使粉末密实的有效程度，是在粉末冶金制品的生产中需要控制的最重要的性能之一，可以决定以后烧结时材料的形状。实践表明，压坯密度分布不均匀是压制过程的主要特征。

1）压坯密度分布

在单向压制时，压坯沿其高度方向上的密度分布是不均匀的。对于圆柱形压模，在任何垂直面上，上层密度比下层密度大。在水平面上，接近上模冲断面的密度分布为两侧大中间小，而远离上模冲断面的密度分布则为两侧小中间大。因为，在靠近模壁处，由于外摩擦力的作用，模壁轴向压力的降低比压坯中心大，导致压坯底部的边缘密度比中心的密度低。因此，压坯各部分的致密化程度也就有所不同。

2）影响压坯密度分布的因素

在压制过程中，除通过上模冲施加的压制压力外，还有侧压力、摩擦力、内应力等，各力对压坯分别产生不同的作用。在钢模压制过程中，作用在压坯各个断面上的力并不完全一样。在压坯的同一个横截面上，中心部位和靠近模壁的部位，以及沿压坯高度的上中下各部位所受的力都不相同。

一般来讲，压制压力主要为两部分，一部分用于使粉末颗粒产生位移、变形，以及克服粉末颗粒之间的摩擦力，使粉末压紧，称为净压力；另一部分用于克服粉末颗粒与模壁之间的摩擦力，称为压力损失。压制总压力为净压力与压力损失之和。压力损失是模压中造成压坯密度分布不均匀的主要原因。

压坯密度的大小受到压制压力、粉末颗粒性能、压坯尺寸及压模润滑条件等因素的影响。

实验证明，增加压坯的高度会使压坯各部分的密度差增大；而加大直径则会使密度的分布更加均匀。压坯高度与直径的比值（高径比）越大，压坯密度差就越大。为了减少密度差，应降低压坯的高径比。

采用模壁光洁度高的压模，并在模壁上涂润滑油，能够降低摩擦系数，改善压坯的密度分布。

另外，压坯中密度分布的不均匀性，可以通过双向压制得到很大的改善，因为双向压制时，与上、下模冲接触的两端密度较高，而中间部分密度较低。

3）压坯密度与影响因素的关系

压坯密度与几个重要变量的关系如图 5-6 所示。由图可知：

（1）压坯密度随压制压力增高而增大，这是因为压制压力促使颗粒移动、变形及断裂。

（2）压坯密度随粉末的粒度或松装密度增大而增大。

（3）粉末颗粒的硬度和强度降低时，有利于颗粒变形，从而促进压坯密度增大。

（4）降低压制速度时，有利于粉末颗粒移动，从而促进压坯密度增大。

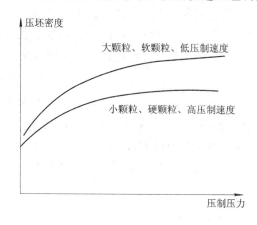

图 5-6　压坯密度与影响因素的关系曲线

**3. 脱模力**

脱模力是指使压坯从压模中脱出所需的压力。在压制过程中，粉末由于受力而发生弹性变形和塑性变形，压坯内存在着很大的内应力，压力消除后，压坯仍紧紧箍在压模内，要将压坯从阴模中脱出，必须要有一定的脱模力。脱模力与压制压力、粉末性能、压坯密度和尺寸、压模及润滑条件等因素有关。实验得到，铁粉压坯的脱模力约为压制压力的13％左右；而硬质合金压坯的脱模力约为压制压力的30％左右。

压坯从压模中脱出后，尺寸会胀大，一般称之为弹性后效或回弹。由于弹性后效的作用，压坯尺寸会发生改变，甚至造成开裂。弹性后效是压模设计时要关注的一个重要参数。

## 5.2.3　烧结

烧结是一种高温热处理，将压坯或松装粉末体置于适当的气氛中，在低于其主要成分熔点的温度下保温一定时间，以获得具有所需密度、强度和各种物理及力学性能的材料或制品的工序。它是粉末冶金生产过程中最关键的、基本的工序之一，目的是使粉末颗粒间产生冶金结合，即使粉末颗粒之间由机械啮合转变成原子之间的晶界结合。用粉末烧结的方法可以制得各种纯金属、合金、化合物以及复合材料。

**1. 烧结基本原理**

烧结过程与烧结炉、烧结气氛、烧结条件的选择和控制等方面有关，因此，烧结是一个非常复杂的过程，示意图如图 5-7 所示。烧结前压坯中粉末的接触状态为颗粒的界面，可以区分并可分离，只是机械结合。烧结状态时，粉末颗粒接触点的结合状态发生了转变，为冶金结合，颗粒界面为晶界面。随着烧结的进行，结合面增加，直至颗粒界面完全转变成晶界面，颗粒之间的孔隙由不规则的形状转变成球形的孔隙。

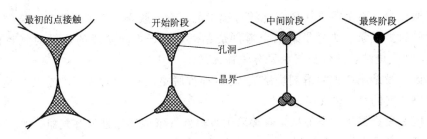

图 5-7　烧结过程示意图

　　烧结的机理是：粉末压坯具有很大的表面能和畸变能，并随粉末粒径的细化和畸变量的增加而增加，结构缺陷多，因此处于活性状态的原子增多，粉末压坯处于非常不稳定的状态，并力图把本身的能量降低。将压坯加热到高温，为粉末原子所储存的能量释放创造了条件，由此引起粉末物质的迁移，使粉末体的接触面积增大，导致孔隙减小，密度增大，强度增加，形成了烧结。

　　按烧结过程中有无液相出现和烧结系统的组成，烧结可分为固相烧结和液相烧结。如果烧结发生在低于其组成成分熔点的温度，粉末或压坯无液相形成，则产生固相烧结；如果烧结发生在两种组成成分熔点之间，至少有两种组分的粉末或压坯在液相状态下，则产生液相烧结。固相烧结用于结构件，液相烧结用于特殊的产品。液相烧结时，在液相表面张力的作用下，颗粒相互靠紧，故烧结速度快，制品强度高。普通铁基粉末冶金轴承烧结时不出现液相，属于固相烧结；而硬质合金与金属陶瓷制品烧结过程将出现液相，属于液相烧结。

**2. 烧结工艺**

　　粉末冶金零件烧结工艺根据零件的材料、密度、性能等要求，确定工艺条件及各项参数。烧结工艺参数包括两个方面，一为烧结温度、保温时间、加热和冷却速度；二为合适的烧结气氛及控制气氛中各成分的比例。

　　粉末冶金零件压坯完成一次烧结需要不同的温度和时间。通常烧结分三个阶段，分别是预烧、烧结和冷却。

　　为了保证润滑剂的充分排除以及氧化膜的彻底还原，预烧应有一定时间，且时间长短与润滑剂添加量和压坯大小有关。预烧之后，将烧结零件送入高温区烧结，烧结温度与烧结组元熔点、粉末的烧结性能及零件的要求有关。通常对于固相烧结，烧结温度为主要组元熔点温度的 0.7～0.8 倍。烧结结束后，烧结零件进入冷却区，冷却至规定温度或室温，然后出炉。零件从高温冷却至室温会发生组织结构和相溶解度的变化，将会影响产品的最终性能，冷却速度对其有决定作用，因此，需要控制冷却速度。

　　烧结时最主要的因素是烧结温度、烧结时间和大气环境，此外，烧结制品的性能也受粉末材料、颗粒尺寸及形状、表面特性以及压制压力等因素的影响。烧结过程中，烧结温度和烧结时间必须严格控制。烧结温度过高或烧结时间过长，都会使压坯歪曲和变形，其晶粒亦大，产生所谓"过烧"的废品；如烧结温度过低或烧结时间过短，则产品的结合强度等性能达不到要求，产生所谓"欠烧"的废品。通常，铁基粉末制品的烧结温度为 1000～1200℃，烧结时间为 0.5～2 h。

### 3. 烧结气氛的控制

为了避免粉末冶金零件压坯在烧结过程中的氧化、脱碳、渗碳等现象，烧结炉内需要通入可控的保护气氛。铁基粉末冶金零件烧结时，由于不同阶段的烧结对气氛的要求不同，因此，现代烧结炉的保护气氛是分段输入的。

预热区 1 段是压坯中润滑剂烧结清除区（亦称脱蜡区），通常采用的是放热型气氛或混有一定比例空气的氮、空气混合气体。

预热区 2 段是氧化物还原区，通常采用吸热性气氛或还原性氮基气氛。

烧结区是高温区，对两个以上的组元的压坯，在此区域将发生合金化反应，因此气氛必须要有维持烧结零件成分的作用，通过维持一定碳势，即在一定温度下维持气体成分的一定比例，通常采用可控碳势气氛，如吸热性气氛或添加有甲烷的氮基气氛，并通过调节气氛中 $CO_2$、$H_2O$ 或 $CH_4$ 的含量来维持一定的碳势。

预冷区为重新渗碳区，采用渗碳性气氛，如 $CO$、$CH_4$ 含量较高的吸热性气氛或含甲烷的氮基气氛，以恢复或增加碳的含量。

冷却区的气氛主要起保护作用，防止烧结零件变黑或变蓝，以便获得正常的显微结构、性能稳定、再现性好的烧结零件。通常采用氮气和有轻度还原的烧结气氛。

常用粉末冶金制品的烧结温度与烧结气氛见表 5－2。

**表 5－2　常用粉末冶金制品的烧结温度与烧结气氛**

| 粉末材料 | 铁基制品 | 铜基制品 | 硬质合金 | 不锈钢 | 磁性材料 | 钨、钒 |
|---|---|---|---|---|---|---|
| 烧结温度/℃ | 1050～1200 | 700～900 | 1350～1550 | 1250 | 1200 | 1700～3300 |
| 烧结气氛 | 发生炉煤气、分解氨 | 分解氨、发生炉煤气 | 真空、氢气 | 氢气 | 真空、氢气 | 氢气 |

## 5.2.4　后处理

很多粉末冶金制品在烧结后可以直接使用，但有些制品还需要必要的后处理。后处理的方法按其目的的不同，分为以下几种：

（1）为提高制品的物理性能及力学性能，后处理方法有复压、烧结、浸油、热锻与热复压、热处理及化学热处理。

（2）为改善制品表面的耐腐蚀性，后处理方法有水蒸气处理、磷化处理、电镀等。

（3）为提高制品的形状与尺寸精度，后处理方法有精整、机械加工等。

例如，对于齿轮、球面轴承、钨钼管材等结构件，常采用滚轮或标准齿轮与烧结件对滚挤压的方法进行精整，以提高制品的尺寸精度，降低其表面粗糙度；对不受冲击而要求硬度高的铁基粉末冶金零件，可进行淬火处理；对表面要求耐磨而心部又要求有足够韧性的铁基粉末冶金零件，可以进行表面淬火；对含油轴承，则需在烧结后进行浸油处理；对于不能用油润滑或需在高度重载下工作的轴瓦，通常将烧结的铜合金在真空下浸渍聚四氟乙烯液，以制成摩擦系数小的金属塑料减磨件。

还有一种后处理方法是熔渗处理，它是将低熔点金属或合金渗入到多孔烧结制品的孔隙中去，以增加烧结件的密度、强度、塑性或冲击韧性。

后处理的主要工艺目的遵循粉末体在压制过程的变形规律,尽量利用各种结构特征,改善复杂形状零件压制时的均匀性,从而保证压坯的质量。

### 5.2.5　硬质合金粉末冶金成型

硬质合金由硬质基体和黏结金属两部分组成。硬质合金是一种优良的工具材料,主要用于切削工具、金属成型工具、表面耐磨材料以及高刚性结构部件。硬质基体采用难熔金属化合物,主要是碳化钨和碳化钛,还有碳化钽、碳化铌和碳化钒等,保证合金具有较高的硬度和耐磨性。黏结金属用铁族金属及其合金,以钴为主,使合金具有一定的强度和韧度。

硬质合金的品种很多,其制造工艺也有所不同,但基本工序大同小异,硬质合金的生产工艺流程如图 5-8 所示。

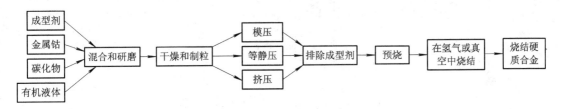

图 5-8　硬质合金生产工艺流程

# 5.3　粉末注射成型技术

### 5.3.1　粉末注射成型技术的特点

粉末注射成型技术是传统粉末冶金、现代塑料注射成型工艺与陶瓷烧结技术相结合而形成的一种新型成型技术,工艺流程如图 5-9 所示。首先将粉末与黏结剂混合,混合料制粒后,经注射成型得到所需形状的预成型坯。黏结剂使混合料具有黏性流动的特征,可借助模腔进行填充,并保证喂料装填的均匀性。对预成型坯进行脱脂处理排除黏结剂后,再对脱脂坯进行烧结。有些烧结产品还要进行进一步致密化处理、热处理或机械加工。

粉末注射成型技术的最大特点是可以直接制造出有最终形状的零部件,节省原材料,减少机械加工量。粉末注射成型可制作各种形状复杂的金属,产品材料利用率高,表面光洁度好,精度高,生产成本低,由于易于填模,使成型坯密度均匀,烧结产品性能优异。粉末注射成型技术完全克服了传统粉末冶金难于生产复杂零件、精密铸造存在的偏析以及机加工工序长、原材料利用率低的缺点,特别适应大批量生产体积小或带有横孔、斜孔、横向凹凸面、薄壁等的异形零件。采用该方法生产出的产品尺寸精度高,力学性能和耐蚀性能好,而且材料适应性广,合金钢、不锈钢、高比重金属、硬质合金、精细陶瓷、磁性材料等可以制成粉末的金属、合金、陶瓷等均可用此技术制成零部件。此外,该技术还可以实现全自动化连续生产,生产效率高,材料性能优异,产品尺寸精度高,因此被誉为“当今最热门的零部件成型技术”。

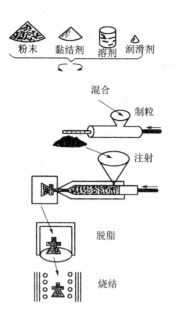

图 5 - 9　粉末注射成型技术工艺流程图

## 5.3.2　粉末注射成型件的工艺性

### 1. 工艺过程

金属粉末注射成型基本工艺包括混炼、注射、脱脂、烧结、二次加工等环节。首先是选取符合粉末注射成型工艺要求的金属粉末和黏结剂，然后在一定的温度下采用恰当的方法将粉末和黏结剂混合成均匀的具有黏塑性的流体，经制粒后在注射成型机上注射成型，获得的生坯经脱脂处理后烧结致密化而得到各种复杂形状的零部件。

粉末注射成型的设备，包括混料机、混炼制粒机、注射成型机、真空烧结炉等，采用常规的粉末注射成型工艺生产。

### 2. 粉末

粉末的种类、特点和选用，对粉末注射成型制品的性能及其应用范围的拓展起着十分重要的作用。粉末注射成型要求粉末粒度为微米级以下，以保证均匀的分散度、良好的流变性能和较大的烧结速率，粉末形状近球形。此外对粉末的松装密度、振实密度、粉末长径比、自然坡度角、粒度分布也有一定的要求。目前生产粉末注射成型用粉末的主要方法有羰基法、气体雾化法、水雾化法、等离子体雾化法、层流雾化法和粉体包覆法等。

羰基法以 $Fe(CO)_5$ 为原料，将其加热蒸发。在催化剂（如分解氨）的作用下，气态 $Fe(CO)_5$ 分解得到铁粉，生产的粉末纯度高、形状稳定、粒度极细，它最适合于粉末注射成型，但仅限于 Fe、Ni 等粉体，不能满足品种的要求。

### 3. 黏结剂和混炼

在粉末注射成型中，黏结剂直接影响着混合、注射成型、脱脂等工序，并对注射成型坯的质量、脱脂及尺寸精度、合金成分等有很大的影响。黏结剂是粉末注射成型技术的灵魂，它的加入和脱除是粉末注射成型的关键技术。粉末注射成型所使用的黏结剂包括热塑性体系、热固性体系、水溶性体系、凝胶体系及特殊体系。其中热塑性黏结剂体系是粉末注射成型中主要使用的黏结剂。

混炼是一个复杂的改善粉末流动性和完成分散的过程。常用的混炼装置有双螺杆挤出机、Z 形叶轮混料机、双行星混炼机等。混炼时的加料速率、混炼温度、转速等都会影响混炼的效果。混炼工艺目前通常依靠经验，混炼技术因缺少工艺模型，故效率较低。

**4. 注射成型**

注射成型的目的是获得所需形状的无缺陷成型坯，其关键问题是有关成型的各项设计，其中包括产品设计、模具设计。利用塑料模具的原理将粉末注射成型的模具逐渐标准化，模具设计和制作的时间将减少，也可尽量多地使用多模腔模具以提高注射效率。

**5. 脱脂和烧结**

粉末注射成型工艺中黏结剂的脱脂技术是最重要的环节，也是粉末注射成型技术中最难实现的环节。一般黏结剂占成型坯体积的 40％以上，在脱脂过程中成型坯极易出现宏观和微观缺陷，脱脂工艺对于保证产品质量极为重要。脱脂的基本方法有热脱脂、溶剂脱脂、催化脱脂、虹吸脱脂及超临界流体萃取脱脂等，根据黏结剂组成和粉料的化学性质选用不同的脱脂方法。热脱脂方法工艺简单，成本低，投资少，无环境污染，但脱脂速度慢，易产生缺陷，只适合于小件。溶剂脱脂方法脱脂速度增加，脱脂时间缩短，但工艺复杂，对环境和人体有害，会产生变形。催化脱脂方法需要专门设备，分解气体有毒且存在酸处理问题，但由于脱脂速度快，无变形，可生产较厚的零件。虹吸脱脂方法脱脂时间短，但有变形和虹吸粉污染。超临界流体萃取脱脂工艺是利用超临界流体兼有流体和气体的优点，并具有极高的溶解能力，可以深入到提取材料的基质中进行萃取，这种工艺克服了溶剂脱脂带来的环保问题。

烧结是粉末注射成型工艺中的最后一道工序，可使产品致密和化学性质均匀，提高其机械、物理性能。粉末注射成型的烧结方法、原理与传统粉末冶金的一样，但由于金属粉末注射成型中采用了大量的黏结剂，烧结时收缩非常大，线收缩率一般达到 12％～18％，而且粉末注射成型产品大多数是形状复杂的异形件，因此防止变形和保证尺寸成为主要的问题。尺寸精度的高低与原料、混炼、注射、脱脂、烧结等都有密切的关系，烧结条件（如温度、气氛、升温速度等）将影响产品精度。

# 5.4　粉末冶金制品的结构工艺性

## 5.4.1　粉末冶金制品的结构工艺性特点

由于粉末的流动性不好，使有些制品形状不易在模具内压制成型，或者压坯各处的密度不均匀，影响了成品质量。因此，粉末冶金制品的结构工艺性有其自己的特点。

**1. 避免模具出现脆弱的尖角**

因为压制模具工作时要承受较高的压力，它的各个零件都具有很高的硬度，若压坯形状不合理，则极易折断。所以，应避免在压模结构上出现脆弱的尖角（见表 5 - 3），延长模具的使用寿命。

表 5 - 3　避免模具出现脆弱尖角

| 不当设计 | 修改事项 | 推荐形状 | 说　明 |
|---|---|---|---|
| 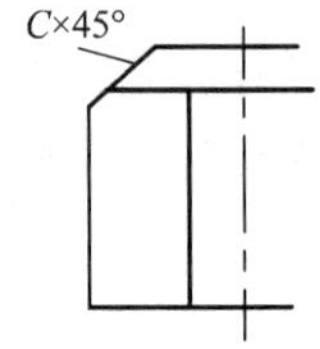 $C \times 45°$ | 倒角 $C$（轴向尺寸）$\times 45°$ 处加一平台，宽度约为 $0.1 \sim 0.2$ mm（如为圆角，则也应在圆角处加一平台，宽度约 $0.1 \sim 0.2$ mm） | 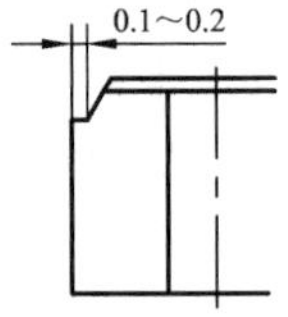 $0.1 \sim 0.2$ | 避免上、下模冲出现脆弱的尖角 |
| 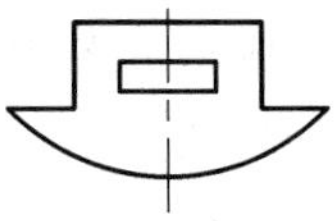 | 尖角改为圆角，$R \geqslant 0.5$ mm | 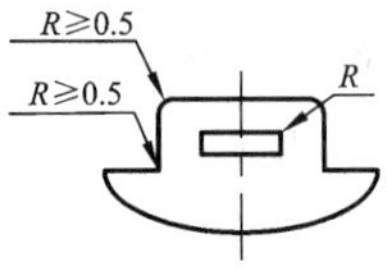 $R \geqslant 0.5$ $R \geqslant 0.5$ $R$ | 减轻模具应力集中，并利于粉末移动，减少裂纹 |

**2. 避免模具和压坯出现局部薄壁**

压制时，粉末基本不发生横向流动。为了保证压坯厚度、密度均匀，粉末应均匀填充型腔的各个部位，避免模具和压坯局部出现薄壁（壁厚应不小于 1.5 mm），避免发生密度不均匀、掉角、变形和开裂的现象，见表 5 - 4。

表 5 - 4　避免模具和压坯出现局部薄壁

| 不当设计 | 修改事项 | 推荐形状 | 说　明 |
|---|---|---|---|
| 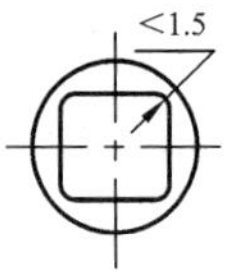 $<1.5$ | 增大最小壁厚 | 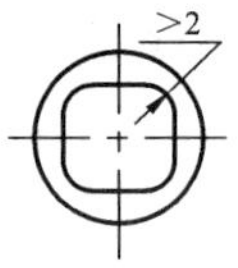 $>2$ | 利于装粉和压坯密度的均匀，增强模冲及压坯 |
| 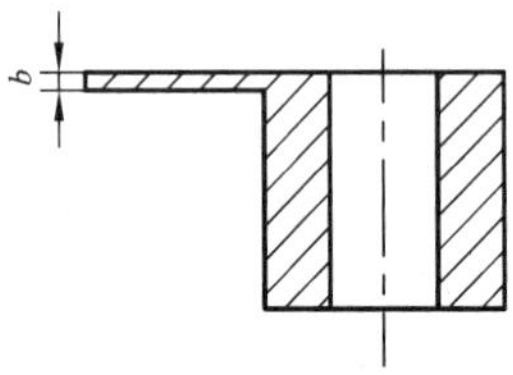 $b < 1.5$ | 避免局部薄壁 | 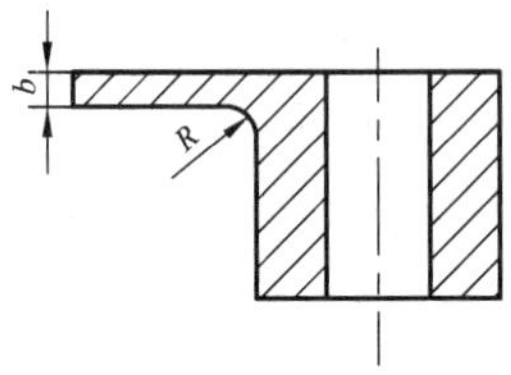 $b > 2$；$R > 0.5$ | 利于装粉均匀，增强压坯烧结收缩的均匀 |
| 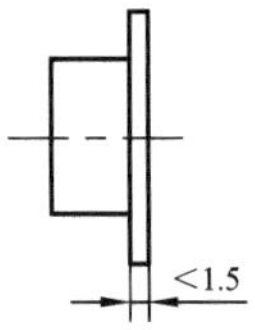 $<1.5$ | | 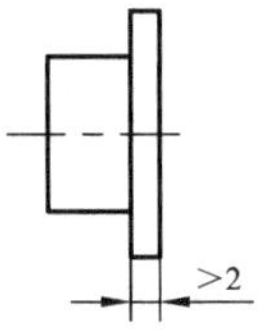 $>2$ | |
| 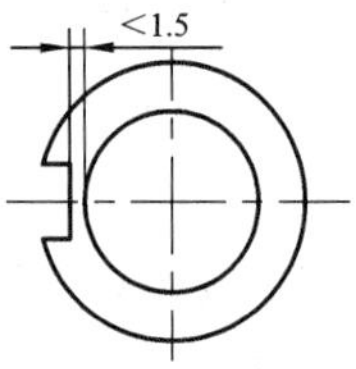 $<1.5$ | 增厚薄板处 | 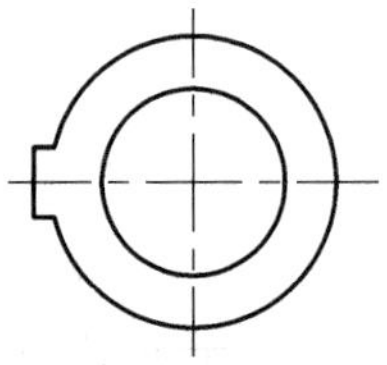 | 利于压坯密度均匀，减小烧结变形 |

### 3. 锥面和斜面需有一小段平直带

为避免损坏模具，并避免在冲模和凹模或芯杆之间陷入粉末，改进后的压坯形状在锥面或斜面上加平台，增加一小段平直带，见表 5-5。

表 5-5　锥面和斜面需有一小段平直带

| 不当设计 | 修改事项 | 推荐形状 | 说　明 |
|---|---|---|---|
| 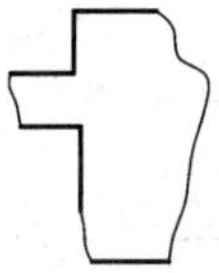 | 在斜面的一端加 0.5 mm 的平直带 | 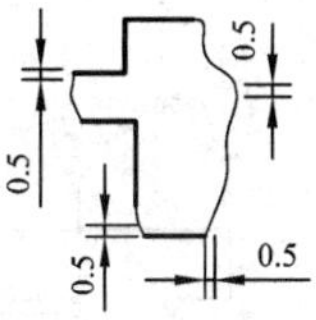 | 压制时避免模具损坏 |

### 4. 需要有脱模锥角或圆角

为方便脱模，应使与压制方向一致的内孔、外凸台等有一定斜度或圆角，见表 5-6。

表 5-6　需要有脱模锥角或圆角

| 不当设计 | 修改事项 | 推荐形状 | 说明 |
|---|---|---|---|
| 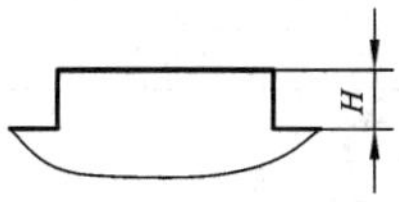 | 圆柱改为圆锥，斜角 > 5°，或改为圆角，$R = H$ | 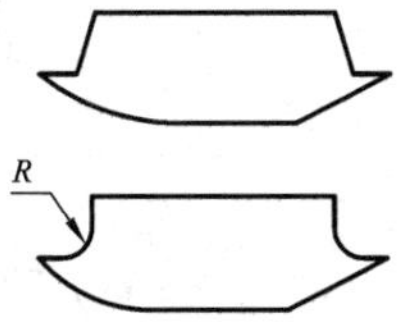 | 简化模冲结构 |

### 5. 适应压制方向的需要

制品中的径向孔、径向槽、螺纹和倒圆锥等，一般很难压制成型，需要在烧结后切削加工，因此，压坯的形状设计应适应压制方向的需要，见表 5-7。

表 5-7　适应压制方向的需要

| 不当设计 | 修改事项 | 推荐形状 | 说　明 |
|---|---|---|---|
| 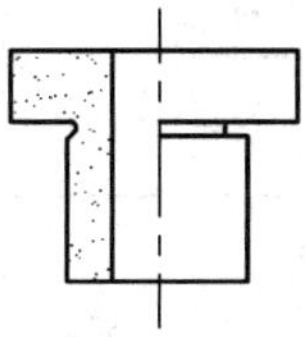 | 避免侧凹 | 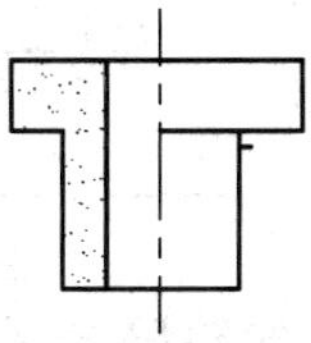 | 利于成型 |

### 6. 压制工艺

压制工艺对结构设计的要求，见表 5-8。

表 5 - 8　压制工艺对结构设计的要求

| 需加工部位 | 不当设计 | 修改后形状 |
|---|---|---|
| 垂直于压制方向的孔 | | |
| 退刀槽 | | |
| 深槽 | | |
| 螺纹 | | |
| 倒锥 | | |

## 5.4.2　粉末冶金成型件的缺陷分析

如果粉末冶金制品结构设计不合理，或成型工艺不当等，成型件将产生各种缺陷，见表 5 - 9。

表 5 - 9　成型件的缺陷分析

| 缺陷形式 | | 简　图 | 产生原因（黑体字为结构原因） | 改进措施 |
|---|---|---|---|---|
| 局部密度超差 | 中间密度过低 | 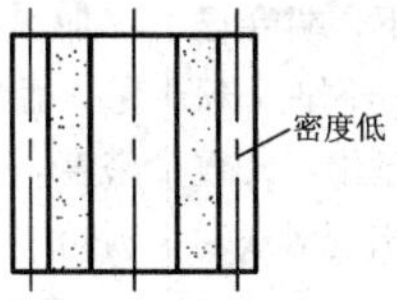 密度低 | **侧面积过大**；模壁粗糙；模壁润滑差；粉料压制性差 | 改用双向摩擦压制，减小模壁粗糙度，在模壁上或粉料中加润滑剂 |
| | 一端密度过低 | 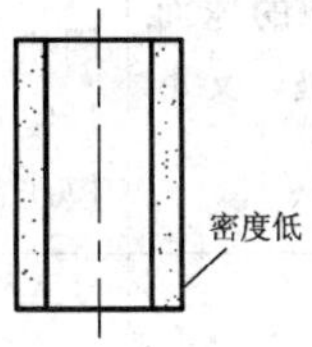 密度低 | **长细比或长厚比过大**；模壁粗糙；模壁润滑差；粉料压制性差 | 改用双向压制，减小模壁粗糙度，在模壁上或粉料中加润滑剂 |
| | 密度高或低 | 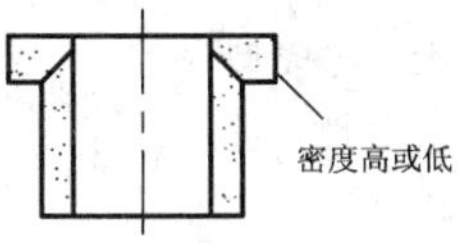 密度高或低 | 补偿装粉不恰当 | 调节补偿装粉量 |
| | 薄壁处密度低 | 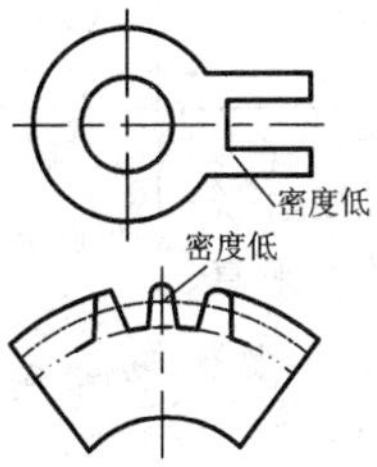 密度低 密度低 | **局部长厚比过大**，单向压制不适用 | 采用双向压制，减小模壁粗糙度，模壁局部加添加剂 |
| 裂纹 | 拐角处裂纹 | 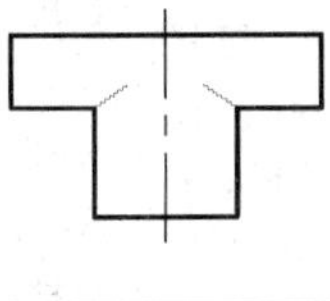 | 补偿装粉不恰当；粉料压制性能差；脱模方式不当 | 调整补偿装粉，改善粉料压制性，采用正确脱模方式。对带外凸缘产品，应带压套，用压套先脱凸缘 |
| | 侧面龟裂 | 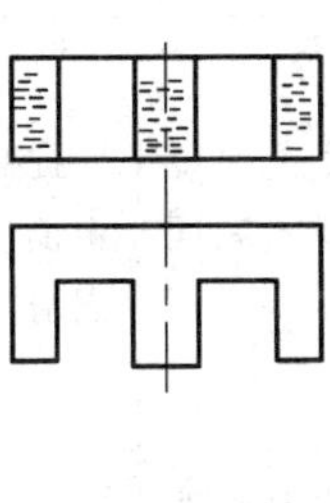 | **阴模内孔沿脱模方向尺寸变小**。如加工中的倒锥，成型部位已严重磨损，出口处有毛刺；粉料中石墨粉偏析分层；压制机上下台面不平，或模具垂直度和平行度超差；粉末压制性差 | 阴模沿脱模方向加工出脱模锥度，粉中加些润滑油以避免石墨偏析，改善压机和模具的平直度，改善粉料压制性能 |
| | 对角裂纹 | 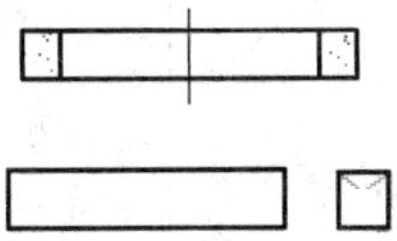 | 模具刚性差，压制压力过大，粉料压制性能差 | 增大阴模壁厚，改用圆形模套；改善粉料压制性，降低压制压力（达相同密度） |

续表

| 缺陷形式 | | 简　图 | 产生原因（黑体字为结构原因） | 改进措施 |
|---|---|---|---|---|
| 皱纹（即轻度重皮） | 内台拐角皱纹 | 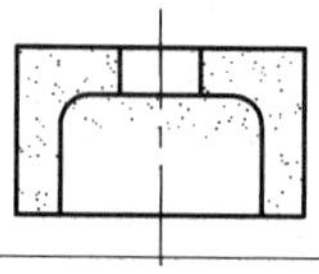 | 大孔芯棒过早压下，端台已先成型，薄壁套继续压制时，粉末流动冲破已成型部位，又重新成型，多次反复则出现皱纹 | 加大大孔芯棒最终压下量，适当降低薄壁部位的密度，适当减小拐角处的圆角 |
| | 外球面皱纹 | 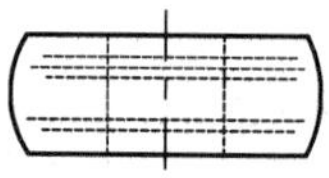 | 压制过程中，已成型的球面不断地被流动粉末冲破，又不断重新成型的结果 | 适当降低压坯密度，采用松装比重较大的粉末，最终滚压消除，改用弹性模压制 |
| | 过压皱纹 | 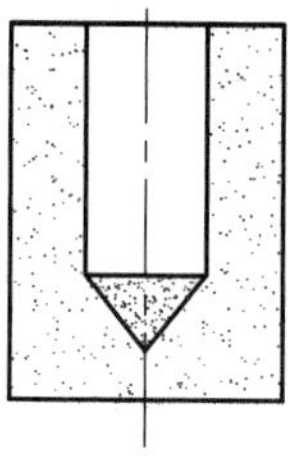 | 局部单位压力过大，已成型处表面被压碎，失去塑性，进一步压制时不能重新成型 | 合理补偿装粉避免局部过压，改善粉末压制性能 |
| 缺角掉边 | 掉棱角 | 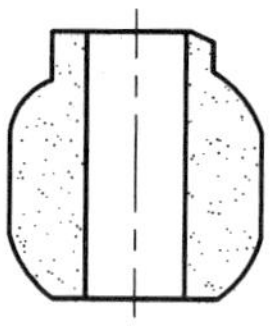 | 密度不均，局部密度过低；脱模不当，如脱模时不平直、模具结构不合理或脱模时有弹跳；存放搬动碰伤 | 改进压制方式，避免局部密度过低；改善脱模条件；操作时细心 |
| | 侧面局部剥落 | 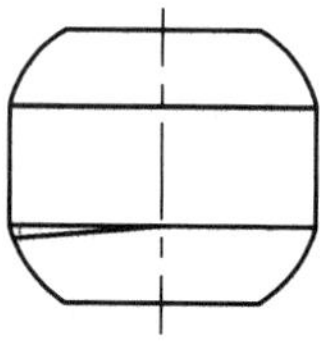 | **镶拼阴模接缝处离缝，镶拼阴模接缝处倒台阶**。压坯脱模时必然局部有剥落（即球径大于柱径，或球与柱不同心） | 拼模时应无缝，拼缝处只许有不影响脱模的台阶（即图中球部直径可小一些，但不得大，且要求球与柱同心） |
| 表面划伤 | | 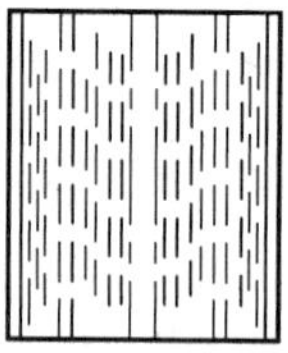 | 模腔表面粗糙度大或硬度低，模壁产生模瘤，模腔表面局部被啃或划伤 | 提高模壁的硬度，减小粗糙度；消除模瘤，加强润滑 |
| 尺寸超差 | | — | 模具磨损过大，工艺参数选择不合理 | 采用硬质合金模；调整工艺参数 |
| 不同心度超差 | | — | **模具安装调中差**，装粉不均，模具间隙过大，模冲导向段短 | 调模对中要好，采用震动或吸入式装粉，合理选择间隙，增长模冲导向部分 |

# 习　题

1. 简述金属粉末的基本性能及制备过程。

2. 粉末冶金包括哪些工艺过程?

3. 说明压坯中密度分布不均匀的状况及其产生的原因是什么? 改善压坯密度分布的措施有哪些?

4. 金属粉末注射成型包括那些工艺过程?

5. 粉末冶金制品的结构工艺性有哪些?

# 第6章 高分子材料及其成型

　　高分子化合物在自然界中是普遍存在的，如天然橡胶、纤维素、蛋白质等。高分子化合物的最主要应用是制成高分子材料。当前，高分子材料、无机材料和金属材料并列为三大材料。高分子材料由于其品种多、功能齐全、能适应多种需要、易于加工、适宜于自动化生产、原料来源丰富、价格便宜等原因，已成为我们日常生活中必不可少的重要材料。据统计，高分子材料占材料需求量的60%。塑料、橡胶和纤维被称为现代三大高分子合成材料，其中塑料占合成材料总产量的70%。

## 6.1　工程塑料简介

　　塑料是以天然或人工合成树脂为基本成分加入各种添加剂而制成的高分子材料。在塑料中凡能用来制作机械零件或工程结构的塑料称为工程塑料。塑料由于具有原料广泛、易于加工成型、价格低廉和优良的物理、化学及力学性能等优点，不仅广泛地应用于人们的生活之中，还应用于电子、仪器仪表、家用电器、工业、农业、医药、化工和国防等领域。

### 6.1.1　高分子化合物

#### 1. 高分子化合物的基本概念

　　高分子化合物（简称高分子，又称高聚物或聚合物）是由一种或多种简单低分子化合物聚合而成的分子量特别大的有机化合物的总称。其分子比低分子化合物的分子要大很多，通常低分子有机化合物的相对分子质量在1000以下，而高分子化合物的相对分子质量在10 000以上，有的高达上千万。例如，聚氯乙烯的平均相对分子质量为$5 \times 10^4 \sim 1.5 \times 10^5$，天然橡胶的相对分子质量为$4 \times 10^5 \sim 1 \times 10^7$。

　　高分子化合物分为天然化合物和人工合成化合物（合成材料）两种。天然化合物包括天然橡胶、松香、纤维素、蛋白质等；人工合成化合物包括塑料、合成橡胶、合成纤维等。

　　虽然高分子化合物的相对分子质量很大，但其化学组成一般却比较简单，它们的分子往往都是由特定的结构单元通过共价键多次重复结合形成高分子链。例如聚氯乙烯的分子是由许多聚乙烯结合而成的，即

$$n CH_2 \!=\! CH \xrightarrow{\text{加聚反应}} \!\!\!\left[\!\! CH_2 \!-\! CH \right]_n$$
$$\qquad\quad | \qquad\qquad\qquad\qquad\quad |$$
$$\qquad\quad Cl \qquad\qquad\qquad\qquad\quad Cl$$
$$\text{（氯乙烯）} \qquad\qquad\qquad \text{（聚氯乙烯）}$$

　　像聚乙烯这样能聚合成高分子化合物的低分子化合物，称为单体，组成高分子链的重

复结构单元(如 $-CH_2=CH-$ )称为链节，$n$ 为高分子链所含链节的数目，称为聚合度。

$\quad\quad\quad\quad\quad\quad\quad$ Cl

因此，高分子化合物的相对分子质量＝聚合度×链节数量。

表 6-1 列举了几种常见高分子化合物的单体和链节。

表 6-1　几种常见高分子化合物的单体和链节

| 高分子化合物名称 | 单　体 | 链　节 |
|---|---|---|
| 聚乙烯 | $CH_2=CH_2$ | $-CH_2-CH_2-$ |
| 聚丙烯 | $CH_2=CH-CH_3$ | $-CH_2-CH-$<br>　　　　　$CH_3$ |
| 聚氯乙烯 | $CH_2=CHCl$ | $-CH_2-CH-$<br>　　　　　Cl |
| 聚四氟乙烯 | $CF_2=CF_2$ | $-CF_2-CF_2-$ |
| 聚苯乙烯 | $CH_2=CH(C_6H_5)$ | $-CH_2-CH-$ |

### 2. 高分子化合物的结构

高分子化合物能够作为材料使用并表现出各种优异的性能，是因为它具有不同于低分子化合物的结构。因此，了解高聚物的结构特征以及认识结构与性能间的内在联系，都具有重要的指导意义。

高分子化合物的结构可分为两种基本类型，即均聚物和共聚物。均聚物只含有一种单体链节，若干个链节用共价键按一定方式重复连接起来形成均聚物；共聚物是由两种以上不同的单体链节聚合而成的高聚物。

均聚物的结构有四种形式：线型(伸直)、线型(蜷曲)、支链型和网型，如图 6-1 所示。

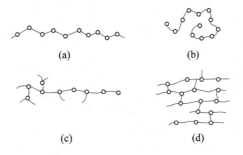

图 6-1　均聚物结构示意图
(a) 线型(伸直)；(b) 线型(蜷曲)；(c) 支链型；(d) 网型

线型均聚物的特点是可溶、可熔，即它可以溶解于一些有机溶剂，加热可以熔化。基于这一特点，线型均聚物易于加工，可反复使用，如聚氯乙烯、聚苯乙烯等。

支链型均聚物的性能与线型基本相同。

网型均聚物是在两根长链之间由若干个支链把它们交联起来，构成一个网似的形状。如果这种网状的支链向空间发展的话，便得到体型高聚物结构。这种高聚物的特点是在任何情况下都不熔化，也不溶解。成型加工只能在形成网状结构之前进行，一经形成网状结构，就不能再改变其形状。这种高聚物具有形状稳定、耐热和耐溶剂作用的优点，如热固性塑料酚醛、脲醛等。

共聚物的高分子排列形式可分为无规则型、交替型、嵌段型和接枝型，如图6-2所示（图中将两种不同结构的单体分别以有斜线和空白的圆圈表示）。共聚物能把两种或多种不同特性的单体综合到一种聚合物中来，使共聚物在实际应用上具有十分重要的意义。人们常把共聚物称为非金属的合金，例如汽车用的有机玻璃——聚甲苯丙烯酸甲酯，使用温度为100℃左右，同10%～15%的甲基丙酸共聚后，使用温度可提高到160℃。又如ABS塑料是丙烯腈、丁二烯和苯乙烯三元共聚物，它具有强度高、耐热、耐冲击、耐油、耐腐蚀及易加工的综合性能。

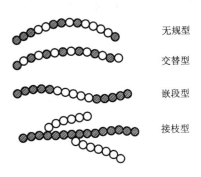

图6-2　共聚物结构示意图

### 3. 高分子化合物的聚集态

高分子化合物的性能不仅与高分子的相对分子质量和分子结构有关，也和分子链在空间的堆砌状态即聚集态有关。高分子化合物的聚集态结构是指高分子材料本身内部高分子链之间的几何排列和堆砌结构，也称为超分子结构。按照大分子排列是否有序，高分子化合物的聚集态分为结晶态和非结晶态两类。结晶态聚合物分子排列规则有序，非结晶态聚合物分子排列杂乱不规则。

### 4. 高分子化合物的力学性能

1）线型非结晶态高分子化合物的力学性能

线型非结晶态高分子化合物没有一定的熔点，随温度的变化，会呈现出三种物理形态：玻璃态、高弹态和黏流态，其中，$T_x$ 为脆化温度，$T_d$ 为分解温度，如图6-3所示。

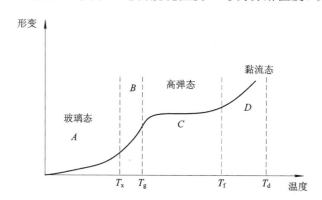

图6-3　线性非结晶态高分子化合物的温度-形变关系曲线

（1）玻璃态。当温度较低时，由于分子热运动的能量很低，尚不足以使分子链节或整个分子链产生运动，此时高聚物呈现如玻璃体状的固态，称为玻璃态。常温下的塑料一般处于玻璃态。在这一区段，由于温度低，受到外力时只能使高分子的链段和链节作轻微的伸缩与振动，导致了较小变形的产生。这种变形是可逆的，当外力去除后，变形即可消失而恢复原状。这种可逆变形称为普弹性变形。一般将常温下处于玻璃态的高分子材料称为塑料。

（2）高弹态。当温度升高到一定程度时，链节可以较自由地旋转，但高聚物的整个分子链还是不能移动。此时在不大的外力作用下，可产生相当大的可逆性形变，当外力除去后，通过链节的旋转又恢复原状。这种受力能产生很大的形变，除去外力后能恢复原状的性能称为高弹性。这种高聚物的形态称为高弹态。常温下的橡胶就处于高弹态。与玻璃态相比，在相同外力作用下，高弹态的形变比较大，且高弹性变形的产生和恢复要比普弹性变形慢得多，这时物体的性质类似橡胶，柔软且有弹性。

（3）黏流态。当温度继续升高时，高聚物得到的能量足够使整个分子链都可以自由运动，从而成为能流动的黏液，其黏度比液态低分子化合物的黏度要大得多，因而称为黏流态。此时外力作用下的形变在除去外力后不能再恢复原状。塑料等制品的加工成型，即利用了此阶段软化而具有可塑性的特性。室温或略高于室温时处于黏流态的高聚物通常用作胶黏剂或涂料。

由高弹态向玻璃态转变的温度 $T_g$ 称为玻璃化温度，它是高分子材料的最高使用温度，它的高低不仅可确定该高聚物是适合做橡胶还是适合做塑料，而且能显示材料的耐热、耐寒性能。

由高弹态向黏流态转变的温度 $T_f$ 称为黏流化温度，它决定了高分子材料加工成型的难易程度，通常成型温度选择在黏流化温度以上。表 6-2 列举了几种非晶态高分子化合物的 $T_g$ 和 $T_f$ 值。

**表 6-2　几种非晶态高分子化合物的 $T_g$ 和 $T_f$ 值**

| 高分子化合物 | $T_g/℃$ | $T_f/℃$ |
|---|---|---|
| 聚氯乙烯 | 81 | 175 |
| 聚苯乙烯 | 100 | 135 |
| 聚甲基丙烯酸甲酯 | 105 | 150 |
| 聚丁二烯 | −108 | — |
| 天然橡胶 | −73 | 122 |
| 聚二甲基硅氧烷（硅橡胶） | −125 | 250 |

2）线型结晶态高分子化合物的力学性能

如图 6-4 是线型结晶态高分子化合物的温度-形变关系曲线。图 6-4 中曲线 1 代表一般分子量的结晶态高分子材料，曲线 2 代表分子量很大的结晶态高分子材料。可见，一般高分子化合物只有两种态，在 $T_m$ 以下处于晶态，这与非结晶态高分子化合物的玻璃态相似，可以作为纤维使用；当温度高于 $T_m$ 时，高分子化合物处于黏流态，可以进行成型加工。而分子量很大的结晶态高分子化合物则不同，它有三态，在温度 $T_m$ 以下处于晶态，在

$T_m \sim T_f$ 之间处于高弹态,当温度达到 $T_f$ 进入黏流态。$T_m$ 表示结晶态高分子化合物结晶熔化的温度,通常称为熔点。由于高弹态不便于成型加工,而温度高了又容易分解,使成型产品质量降低,因此结晶态高分子化合物的分子量不宜太高。

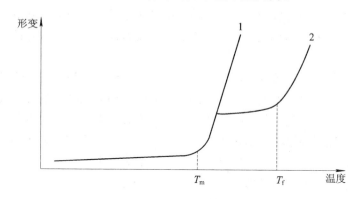

图 6-4　线型结晶态高分子化合物的温度-形变关系曲线

3)体型高分子化合物的力学性能

由于体型高分子化合物的大分子链交联束缚着,大分子链不能产生相互滑动,因此没有黏流态,只有玻璃态和高弹态。体型高分子化合物受热后仍保持坚硬状态,当加热到很高温度时才发生分解而导致高分子化合物的破坏。这种高分子化合物呈现不溶不熔的特性,机械强度较线型高分子化合物高,且耐热性很好。工业上常用作结构材料使用,如酚醛塑料。

**5. 高分子化合物的主要特点**

相对分子质量大是高分子化合物的基本特性之一,也是同低分子化合物的根本区别。正是由于高分子化合物的相对分子质量大,因而高分子化合物表现出某些特殊性能,如较好的强度和弹性、密度小、比重轻、耐腐蚀、绝缘性好、易于加工成型等特性,但也存在不耐高温、易燃烧和易老化等弱点。

1)弹性和塑性

从表 6-2 可以看出,高分子化合物的玻璃化温度 $T_g$ 低于室温而黏流化温度 $T_f$ 高于室温时,它处于高弹态,用作材料时可以有弹性;当 $T_g$ 高于室温时,高分子化合物处于玻璃态,用作材料时可做塑料。

2)机械性能

高分子化合物的机械性能指标主要有机械强度、刚性以及冲击强度等。高分子化合物的平均相对分子质量的增大,有利于增加分子链间的作用力,可使拉伸强度与冲击强度等有所提高。当相对分子质量超过一定值后,不但拉伸强度变化不大,而且会使 $T_f$ 升高而不利于加工,但其冲击强度有时会继续增大。

3)电绝缘性和抗静电性

组成高分子化合物的化学键绝大多数是共价键,高分子一般不存在自由电子和离子,因此高分子材料通常是很好的绝缘体,可用作绝缘材料。

两种电性不同的物体相互接触或摩擦时,会产生静电现象。高分子材料一般是不导电的绝缘体,电荷不易漏导,静电现象极普遍,可被应用于静电印刷、油漆喷涂和静电分离等。当静电妨碍了人们的生产和生活时，常用抗静电剂来消除静电。

## 6.1.2　工程塑料的组成

塑料是以合成树脂为主要成分的有机高分子材料。一般塑料可分为简单组分和多组分两类。简单组分的塑料由一种树脂组成，如聚四氟乙烯等；也可加入少量着色剂、润滑剂等，如聚苯乙烯、有机玻璃等。多组分的塑料由多种组分组成，除树脂外，还要加入其他添加剂，如酚醛塑料、环氧塑料等。

### 1. 工程塑料的定义

（1）广义：凡可作为工程材料即结构材料的塑料，称为工程塑料。

（2）狭义：具有某些金属性能，能承受一定的外力作用，并有良好的机械性能、电性能和尺寸稳定性，在高、低温下仍能保持其优良性能的塑料，称为工程塑料。

### 2. 工程塑料的组成及主要作用

1）合成树脂

合成树脂即人工合成线型高聚物，是塑料的主要成分（约 40%～100%），主要起黏结作用，能将其他组分胶结在一起组成一个整体，使塑料具有成型性能。合成树脂对塑料的类型、性能和应用起决定作用。

2）添加剂

添加剂是为了改善塑料的使用性能或成型工艺性能而加入的其他辅助成分，各种添加剂使塑料的应用更广泛。

（1）填充剂（填料）。填充剂主要起增强作用，可以提高塑料的力学性能、热学性能、电学性能，降低成本。如加入铝粉可提高对光的反射能力和防老化，加入二硫化钼可提高自润滑性，加入云母粉可提高电绝缘性，加入石棉粉可提高耐热性能等。加入塑料内的填充剂应易被树脂润湿，与树脂形成良好的黏附，性能稳定，来源广泛，价格低廉。常用填充剂有无机填料（如滑石粉、石墨粉、云母、玻璃纤维、玻璃布等）和有机填料（如木粉、木片、棉布、棉花、纸等）。

（2）增塑剂。增塑剂用于提高塑料的可塑性和柔软性，主要是液态或低熔点的固体有机化合物，如甲酸酯类、磷酸酯类、氧化石蜡等。

（3）固化剂。固化剂的作用是与树脂发生化学反应，在聚合物中生成横跨链，形成不溶的三维交叉联网结构，使树脂在成型时，由线型结构转变为体型结构，形成坚硬的塑料。固化剂及其用量的选用要根据塑料的品种和加工条件来选择，如环氧树脂常用乙二胺，酚醛树脂常用六次甲基四胺等胺类化合物。

（4）稳定剂。稳定剂是为了防止塑料制品老化，提高树脂在受热、光、氧化等作用时的稳定性，延长其寿命而加入的少量物质。稳定剂应具有耐油、耐水、耐化学药品、能与树脂相溶、成型时不分离等特性。包装食品的塑料制品还应注意选择无毒无味的稳定剂。

（5）着色剂。着色剂使塑料制品具有各种美丽的色泽以满足使用要求。一般要求着色剂应具有色泽鲜明、着色力强、不易变色、性能稳定、耐温及耐光性强的性能。着色剂包括有机染料和无机颜料。

（6）润滑剂。润滑剂是使塑料在加工成型时易于脱模和表面光亮美观而加入的少量物质。常用的润滑剂有硬脂酸及其盐类、硬脂酸钙等。

（7）抗静电剂。塑料在加工和使用过程中由于摩擦而容易带静电，尤其在高速加工时，这种静电严重时会妨碍正常的生产和安全，有时会因静电集尘而导致塑料中混入尘埃而降低塑料制品的性能和价值。因此，加入抗静电剂可以提高塑料表面的电导率，使塑料能迅速放电，防止静电积聚。

（8）其他添加剂。为了保证塑料的使用性能和良好的加工性能，往往加入一些其他成分，如防老化剂、发泡剂、阻燃剂等。

## 6.1.3　塑料的分类和性能

### 1. 塑料的分类

塑料的种类很多，分类方法也很多，主要的分类方法如下：

（1）按塑料的应用范围来分，可以分为通用塑料、工程塑料和功能塑料。

① 通用塑料。通用塑料主要指产量大、用途广、价格低的聚乙烯、聚氯乙烯、聚苯乙烯、酚醛塑料等几大品种，它们约占塑料总产量的75％以上，主要用于制作一般普通的机械零件和日常用品。

② 工程塑料。工程塑料指在工程技术中用作机械构件或结构材料的塑料。这种塑料具有较高的机械强度，或具有耐高温、耐腐蚀、耐辐射等特殊性能。常用的工程塑料有聚酰胺、聚甲醛、聚碳酸酯、聚四氟乙烯、ABS塑料等。

工程塑料又可分为通用工程塑料和特种工程塑料。

• 通用工程塑料包括聚酰胺、聚碳酸酯、聚甲醛、丙烯腈-丁二烯-苯乙烯共聚物、聚苯醚（PPO）、聚对苯二甲酸丁二醇酯（PBTP）及其改性产品。

• 特种工程塑料（高性能工程塑料）为耐高温的结构材料，包括聚砜（PSF）、聚酰亚胺（PI）、聚苯硫醚（PPS）、聚醚砜（PES）、聚芳酯（PAR）、聚酰胺酰亚胺（PAI）、聚苯酯、聚四氟乙烯（PTFE）、聚醚酮类、离子交换树脂、耐热环氧树脂。

③ 功能塑料。功能塑料指具有耐辐射、超导电、导磁和感光等特殊功能，能满足特殊使用要求的塑料，如医用塑料、导电塑料、氟塑料、有机硅塑料等。

（2）按塑料的受热行为来分，可以分为热塑性塑料和热固性塑料。

① 热塑性塑料。这类塑料的合成树脂为线型结构分子链，是聚合反应的结果。塑料加热会软化并熔融，成为可流动的黏稠液体，冷却后会凝固、变硬并保持既得形状，此过程可以反复进行。因此这种树脂可多次熔融，化学结构保持不变，性能也基本保持不变，是一种可再生、再加工的材料。这类塑料有聚乙烯、聚酰胺（尼龙）、聚甲基丙烯酸甲酯（有机玻璃）、聚四氟乙烯（塑料王）、聚砜、聚氯醚、聚碳酸酯等。

② 热固性塑料。这类塑料的合成树脂为密网型结构分子链，是缩聚反应的结果。固化前这类塑料在常温或受热后软化，树脂分子呈线型结构，继续加热时树脂变成既不熔化也不溶解的体型结构，形状固定不变。温度过高时，分子链断裂，制品分解破坏。这类塑料具有较高的耐热性与刚性，但脆性大，不能反复成型与再生利用。这类塑料有酚醛塑料、氨基塑料、环氧树脂、有机硅塑料等。

（3）按塑料的化学成分分类，可分为聚氯乙烯类塑料，如聚乙烯、聚苯乙烯、ABS树脂等；乙烯基塑料，如聚氯乙烯树脂、聚乙酸乙烯酯等；氟塑料，如聚四氟乙烯树脂、聚全氟代异丙烯等；有机硅；酚醛树脂；环氧树脂；聚氨酯等。

**2. 工程塑料的性能**

工程塑料的基本性能主要包括物理、化学、力学性能和热电性能等。下面就工程塑料的性能作介绍。

1）密度

工程塑料的密度比钢铁材料要小得多，一般只有钢铁的 1/8～1/4。有的塑料比水还轻，如聚丙烯的密度为 $0.9～0.91\ \mathrm{g/cm^3}$，低密度聚乙烯的密度为 $0.91～0.93\ \mathrm{g/cm^3}$，高密度聚乙烯的密度为 $0.94\ \mathrm{g/cm^3}$。塑料的密度都在 $0.83～2.3\ \mathrm{g/cm^3}$ 范围内。塑料轻的特性，对于要求自身重量轻的设备、装备具有重大的意义。

2）耐腐蚀性能

塑料对酸碱等化学药品均具有良好的抗腐蚀性能。因此，塑料广泛地应用于化工行业、制药行业、家电行业、机械工业等领域。如聚四氟乙烯塑料能承受各种酸碱的侵蚀，甚至在"王水"中煮沸，也不会受到侵蚀。

3）比强度

单位质量计算的强度称为比强度。塑料的密度比金属小得多，而比强度要比金属高。如铝的比强度为 232，铜的比强度为 502，铸铁为 134；而聚苯乙烯的比强度为 394，尼龙 66 的比强度为 640。

4）弯曲强度

弯曲强度是指材料抗弯曲断裂的能力。如 ABS 塑料弯曲强度为 52 MPa，玻璃纤维布层压塑料可高达 350 MPa。

5）冲击强度

对塑料施加冲击载荷使之破坏的应力，以单位断裂面积所消耗的能量大小来表示，单位为 $\mathrm{J/cm^2}$。如 ABS 塑料在 25℃ 的缺口冲击强度为 8 $\mathrm{J/cm^2}$，而木粉填料的酚醛塑料仅为 $0.4～0.6\ \mathrm{J/cm^2}$。

6）剪切强度

剪切强度是指材料抵抗剪切应力的能力或被剪断时的应力。玻璃纤维布增强塑料层压板的剪切强度可达 80～170 MPa。

7）电绝缘性能

在常温及一定温度范围内塑料具有良好的绝缘性能。不仅在低频低压下，而且在高频高压下，有些塑料仍能作为绝缘材料和电容器介质材料使用，介电损耗小，耐电弧性能优良。

8）击穿强度

任何介质在电场作用下，当电场电压超过某一临界值时，通过介质的电流会急剧增大，即介质由绝缘态转变为导电态而失去绝缘性能，这种现象称为介质的击穿。该临界电压值称为击穿电压。单位厚度介质发生击穿时的电压称为击穿强度。塑料的击穿强度都较高，如热塑性塑料的击穿强度在 15～40 kV/mm。

9）耐热性

塑料的耐热性常用马丁耐热温度表示。马丁耐热温度是指将标准试样（120 mm× 15 mm×10 mm）按水平方向放置，夹持一端，在另一端加静弯曲力矩，在 5 MPa 弯曲应力作用下慢慢升温，当试样末端弯曲到规定的变形量时的温度，以摄氏温度（℃）表示。

热塑性塑料的马丁温度一般在 100℃ 以下，玻璃增强塑料的热塑料的马丁温度可提高到 100℃ 以上，少数可达 150℃ 以上，如聚砜。热固性塑料的马丁温度一般比热塑性塑料高；有机硅塑料的马丁温度高达 300℃。

10）导热性

塑料的导热性很差，导热系数只有 0.23～0.70 W/(m·K)，而钢的导热系数为 52 W/(m·K)，可见差别很大。

11）耐磨性

塑料的摩擦系数小，有的塑料可以在完全无润滑的条件下工作。如聚四氟乙烯、尼龙等自身就有润滑性能。

12）线膨胀系数

塑料的线膨胀系数较大，一般为金属的 3～10 倍。如高密度聚乙烯的线膨胀系数为 $(11～13)×10^{-5}$ K，而低密度聚乙烯为 $(16～18)×10^{-5}$ K。

塑料具有很多优良性能，但塑料也存在缺点和不足。如机械强度、刚度、硬度不如金属材料，导热性能差，高温性能差，还易燃和易熔，在受到紫外线长期照射会发生变色和老化现象，有的塑料不耐某些有机溶剂等。因此，在塑料的选用中，要充分考虑塑料的特性，做到合理选材。

### 6.1.4　常用的工程塑料

工程塑料相对于金属来说，具有密度小、比强度高、耐腐蚀、电绝缘性能好、透光、隔热、消音、吸震等优点，也有强度低、耐热性差、容易蠕变和老化等缺点。不同类型的工程塑料有着各自不同的性能特点。表 6-3 列出了工业上常用的工程塑料的性能、特点和用途。

表 6-3　常用工程塑料的性能、特点和用途

| 塑料特性 | 名称（代号） | 主要性能特点 | 用途举例 |
|---|---|---|---|
| 热塑性塑料 | 聚氯乙烯（PVC） | 硬质聚氯乙烯强度高，电绝缘性好，抗酸碱，化学稳定性好，可在 -15～60℃ 使用，有良好的热成型性能，密度小 | 输油管、容器、离心泵、阀门管件，用途很广 |
| | | 软质聚氯乙烯强度不如硬质，但伸长率较大，有良好的电绝缘性，可在 -15～60℃ 使用 | 电线电缆的绝缘包皮、农用薄膜、工业包装材料；但有毒，不能用于食品包装 |
| | | 泡沫聚氯乙烯质轻、隔热、隔音、防震 | 泡沫聚氯乙烯衬垫、包装材料 |
| | 聚乙烯（PE） | 低压聚乙烯质地坚硬，有良好的耐磨性、耐腐蚀性和电绝缘性能，而耐热性差，在沸水中会变软；高压聚乙烯是聚乙烯中最轻的一种，其化学稳定性高，有良好的高频绝缘性、柔软性、耐冲击性和透明性；超高分子聚乙烯冲击强度高、耐疲劳、耐磨，需冷压浇铸成型 | 低压聚乙烯用于制造塑料板、塑料绳、承受小载荷的齿轮、轴承等；高压聚乙烯最适宜吹塑成薄膜、软管、塑料瓶等，用于食品和药品包装；超高分子聚乙烯用于制造耐磨传动件，还可制作电线及电缆包皮等 |

| 塑料特性 | 名称(代号) | 主要性能特点 | 用途举例 |
|---|---|---|---|
| 热塑性塑料 | 聚丙烯(PP) | 　　密度小,是常用塑料中最轻的一种,强度、硬度、刚性和耐热性均优于低压聚乙烯,可在 100～200℃ 使用;几乎不吸水,并有较好的化学稳定性和优良的高频绝缘性,且不受温度影响,但低温脆性大,不耐磨,易老化 | 　　制作一般机械零件,如齿轮、管道、接头等耐蚀件;泵叶轮、化工管道、容器、绝缘件;制作电视机、收音机、电扇壳体、电机罩等 |
| | 聚酰胺(通称尼龙,PA) | 　　常用品种有尼龙 6、尼龙 66、尼龙 610、尼龙 1010 等。无味、无毒,具有较高强度和韧性,摩擦系数低,耐磨性好,有良好的消声性,能耐水、油、一般溶剂,耐蚀性好,成型性好。但易吸水,尺寸稳定性差及耐热性差,导热性也较差(约为金属的 1/100) | 　　可代替铜及有色金属制作耐磨和减摩零件,如轴承、齿轮、滑轮、密封圈等,也可喷涂于金属表面作防腐耐磨涂层 |
| | 聚甲基丙烯酸甲酯(俗称有机玻璃,PMMA) | 　　透光性好,可透过 99% 以上太阳光;着色性好,有一定强度,耐紫外线及大气老化,耐腐蚀,电绝缘性优良,可在 -60～100℃ 使用。但质较脆,易溶于有机溶剂中,表面硬度不高,易擦伤 | 　　制作航空仪器仪表、汽车和无线电工业中的透明件与装饰件,如飞机座窗、灯罩、电视和雷达的屏幕、油标、油杯、设备标牌、仪表零件 |
| | 苯乙烯、丁二烯-丙烯腈共聚体(ABS) | 　　性能可通过改变三种单体的含量来调整,具有较高的强度、硬度和冲击韧性,耐热、耐腐蚀,尺寸稳定,易于加工成型,是一种原料易得、综合性能好、价格便宜的工程塑料。但长期使用易起层 | 　　广泛用于各种高强度的管道、接头、齿轮、叶轮、轴承、把手、仪表盘、轿车车身等 |
| | 聚甲醛(POM) | 　　具有优良的综合力学性能,强度高、吸水性低、尺寸稳定、耐磨、抗疲劳性能好,有优良的电绝缘性和化学稳定性,可在 -40～100℃ 范围内长期使用。但热稳定性差,加热易分解,收缩率大 | 　　主要制作各种受摩擦零件,如轴承、衬套、齿轮、叶轮、化工容器和管道、阀门等 |
| | 聚四氟乙烯(也称"塑料王",PTFE) | 　　化学稳定性超过玻璃、陶瓷甚至金属铂,具有优良的耐蚀性,几乎能耐所有化学药品的腐蚀;良好的耐老化性,可在 -195～200℃ 范围内长期使用;不吸水,摩擦系数低,有自润滑性。但在高温下不流动,不能热塑成型,只能用类似粉末冶金的冷压、烧结成型工艺,高温时会分解出对人体有害的气体,价格较高 | 　　主要用于制作减摩、密封零件、化工耐蚀零件,如高频电缆、电容线圈架以及化工用的反应器、管道等 |

| 塑料特性 | 名称（代号） | 主要性能特点 | 用途举例 |
|---|---|---|---|
| 热塑性塑料 | 聚砜<br>（PSF） | 双酚 A 型：优良的耐热、耐寒性，抗蠕变及尺寸稳定性，强度高，优良的电绝缘性，化学稳定性高，可在 $-100\sim150℃$ 范围内长期使用；但耐紫外线较差，成型温度高 | 制作高强度件、耐热件、绝缘件、减摩耐磨件、传动件，如精密齿轮、凸轮、真空泵叶片、仪表壳体和罩 |
| | | 非双酚 A 型：在 $-240\sim260℃$ 范围内长期使用，硬度高，能自熄，耐老化，耐辐射，力学性能及电绝缘性好，化学稳定性高；但不耐极性溶剂 | 耐热或绝缘的仪器零件、汽车护板、仪器盘、计算机零件，电镀金属制成的集成电路印刷电路板 |
| | 氯化聚醚（也称聚氯醚） | 具有极高的耐化学腐蚀性，易于加工，可在 120℃ 下长期使用，良好的力学性能和电绝缘性，吸水性很低，尺寸稳定性好；但耐低温性差 | 制作在腐蚀介质中的减摩、耐磨及传动件，精密机械零件，化学设备的衬里和涂层等 |
| | 聚碳酸酯<br>（PC） | 透明性好，在 $-100\sim130℃$ 范围内使用，冲击韧性好，硬度高，尺寸稳定性高，耐热、耐寒、耐疲劳，吸水性好；但耐磨性和抗疲劳性不及尼龙，有应力开裂倾向 | 制作受载不大而冲击韧性要求较高的零件，如齿轮、涡轮和涡杆等。还可以制作防弹玻璃、挡风罩、防护面盔、安全帽等 |
| 热固性塑料 | 聚氨酯塑料<br>（PUR） | 耐磨性优良，韧性好，承载能力强，低温时硬而不脆裂，耐氧化，耐许多化学药品和油，抗辐射，易燃。软质泡沫塑料吸音和减震优良，吸水性大；硬质泡沫高低温隔热性能优良 | 密封件、传动带、隔热、隔音及防震材料、齿轮、电气绝缘件、实心轮胎、电线电缆护套、汽车零件 |
| | 酚醛塑料<br>（俗称电木） | 具有高的强度、硬度和耐热性，工作温度一般在 100℃ 以上，摩擦系数小，电绝缘性好，耐蚀性好（除强碱外），耐霉菌，尺寸稳定性好；但质较脆，色泽较暗，加工性差，只能模压 | 制作一般机械零件、水润滑轴承、电绝缘件、耐化学腐蚀的机构材料，如仪表壳体、电器绝缘板、绝缘齿轮、镇流罩、耐酸泵、刹车片等 |
| | 环氧树脂（EP） | 强度较高，韧性较好，电绝缘性优良，防水、防潮、防霉、耐热、耐寒，可在 $-80\sim200℃$ 长期使用，化学稳定性较好，固化成型后收缩率较小，对许多材料的黏结力较强。成型工艺简便，成本较低 | 塑料模具、精密量具、机械零件和电器结构零件、涂敷和包封以及修复机件等 |
| | 有机硅塑料 | 耐热性高，可在 $-80\sim200℃$ 长期使用，电绝缘性优良，高频绝缘性好，防潮，有一定的耐蚀性，耐辐射、耐火焰、耐臭氧，也耐低温，但价格较高 | 高频绝缘件、湿热带地区电机、电器绝缘件、电气、电子元件及线圈的灌注与固定、耐热件等 |

# 6.2　工程塑料成型工艺

工程塑料成型工艺是将树脂和各种添加剂的混合物作为原料,制成具有一定形状和尺寸的制品的工艺过程。由于工程塑料的品种繁多,性能差异较大,因而塑料的成型方法很多。常用的成型方法主要有注射成型、挤压成型、压制成型、压延成型、吹塑成型、发泡成型、浇注成型和缠绕成型等。绝大多数塑料成型是将塑料通过加热使其处于黏流态或高弹态成型,并随后冷却硬化,获得各种形状的塑料制品。

塑料制品性能的优劣,既与选用的塑料品种、组成、结构和性能有关,也与成型方法和具体工艺条件等因素有关。在选择塑料的成型方法时,首先应考虑塑料的成型工艺性能以及各种塑料对成型方法的适应性(表6-4列出了常用工程塑料对成型方法的适应性);同时也应考虑各种成型方法的特点和工艺条件,以生产出使用性能优良的塑料制品。

表6-4　常用工程塑料对成型方法的适应性

| 成型方法<br>塑料 | 注射 | 挤出 | 吹塑 | 压延 | 层压 | | 发泡 | 压制 | 浇注 | 真空成型 |
| --- | --- | --- | --- | --- | --- | --- | --- | --- | --- | --- |
| | | | | | 高压 | 低压 | | | | |
| 聚氯乙烯 | 中 | 好 | 好 | 好 | 差 | 好 | 好 | 中 | 差 | 好 |
| 聚乙烯 | 好 | 好 | 好 | 差 | 差 | 差 | 好 | 中 | 差 | 中 |
| 聚丙烯 | 好 | 好 | 好 | 差 | 差 | 差 | 中 | 差 | 差 | 中 |
| 聚酰胺 | 好 | 好 | 中 | 差 | 差 | 差 | 差 | 中 | 中 | 好 |
| 聚甲基丙烯酸甲酯<br>(有机玻璃) | 好 | 好 | 中 | 差 | 差 | 差 | 差 | 中 | 中 | 中 |
| ABS 塑料 | 好 | 好 | 中 | 中 | 差 | 差 | 好 | 差 | 差 | 好 |
| 聚甲醛 | 好 | 好 | 中 | 差 | 差 | 差 | 差 | 差 | 差 | 差 |
| 聚四氟乙烯(塑料王) | 差 | 中 | 差 | 差 | 差 | 差 | 好 | 差 | 差 | 差 |
| 聚氨酯 | 好 | 中 | 中 | 差 | 差 | 差 | 好 | 中 | 好 | 好 |
| 酚醛塑料(电木) | 差 | 差 | 差 | 差 | 好 | 差 | 中 | 好 | 中 | 差 |
| 环氧树脂 | 中 | 差 | 差 | 差 | 中 | 好 | 差 | 好 | 好 | 差 |

## 6.2.1　塑料成型的工艺性能

塑料成型过程中塑料所表现出的性能称为塑料成型的工艺性能。塑料成型的工艺性能的好坏直接影响塑料成型加工的难易程度和塑料制品的质量优劣,同时还影响生产效率和能量的消耗大小等。

### 1. 流动性及影响因素

塑料在一定的温度与压力下填充模腔的能力称为流动性，它与铸造合金流动性的概念相似。塑料的流动性是影响塑料填充模具型腔获得完整制品的主要因素。在塑料成型过程中，塑料应具有适当的流动性。如流动性最大的具有线型分子结构且很少或没有交联结构的树脂，由于流动性太好，注射成型时容易形成"溢边"缺陷。这时应在树脂中加入某些填料，以降低树脂的流动性，消除"溢边"现象。有的塑料流动性较差，成型过程比较困难，可以通过加入润滑剂和增塑剂提高和增加塑料的流动性。影响塑料流动性的主要因素包括塑料的性质、聚合物分子量和结构、塑料中的各种添加剂、温度和压力以及剪切速率（剪切应力）和压力等。

1）聚合物分子量和结构的影响

聚合物的分子量作为塑料的固有特性而影响流动性。聚合物的分子量越大，缠结程度越严重，流动时所受的阻力越大，则聚合物的黏度大、流动性越差。不同的成型方法对聚合物的流动性要求不同，因此对聚合物的分子量要求也会不同。注射成型要求塑料的流动性好，可采用分子量低的聚合物；挤压成型用于流动性较差的塑料生产，可采用分子量较高的聚合物；中空吹塑成型可采用中等分子量的聚合物。聚合物的分子结构在成型过程中一般都处于黏流态和高弹态，由于黏流态分子的动能增加，分子的移动更加容易，聚合物的流动性增加，有利于成型过程进行。高弹态聚合物对塑料的吹塑成型具有重要的意义。适用较大变形的成型工艺。

2）各种添加剂的影响

塑料中的各种添加剂对流动性的影响有着不同的作用。有的添加剂的加入会使流动性增加，而有的添加剂会使流动性降低。因此根据不同成型方法对流动性要求的不同，可以通过加入不同的添加剂来调整流动性。

3）温度的影响

升高温度可使塑料的树脂黏度降低，流动性增加。但是在塑料成型中不能仅靠提高温度来提高其流动性，还必须将塑料加热到合适的温度范围来成型，这是因为不同塑料的流动性有不同的温度敏感性。有的塑料对温度不敏感，大幅度提高温度对塑料的流动性提高有限，反而会因温度过高引起树脂的降解和分解，从而引起塑料制品的质量降低；有的塑料（如聚甲基丙烯酸甲酯、聚碳酸酯和聚酰胺66等）对温度非常敏感，在成型过程中可以通过升温来降低黏度，提高其流动性，但是对这种塑料在成型过程中要严格控制成型温度，因为微小的温度波动会引起流动性的较大变化，使生产过程不稳定，塑料制品的质量难以保证。

热塑性塑料的流动性用熔融指数（也称熔融流动率）表示，熔融指数越大，流动性就越好。熔融指数与塑料的黏度有关，黏度愈小，熔融指数愈大，塑料的流动性也愈好。

常用塑料的流动性大致可分为以下三类：

（1）流动性好：尼龙、聚乙烯、聚苯乙烯、聚丙烯、醋酸纤维素等。

（2）流动性中：改性聚苯乙烯、ABS、聚甲基丙烯酸甲酯、聚甲醛、氯化聚醚等。

（3）流动性差：聚碳酸酯、硬聚氯乙烯、聚苯醚、聚砜、聚芳砜、氟塑料等。

4）剪切速率（剪切应力）及压力的影响

剪切速率对聚合物的黏度有较大影响，一般聚合物的黏度随着剪切应力的增加而降低，从而其流动性提高。但不同的聚合物熔体对剪切作用的敏感程度不同。压力对聚合物熔体的黏度也有明显的影响，随着压力的增大，聚合物熔体的黏度升高，有时黏度竟能增加一个数量级，因而在塑料的成型过程中不能单纯靠提高压力来提高塑料的流量。因此，在使用螺杆式注塑机成型塑料时，通过选择一定螺距的螺杆并控制螺杆的转速来达到控制剪切速率和压力的效果，使塑料具有合适的流动性。

**2. 收缩性**

塑料在成型和冷却过程中发生体积缩小的特性（发泡制品除外）称为收缩性。这种收缩性可用收缩率 $k$ 来表示：

$$k = \frac{L_m - L_1}{L_1} \times 100\%$$

式中：$k$ 表示塑料收缩率；$L_m$ 表示模具在室温时的尺寸，单位为 mm；$L_1$ 表示塑件在室温时的尺寸，单位为 mm。

不同塑料的收缩率不同，如 PVC 塑料的收缩率在 $0.1\% \sim 0.5\%$，POM 塑料的收缩率在 $0.9\% \sim 1.2\%$。但塑料的收缩率还与成型方法、制品的几何尺寸和成型的工艺条件有关。由于影响收缩性的因素较多，要精确确定成型时的收缩率较困难。在设计成型模时，通常是先初步估计塑料的收缩率，以此进行模具设计、制造，再试模，对收缩率加以调整，对模具尺寸加以修正，最后得出符合塑料制品尺寸要求的模具型腔尺寸。

**3. 吸湿性**

有的塑料树脂因含有极性基团，极易吸湿或黏附水分，如 ABS、有机玻璃、聚酰胺、尼龙等；有的塑料树脂含非极性基团，几乎不吸水也不黏附水分，如聚乙烯、聚丙烯、聚苯乙烯等。我们把塑料树脂及其添加剂对水分的敏感程度称为吸湿性。吸湿性大的塑料在成型过程中往往会产生如外观水迹、表面粗糙、制品内有水泡、强度下降和黏度下降等缺陷。因此，在塑料成型前，必须对塑料树脂及其添加剂进行干燥处理。

**4. 结晶性**

对于结晶塑料在成型过程中发生结晶现象的性质称为结晶性。成型工艺条件对结晶塑料制品的性能具有很大的影响。如成型时料筒、模具的温度高且熔融物料的冷却速度慢，则结晶条件好，制品的结晶度大，其密度、硬度和刚度高，拉伸、弯曲、耐腐蚀性、耐磨性和导电性能好；反之，结晶度小，其柔软性、透明性、耐折性好，冲击强度提高，伸长率提高。因此，控制塑料的结晶度，可以获得不同性能的塑料。

**5. 热敏性和水敏性**

热敏性是指塑料对热较为敏感，在高温下受热时间较长或进料口截面过小，剪切作用大时，料温增高而易发生变色、解聚、分解的倾向，具有这种特性的塑料称之为热敏性塑料，如聚甲醛、聚氯乙烯塑料。因此，对这类塑料在成型加工时，必须严格控制成型温度和周期，在塑料中加入稳定剂以保证成型加工条件，使制品具有要求的特性。

水敏性是指塑料对水降解的敏感性，也称吸湿性。水敏性高的塑料，在成型过程中高温高压使塑料产生水解或使塑件产生气泡、银丝等缺陷。因此塑料在成型前要干燥除湿，并严格控制水分。

**6. 毒性、刺激性和腐蚀性**

有些塑料在加工时会分解出有毒性、刺激性和腐蚀性的气体。例如，聚甲醛会分解产生刺激性气体甲醛，聚氯乙烯及其衍生物或共聚物会分解出既有刺激性又有腐蚀性的氯化氢气体。成型加工上述塑料时，必须严格掌握工艺规程，防止有害气体危害人体和腐蚀模具及加工设备。

## 6.2.2  注射成型及其工艺条件

### 1. 注射成型的原理和特点

注射成型又称注塑成型，是塑料成型的主要方法之一，主要适用于热塑性塑料和部分流动性好的热固性塑料。注射成型周期短，一次成型仅需 30～260 s，生产率高，模具的利用率高，能成型几何形状复杂、尺寸精度高和带有各种镶嵌件的塑料制品，易于实现自动化操作，制品的一致性好，几乎不需要加工，适应性强；但成型设备昂贵。

注射成型原理如图 6-5 所示。注射成型所采用的设备为注射机，它主要由料斗、料筒、加热器、螺杆（或柱塞）、喷嘴和注塑模具构成。塑料成型时，将颗粒状或粉状塑料原料倒入料斗内，在重力和螺杆旋转（或柱塞）推送下，原料进入料筒内，在料筒内物料被加热至黏流态，然后使熔融物料以高压高速经喷嘴注射到塑料成型模具内，经一定的时间，完全冷却、定型、固化成型，开启模具，制品脱模。

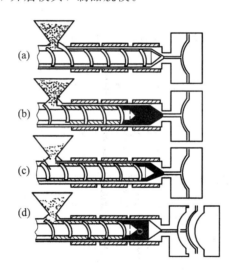

图 6-5  注射成型原理

(a) 加料；(b) 熔融塑化；(c) 施压注射；(d) 制品脱模

注射成型过程可分为加料、熔融塑化、施压注射、冲模冷却、制品脱模等五个步骤。

注射设备有螺杆式和柱塞式两种形式。它们的共同特点为：① 加热塑料至黏流状态；② 对黏流态的塑料熔体施加压力，使其射出并充满模具型腔。螺杆式注塑机具有加热均匀、原料混合和塑化均匀、温度和压力易控制、注射量大等优点。因此，螺杆式注塑机是注射成型的首选设备。而柱塞式注塑机结构简单，注射量小，适用于小型塑料制品的生产。

注射成型过程所需的成型工具就叫注射模，注塑模的设计与制造是保证塑料制品形状、尺寸及塑料制品质量的关键。由于塑料制品的形状和尺寸、适用场合千差万别，使注塑模的大小、结构和复杂程度差别很大。但典型的注塑模由浇注系统、成型零件、导向零件、脱模顶出机构、抽芯机构、加热冷却系统、排气系统和其他结构零件等几部分组成。图 6 - 6 为注塑模的结构简图，其浇注系统由主流道、分流道、浇口等组成；导向零件由导合钉和承压柱组成；脱模顶出机构由脱模板、脱模杆和回顶杆等组成；冷却系统由冷却剂通道组成。

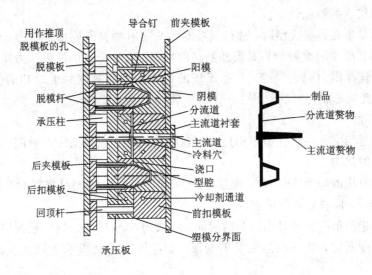

图 6 - 6　注塑模的结构简图

### 2. 注射成型的工艺条件

注射成型过程中，主要控制的工艺参数有温度、压力和时间等。正确地控制工艺参数是成型过程顺利进行的条件。对于易吸湿的塑料，在注射成型前必须进行干燥处理，以防止塑料制品产生气泡、雾浊、透明度差等缺陷。

1）温度的控制

在注射成型过程中，温度的控制是非常重要的，主要是控制料筒、喷嘴和模具三个部分的温度。

（1）料筒温度。应使物料从室温加热到黏流态，使物料充分塑化，获得一定的流动性，且物料不分解。一般料筒温度是分布不均匀的，遵循"前高后低"的原则。料筒的最高温度必须严格控制在塑料所要求的范围内。

（2）喷嘴温度。喷嘴温度一般比料筒温度稍低，但不能过低。这样既可减少熔融物料在喷嘴处流散，又可防止冷凝料进入模腔或堵塞喷嘴。

（3）模具温度。对于结晶性塑料，必须严格控制模具温度。为了使结晶塑料在成型过程中得到充分的结晶，提高其结晶度，较高的模具温度使物料成型后冷却速度变慢，有利于充分结晶，可获得结晶度高、表面光泽好、力学性能优良的制品。同时，为了使塑料熔体易定型和制品脱模，模具温度应保持恒温。因为结晶性塑料在熔点前后比容变化很大，收缩率比非结晶塑料大，所以成型制品易变形，壁厚制品易产生凹陷。因此，模具温度和模具设计都必须考虑使制品各个部位均匀的结晶化。对于非结晶性塑料模具，温度控制不严格，只要使制品各部位均匀地冷却固化即可。

2）压力的控制

注射成型的压力分为塑化压力和注射压力，它们是对物料的塑化和充模成型质量影响非常大的因素之一。

塑化压力是指注射机工作时物料塑化过程中所需要的压力。单螺杆往复式注射机主要通过控制螺杆的转速，通过螺杆对物料的旋转作用获得塑化压力。选择合适的螺杆转速，能使物料达到较高的塑化效率。

注射压力是指在注射成型时，螺杆或柱塞的头部对物料所施加的压力。注射压力的大小和保压时间直接影响熔融物料充模和制品的性能。选择合适的注射压力及保压时间，使熔融物料克服流动阻力充满模腔，并在保压的过程中使模腔内物料冷却的收缩量得到补充，最后获得几何形状完整的制品。

3）成型周期

成型周期是指完成一次注射成型过程所需要的时间。它包括注射时间、保压时间、冷却时间和起模时间等。

一般注射充模时间为 3～10 s，保压时间为 20～120 s，当制品很厚时，这个时间延长到数分钟或更长，视制品的厚度而定。

冷却时间指注射完成到开启模具的时间，一般约 30～120 s。这应根据制品厚度、冷却速度和模具温度而定，并以制品脱模不变形、制品性能不受影响等要求下的操作经验来确定。

制品成型过程中，在保证质量的前提下，应尽量缩短成型周期，以降低生产成本，提高设备的利用率和生产率。

常用塑料的注射成型工艺条件列于表 6-5 中。

表 6-5　常用塑料的注射成型工艺条件

| 塑料品种 | 注射温度/℃ | 注射压力/MPa | 成型收缩率/(%) |
|---|---|---|---|
| 聚乙烯 | 180～280 | 49～98.1 | 1.5～3.5 |
| 硬聚氯乙烯 | 150～200 | 78.5～196.1 | 0.1～0.5 |
| 聚丙烯 | 200～260 | 68.7～117.7 | 1.0～2.0 |
| 聚苯乙烯 | 160～215 | 49.0～98.1 | 0.4～0.7 |
| 聚甲醛 | 180～250 | 58.8～137.3 | 1.5～3.5 |
| 聚酰胺(尼龙66) | 240～350 | 68.7～117.7 | 1.5～2.2 |
| 聚碳酸酯 | 250～300 | 78.5～137.3 | 0.5～0.8 |
| ABS塑料 | 236～260 | 54.9～172.6 | 0.3～0.8 |
| 聚苯醚 | 320 | 78.5～137.3 | 0.7～1.0 |
| 氯化聚醚 | 180～240 | 58.8～98.1 | 0.4～0.6 |
| 聚砜 | 345～400 | 78.5～137.3 | 0.7～0.8 |
| 氟塑料 F-3 | 260～310 | 137.3～392 | 1～2.5 |

### 6.2.3　挤出成型及其工艺条件

#### 1. 挤出成型的原理及特点

挤出成型是塑料制品加工中最常用的成型方法之一,它具有生产效率高、可加工的产品范围广等特点。它可将大多数热塑性塑料加工成各种断面形状的连续状制品,如塑料管、棒、板材、薄膜、单丝、异型材以及金属涂层、电缆包层、中空制品、半成品加工(如造粒工艺)得到的颗粒等。用于挤出成型的设备叫作挤出机,如图 6-7 所示。

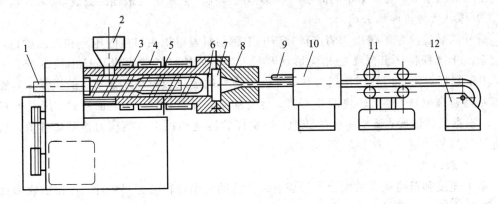

1—冷却水入口；2—料斗；3—料筒；4—加热器；5—挤出螺杆；6—分流滤网；7—过滤板；8—机头；
9—喷冷却水装置；10—冷却定型装置；11—牵引装置；12—卷料或裁切装置

图 6-7　挤出机的结构

挤出成型的工艺原理是,物料由加料斗进入挤出机的料筒被熔融,挤出螺杆在一定压力作用下将熔融物料挤入机头口模,利用机头口模使塑料成型为一定形状,再经冷却、固化而制成同一截面的连续型材。改变机头口模的截面形状,可获得不同截面的型材。

挤出成型过程大致可分为三个阶段:

第一阶段是原料的塑化,即通过挤出机的加热和混炼,使固态原料变成均匀的黏性流体。

第二阶段是成型,即在挤出机挤压部件(机筒和螺杆)的作用下,使熔融的物料以一定的压力和速度连续地通过成型机头,从而获得一定的断面形状。

第三阶段是定型,通过冷却等方法使熔体已获得的形状固定下来,并变成固体状态。

挤出成型的主要优点:能连续生产等截面的长件制品;容易与同类材料或异型材料复合成型(如塑料电线);可进行自动化大批量生产;工艺过程容易控制;产品质量稳定,致密;无浇口、浇道和毛边等废料;设备简单,投资小,占地面积小;口模简单等。

挤出成型的主要缺点:难以成型生产结构复杂的截面形状。

挤出成型的设备为挤出机及其辅助设备有螺杆式和柱塞式两种。螺杆式挤出机的挤压过程是连续进行的,而柱塞式挤出机的挤出过程是间歇进行的。一般情况下,螺杆式挤出机的挤出压力小于柱塞式挤出机,当塑料的黏度大、流动性差时,成型需要较大的压力,可选用柱塞式挤出机。大多数塑料型材的大批量生产过程多使用螺杆式挤出机。辅助设备主要由定型装置、冷却装置、牵引装置(机)、自动定位刀具和卷取机等组成。由于各种塑料的成型性能差别大,应合理选择挤出机和辅助设备。

**2. 挤出成型的工艺条件**

1)温度控制

温度控制是影响塑料塑化和产品特性的关键。挤出机从加料口到机头口模的温度是逐步升高的,从而保证塑料在料筒内充分混合和熔融。生产中机头口模的温度应控制在物料的流动温度和分解温度之间。在保证物料不分解的前提下,提高温度有利于生产率的提高。在成型过程中,应根据不同的物料和具体的操作工艺来确定最佳的温度。

2)螺杆的转速和机头压力

螺杆的转速决定了挤出机的产量并影响熔融物料通过机头口模的压力和产品质量,该速度取决于螺杆和挤出制品的几何形状及尺寸。增加螺杆转速可提高挤出机的产量;同时,由于螺杆对物料的剪切作用增强,可提高物料的塑化效果,改善制品的质量。但螺杆转速不是越高越好,如果转速调节不当,会使制品表面粗糙,产生表面缺陷,影响外观质量。应根据具体情况,调整螺杆的转速,使螺杆的转速和机头口模压力达到最佳值,从而既保证制品的质量,又获得较高的产量。

3)牵引速度

牵引速度和挤出速度的配合是保证连续进行的挤出过程的必要条件。在挤出成型过程中,物料从机头口模挤出时会发生出模膨胀现象,如图 6-8 所示。在图中,$d_0$ 为口模直径;$d_f$ 为挤出件直径。因此,物料出模后常会被牵引到等于或小于口模的尺寸,这样,型材的尺寸应按比例缩小到与牵引断面相同的程度。因为物料牵引程度有所差别,所以牵引工艺就成为型材误差产生的根源,为此需要通过改进口模和增加定型装置来予以纠正。牵引速度一般是通过牵引速度与挤出速度、口模和定型装置的配合试验来确定的。合适的牵引速度会使制品尺寸稳定、表面光洁、制品质量高。

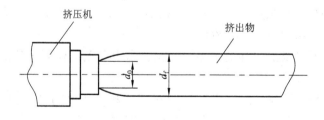

图 6-8　物料出模膨胀示意图

## 6.2.4　压制成型及其工艺条件

**1. 压制成型的原理及特点**

压制成型又称压塑成型、模压成型,是塑料成型加工中较传统的工艺方法,主要用于热固性塑料的加工。压制成型主要分为模压法和层压法两种,如图 6-9 所示。

模压法是将树脂和其他添加剂混合料放置于金属模具中加热加压,塑料在热和压力的作用下熔融、流动并充满模腔,树脂与固化剂发生交联反应,经一定时间固化成为一定形状的制品。

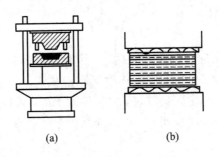

图 6-9　压制成型原理示意图

(a) 模压法；(b) 层压法

　　层压法是将纸张、棉布、玻璃布等片状材料在塑料树脂中浸泡，涂挂树脂后一张一张叠放成需要的厚度，放在层压机上加热加压，经一定时间后，树脂固化，相互黏结成型的工艺。该方法主要适用于增强塑料板材、棒、管材等。

　　压制成型的主要特点：设备和模具结构简单，投资少，可生产大型制品，尤其是生产具有较大平面的平板类制品；工艺条件容易控制；制品收缩量小，变形小，性能均匀；但成型周期长，生产效率低，较难实现自动化生产。

　　压塑成型模具如图 6-10 所示，与注射模不同的是，压塑模没有浇注系统，只有一段加料室，这是型腔的延伸和扩展。注射成型时模具处于闭合状态；而压塑模成型是靠凸模对凹模中的原料施加压力，使塑料在型腔内成型。因此，压塑模的成型零件的强度要比注射模的高。

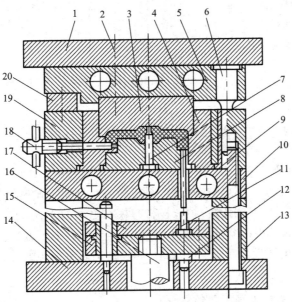

1—上模座板；2—螺钉；3—上凸模；4—加料室(凹模)；5、10—加热板；

6—导柱；7—型芯；8—下凸模；9—导套；11—推杆；12—支承钉；13—垫块；

14—下模座板；15—推板；16—尾杆；17—推杆固定板；18—侧型芯；19—型腔固定板；20—承压块

图 6-10　压塑模结构

**2. 压制成型的工艺条件**

1) 压制温度控制

压制温度是指压制成型过程中模具的温度。压制温度越高，物料在模具中的流动性越好，易于物料充满模型。同时有利于树脂化学交联固化成型，缩短压制成型时间。但温度不能过高，过高的温度会使树脂固化过快，力学性能下降，可能引起烧焦、起泡、裂缝等缺陷；过低的温度则使物料的流动性变差，难以充满模腔，也难以使树脂固化。

2) 压制压力

由压力机对塑料所施加的迫使物料充满型腔并固化的压力称为压制压力。压力使物料加速在模腔中的流动充型，同时排出物料化学反应中生成的水分及挥发物等，提高塑料的密实度，使制品不发生气泡、膨胀和裂纹等缺陷。加压过程使制品的形状固定，可防止冷却时制品的变形。压力的大小、加压速度与塑料的种类及其流动性、成型温度、制品的形状、厚薄等有关，一般通过试验确定其数值范围。

3) 压制时间

压制时间是指模具闭合、加热加压到开启模具的时间。加压时间的长短与压制温度、压制压力、塑料的品种及其固化速度有关。压制温度一定，压制压力增加，压制时间可缩短。压力一定，温度提高，压制时间也可缩短。可根据实际情况经试验在保证质量的前提下来确定最佳时间。表 6-6 给出了几种常用的热固性塑料的压制工艺参数。

表 6-6　常用热固性塑料的压塑成型温度和压力

| 塑料种类 | 成型温度/℃ | 成型压力/MPa |
|---|---|---|
| 酚醛塑料 | 140~180 | 7~42 |
| 脲甲醛塑料 | 135~155 | 14~56 |
| 聚酯塑料 | 85~150 | 0.35~3.5 |
| 环氧树脂塑料 | 145~200 | 0.7~14 |
| 有机硅塑料 | 150~190 | 7~56 |

## 6.2.5　真空成型及其工艺条件

**1. 真空成型的原理及特点**

真空成型也称吸塑成型，它是将热塑性塑料板材、片材固定在模具上，用辐射加热器加热到软化温度，用真空泵（或空压机）抽取板材与模具之间的空气，借助大气压力使坯材吸附在模具表面，冷却后再用压缩空气脱模，形成所需塑件的加工方法。

真空成型的特点是生产设备简单，效率高，模具结构简单，能加工大尺寸的薄壁塑件，生产成本低。

**2. 真空成型方法的种类及其工艺条件**

真空成型包括凹模真空成型、凸模真空成型、凹凸模真空成型等。

凹模真空成型方法如图 6-11 所示，一般用于要求外表精度较高、成型深度不高的塑件。真空成型产品有塑料包装盒、餐具盒、罩壳类塑件、冰箱内胆、浴室镜盒等。其常用材料有聚乙烯、聚丙烯、聚氯乙烯、ABS、聚碳酸酯等。

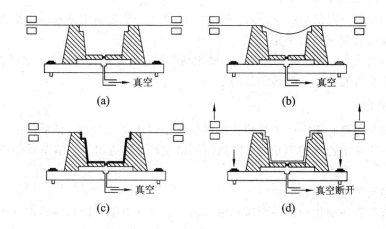

图 6-11　凹模真空成型

（a）开始抽真空；（b）板材变形；（c）成型并冷却；（d）脱模

## 6.2.6　其他成型方法

### 1. 吹塑成型

吹塑成型是先用注射法或挤压法将处于高弹态或黏流态的塑料挤成管状塑料，挤出的中空管状塑料不经冷却，将热塑料管坯移入中空吹塑模具中并向管内吹入压缩空气，在压缩空气作用下，管坯膨胀并贴附在型腔壁上成型，经过冷却后即可获得薄壁中空制品。图 6-12 是吹塑成型的工艺过程。

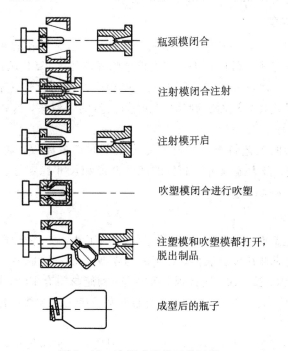

瓶颈模闭合

注射模闭合注射

注射模开启

吹塑模闭合进行吹塑

注塑模和吹塑模都打开，脱出制品

成型后的瓶子

图 6-12　吹塑成型的工艺过程

吹塑成型的工艺过程如下:

　　　配制塑料→塑化塑料→注射(或挤压)成管坯→从芯模中通入压缩空气→管坯吹胀
→吹塑模内成型→脱出制品

吹塑成型的特点:制品的壁厚均匀,尺寸精度高,成型速度快,生产率高。该方法主要
适用于热塑性塑料的中空型塑料制品的生产。

**2. 压延成型**

压延成型是用热轧辊将已加热塑化的热塑性塑料压延成片材、薄膜等的工艺方法。该
方法主要适用于聚氯乙烯塑料板材、薄膜制品的生产,也适用于人造革或塑料墙纸涂层的
压延成型。

压延成型的工艺过程如下:

　　　配制塑料→塑化塑料→向压延机供料→压延→牵引→冷却→卷取→切割

压延成型的特点:具有加工能力大、生产速度快、产品质量好、生产过程连续、可实现
自动化等优点;其主要缺点是设备庞大,前期投资高,维修复杂,制品宽度受压延机辊筒
长度的限制。

**3. 发泡成型**

发泡成型是结构泡沫塑料生产的主要方法。结构泡沫是一种具有整体皮层和泡沫内芯
的泡沫塑料,由于具有较高的比强度和比刚度,可以作为结构材料使用,故称为结构泡沫。
结构泡沫产品在工业零件、汽车零件、包装、无线电、精细家具、环卫产品等方面获得了广
泛的应用。一般结构泡沫制品密度仅为同材质实体塑料密度的 $70\%\sim80\%$ 或更低,如聚苯
乙烯结构泡沫的密度为 $0.95\sim1.09\ \mathrm{g/cm^3}$(实体塑料的密度为 $1.05\sim1.07\ \mathrm{g/cm^3}$),绝大多
数工程结构泡沫的密度在 $0.65\sim0.80\ \mathrm{g/cm^3}$ 之间。

**4. 微发泡注塑成型**

微发泡注塑成型工艺是一种革新的精密注塑技术,是靠气孔的膨胀来填充制品,并在
较低且平均的压力下完成制件的成型。首先将超临界流体(二氧化碳或氮气)溶解到热融胶
中形成单相溶体;然后通过开关式喷嘴射入温度和压力较低的模具型腔,由于温度和压力
降低引发分子的不稳定性,从而在制品中形成了大量的气泡核,这些气泡核逐渐长大生成
微小的孔洞。

微发泡注塑成型的工艺特点:突破了传统注塑的诸多局限,显著地减轻了制件的重
量,缩短了成型周期;极大地改善了制件的翘曲变形和尺寸稳定性。该工艺主要应用于汽
车仪表盘、门板、空调风管等。

**5. 纳米注塑成型**

纳米注塑成型是金属与塑胶以纳米技术结合的工法,先将金属表面经过纳米化处理
后,塑胶直接射出而成型在金属表面,让金属与塑胶可以一体成型。该工艺所采用的金属
有铝、镁、铜、不锈钢、钛、铁、镀锌板、黄铜等,树脂材料有 PPS、PBT(聚对苯二甲酸四
次甲基酯)、PA6、PA66、PPA(聚邻苯二甲酰胺)等。该工艺主要应用于手机外壳、笔记本
电脑外壳等。

纳米注塑成型的工艺特点:制品具有金属外观质感;制品机构件设计简化,让产品更
轻、薄、短、小,且较计算机数字化控制(Computerized Numerical Control,CNC)加工法更

具成本效益；降低生产成本并且提高了结合强度，大幅降低相关耗材的使用率。

　　除了上述的成型方法之外，常用的成型工艺还有缠绕成型、滚塑成型、塘塑成型等。

　　总之，塑料的成型方法比较多，在选择塑料的成型方法时，必须根据塑料的特性来选择合理的成型方法。同时，合理设计模具的型腔，制定合适的成型工艺，才能保证塑料制品的质量。

# 6.3　塑料制品的结构工艺性

　　在塑料成型过程中，由于受到许多因素的影响，常会产生许多成型缺陷，如缺料、凹痕、空洞、气泡、流痕、分层、翘曲、强度不足和毛刺等。这些缺陷的存在严重影响了塑料制品的质量，甚至会使塑料制品成为废品。因此，在成型过程中防止各种缺陷的产生是控制塑料制品质量的关键。成型缺陷的产生主要受以下几个方面的影响：

　　(1) 成型模具设计的合理性和制造质量。

　　(2) 成型过程中工艺条件的影响。

　　(3) 塑料制品结构设计的合理性等。

　　本节主要讨论塑料制品的结构对制品质量的影响。在塑料制品的设计过程中，合理设计塑料制品的结构，不仅可以保证塑料制品的成型质量，而且可以提高塑料制品的生产率，降低其生产成本。

## 6.3.1　塑料制品壁厚的设计

　　在设计塑料制品壁厚时，应考虑热塑性与热固性塑料成型方法的差别，确定出各种塑料应具有的合理壁厚。

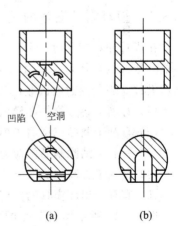

　　制品壁厚首先取决于使用要求，但是成型工艺对壁厚也有一定要求。过薄的壁厚使制品的强度低、刚性差，影响其使用，同时，过薄的壁厚，使充型时的流动阻力加大，会出现缺料和冷隔等缺陷；壁厚太厚，塑件易产生空洞、气泡、凹陷等缺陷，同时也会增加生产成本。塑件的壁厚应尽量均匀一致，避免局部太厚或太薄，尤其是壁与壁连接处的厚薄不应相差太大，并且应尽量用圆弧过渡，否则会造成因收缩不均而产生内应力，或在厚壁处产生缩孔、气泡或凹陷等缺陷。如图 6 - 13 所示，合理的壁厚应设计成图 6 - 13(b)形式。

凹陷　　空洞

(a)　　　　　　(b)

图 6 - 13　塑料制品壁厚的设计
(a) 不合理；(b) 合理

　　塑料制品的壁厚一般在 1～4 mm，大型塑件的壁厚可达 6 mm 以上。热塑性塑料塑件的壁厚常在 0.8～1.5 mm 范围内选取；热固性塑料塑件的壁厚，小件常在 1.5～2.5 mm 范围内选取，大件常在 3～10 mm 范围内选取。

　　常用热塑性塑料制品的最小壁厚和建议壁厚见表 6 - 7，常用热固性塑料制品壁厚范围见表 6 - 8。

**表 6－7　热塑性塑料制品的最小壁厚和建议壁厚**　　　mm

| 塑料名称 | 最小壁厚 | 建议壁厚 | | |
|---|---|---|---|---|
| | | 小型制品 | 中型制品 | 大型制品 |
| 聚苯乙烯 | 0.75 | 1.25 | 1.6 | 3.2～5.4 |
| 聚甲基丙烯酸甲酯 | 0.8 | 1.50 | 2.2 | 4.0～6.5 |
| 聚乙烯 | 0.8 | 1.25 | 1.6 | 2.4～3.2 |
| 聚氯乙烯(硬) | 1.15 | 1.60 | 1.80 | 3.2～5.8 |
| 聚氯乙烯(软) | 0.85 | 1.25 | 1.5 | 2.4～3.2 |
| 聚丙烯 | 0.85 | 1.45 | 1.8 | 2.4～3.2 |
| 聚甲醛 | 0.8 | 1.40 | 1.6 | 3.2～5.4 |
| 聚碳酸酯 | 0.95 | 1.80 | 2.3 | 4.0～4.5 |
| 聚酰胺 | 0.45 | 0.75 | 1.6 | 2.4～3.2 |
| 聚苯醚 | 1.2 | 1.75 | 2.5 | 3.5～6.4 |
| 氯化聚醚 | 0.85 | 1.35 | 1.8 | 2.5～3.4 |

**表 6－8　热固性塑料制品的壁厚范围**　　　mm

| 塑料种类 | 壁厚范围 | | |
|---|---|---|---|
| | 木粉填料 | 布屑粉填料 | 矿物填料 |
| 酚醛塑料 | 1.5～2.5(大件 3～8) | 1.5～9.5 | 3～3.5 |
| 氨基塑料 | 0.5～5 | 1.5～5 | 1.0～9.5 |

### 6.3.2　塑料制品圆角的设计

在设计塑料制品时，除使用要求尖角外，所有内外表面的连接处都应采用圆角过渡。一般外圆弧的半径是壁厚的 1.5 倍，内圆弧的半径是壁厚的0.5 倍。

设计塑料制品过渡圆角的作用如下：

(1) 有利于熔融物料在模腔中的流动。

(2) 有利于制品成型后脱模。

(3) 有利于消除制品内应力集中。

(4) 有利于提高制品壁厚的均匀度。

(5) 有利于提高模具的使用寿命。

图 6－14 所示塑料制品圆角的设计中，图 6－14(a)为不合理的设计；图 6－14(b)为合理的设计。

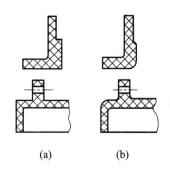

图 6－14　塑料制品圆角的设计

### 6.3.3　加强筋的设计

在塑料制品设计中，为了增强塑料制品的强度与刚度，防止其翘曲变形，常采用设计加强筋的方法。加强筋的典型尺寸如图 6－15 所示。

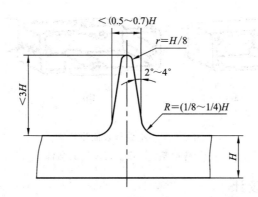

图 6-15　加强筋的典型尺寸

加强筋的设计应注意以下几个方面：

（1）加强筋与塑件壁连接处应采用圆弧过渡。

（2）加强筋的厚度不应大于塑件壁厚。

（3）加强筋的高度应低于塑件高度 0.5 mm 以上，如图 6-16 所示。

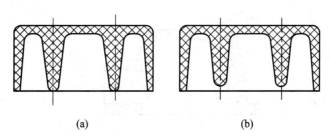

图 6-16　加强筋的高度
（a）不合理；（b）合理

（4）加强筋不应设置在大面积塑件中间，并且加强筋分布应相互交错，如图 6-17 所示，以避免收缩不均引起塑件变形或断裂。若非要设置不可时，可在相应外表面设置棱沟，以便遮掩可能产生的流纹和凹坑，如图 6-18 所示。

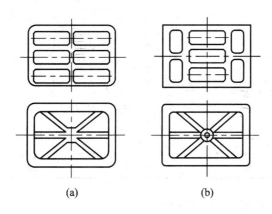

图 6-17　加强筋应交错分布
（a）不合理；（b）合理

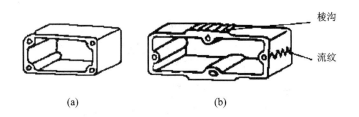

图 6-18　塑件外表面设棱沟

（a）普通塑件；（b）带棱沟的塑件

### 6.3.4　拔模斜度的设计

　　由于塑料冷却时出现收缩，会使塑件紧包在成型芯上。为了便于脱模，与脱模方向平行的塑件表面，都应设计合理的拔模斜度。

　　塑件的拔模斜度取决于塑件的形状和壁厚以及塑料的收缩率。斜度过小则脱模困难，会造成塑件表面损伤或破裂；但斜度过大也会影响塑件尺寸的精度，如图 6-19 所示。在许可的情况下，斜度 $\alpha$ 应稍大，一般取 $\alpha = 30' \sim 1°30'$。

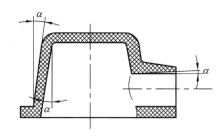

图 6-19　塑件的拔模斜度

　　若成型芯较长或型腔较深，则斜度应取偏小值；反之可选用偏大值。

　　常用塑件的拔模斜度见表 6-9。

表 6-9　常用塑件的拔模斜度

| 塑件材料 | 拔模斜度 | |
|---|---|---|
| | 型　腔 | 型　芯 |
| 聚酰胺 | $20' \sim 40'$ | $25' \sim 40'$ |
| 聚乙烯 | $20' \sim 45'$ | $25' \sim 45'$ |
| 聚甲基丙烯酸甲酯 | $35' \sim 1°30'$ | $30' \sim 1°$ |
| 聚苯乙烯 | $35' \sim 1°30'$ | $30' \sim 1°$ |
| 聚碳酸酯 | $35' \sim 1°$ | $30' \sim 50'$ |
| ABS 塑料 | $40' \sim 1°20'$ | $35' \sim 1°$ |

### 6.3.5　塑料制品上金属嵌件的设计

　　由于应用上的要求，塑件中常设计有不同形式的金属嵌件，用来组装塑料制品。为了防止成型工艺中塑料制品内部存在的应力集中，引起熔融物料渗入模内，在设计金属嵌件时，应注意以下几点：

（1）金属嵌件镶入部分的周边应设倒角，以减少周围塑料冷却时产生的应力集中。

（2）嵌件设在塑件上的凸起部位时，嵌入深度应大于凸起部位的高度，以保证嵌入处塑件的机械强度，见图 6-20。

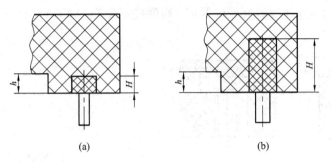

图 6-20　嵌件设在塑件上的凸起部位
（a）$H<h$，不正确；（b）$H>h$，正确

（3）外螺纹嵌件应使外螺纹部分与模具配合良好，应有一段无外螺纹，以利于塑料包覆螺杆，见图 6-21。

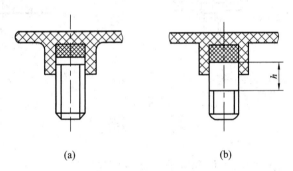

图 6-21　外螺纹嵌件的设计
（a）不合理；（b）合理

（4）内外螺纹嵌件高度应稍低于型腔的成型高度 $0.05\sim 1$ mm，防止合模压坏嵌件和模腔，见图 6-22。

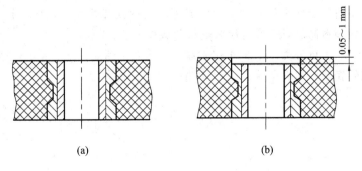

图 6-22　内外螺纹嵌件的高度
（a）不合理；（b）合理

（5）金属嵌件的种类和形式很多，但为了在塑件内牢固嵌定而不致被拔脱，其表面必须加工成沟槽或滚花，或制成多种特殊形状。图6-23中所示就是几种金属嵌件的例子。

（6）金属嵌件周围的塑件壁厚，取决于塑件的种类、塑料的收缩率、塑料与嵌件金属的膨胀系数之差，以及嵌件的形状等因素，但金属嵌件周围的塑件壁厚越厚，则塑件破裂的可能性就越小。

（7）嵌件高度不应超过其直径的两倍，高度应有公差，如图6-24。

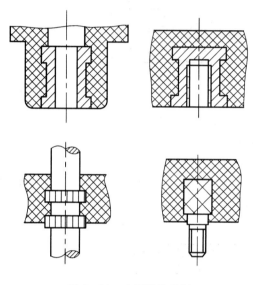

图6-23　金属嵌件示例

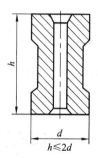

图6-24　嵌件的高度

# 习　　题

1. 什么是高分子化合物的单体和链节？试举例说明。

2. 为什么说共聚物在高分子材料的研究和开发中占有十分重要的地位？试举例说明。

3. 工程塑料由哪些基本组分组成？各组分的主要作用是什么？

4. 工程塑料与钢铁材料相比较有哪些突出的性能特点？

5. 塑料的成型方法有哪些？其成型特点是什么？各适用于什么制品？试举例说明。

6. 注射成型适用于什么塑料？主要的成型工艺参数有哪些？如何制定工艺参数？

7. 对于下列塑料制品，应采用什么塑料及成型方法？

　　塑料瓶　　手机外壳　　汽车仪表盘　　塑料下水道

　　吹风机外壳　　塑料薄膜　　电冰箱内胆　　瓶盖

第 7 章　工业陶瓷及其成型

陶瓷是各种无机非金属材料的通称，它同金属材料、高分子材料一起被称为三大固体材料。陶瓷在传统上是指陶瓷与瓷器，但也包括玻璃、搪瓷、耐火材料、砖瓦、水泥、石灰、石膏等无机非金属材料。由于这些材料都是用天然的硅酸盐矿物（即含二氧化硅的化合物，如黏土、石灰石、长石、石英、砂子等原料）生产的，因此陶瓷材料也是硅酸盐材料。

近 20 多年来，陶瓷材料发展得更为繁多，许多新型陶瓷材料的成分远远超出了硅酸盐的范围，陶瓷的性能也实现了重大的突破，陶瓷的应用已渗透到各类工业、各种工程和各个技术领域，陶瓷已成为现代工程材料的主要支柱。

# 7.1　工业陶瓷简介

## 7.1.1　陶瓷材料的性能

陶瓷材料的性能主要取决于以下两个因素：第一是物质结构，主要是化学键和晶体结构，它们决定了陶瓷材料本身的性能，如电性能、热性能、磁性能和耐腐蚀性能等；第二是组织结构，包括相分布、晶粒大小和形状、气孔大小和分布、杂质、缺陷等，它们对陶瓷材料的性能影响极大。

### 1. 陶瓷材料的力学性能

陶瓷材料的弹性模量和硬度是各类材料中最高的，比金属高若干倍，比有机高聚物高 2~4 个数量级，这是因为陶瓷材料具有强大的化学键。陶瓷材料的塑性变形能力很低，在室温下几乎没有塑性，这是因为陶瓷晶体中的滑移系很少，共价键有明显的方向性和饱和性，离子键的同号离子接近时斥力很大，当产生滑移时，极易造成键的断裂，再加上有大量气孔的存在，所以陶瓷材料呈现出很明显的脆性特征，韧性极低。因为陶瓷内有气孔、杂质和各种缺陷的存在，所以陶瓷材料的抗拉强度和抗弯强度均很低，而抗压强度非常高，这是由于在受压时裂纹不易扩展所致。

### 2. 陶瓷材料的物理性能

1）陶瓷材料的热性能

陶瓷材料的熔点高，大多在 2000℃ 以上，具有比金属材料高得多的抗氧化性和耐热性，并且高温强度好，抗蠕变能力强。此外，它的膨胀系数低，导热性差，是优良的高温绝热材料。但大多数陶瓷材料的热稳定性差，这是它的主要弱点之一。

2）陶瓷材料的电性能

陶瓷材料的导电性变化范围很广。由于离子晶体无自由电子，因此大多数陶瓷都是良好的绝缘体。但不少陶瓷既是离子导体，又有一定的电子导电性，因而也是重要的半导体材料。此外，近年来出现的超导材料，大多数也是陶瓷材料。

3）陶瓷材料的光学特性

陶瓷材料一般是不透明的，随着科技发展，目前已研制出了诸如固体激光器材料、光导纤维材料、光存储材料等透明陶瓷新品种。

**3. 陶瓷材料的化学性能**

陶瓷的组织结构很稳定，这是由于陶瓷以强大的离子键和共价键结合，并且在离子晶体中金属原子被包围在非金属原子的间隙中，从而形成稳定的化学结构。因此陶瓷材料具有良好的抗氧化性和不可燃烧性，即使在 1000℃ 的高温下也不会被氧化。此外，陶瓷对酸、碱、盐等介质均具有较强的耐蚀性，与许多金属熔体也不发生作用，因而是极好的耐蚀材料和坩埚材料。

## 7.1.2　常用的工业陶瓷

陶瓷的种类繁多，大致可以分为传统陶瓷（也叫普通陶瓷）和特种陶瓷（也叫近代工业陶瓷）两大类。虽然它们都是经过高温烧结而合成的无机非金属材料，但其在所用粉体、成型方法和烧结制度及加工要求等方面却有着很大的区别。两者的主要区别见表 7－1。

表 7－1　特种工业陶瓷与传统陶瓷的主要区别

| 区别 | 传统陶瓷 | 特种陶瓷 |
|---|---|---|
| 原料 | 天然矿物原料 | 人工精制合成原料（氧化物和非氧化物两大类） |
| 成型 | 注浆、可塑成型为主 | 注浆、压制、热压注、注射、轧膜、流延、等静压成型为主 |
| 烧结 | 温度一般在 1350℃ 以下，燃料以煤、油、气为主 | 结构陶瓷常需在 1600℃ 左右高温下烧结，功能陶瓷需精确控制烧结温度，燃料以电、气、油为主 |
| 加工 | 一般不需加工 | 常需切割、打孔、研磨和抛光 |
| 性能 | 以外观效果为主 | 以内在质量为主，常呈现耐温、耐磨、耐腐蚀和各种敏感特性 |
| 用途 | 炊具、餐具、陈设品 | 主要用于宇航、能源、冶金、交通、电子、家电等行业 |

传统陶瓷是以黏土、长石和石英等天然原料，经粉碎、成型和烧结制成的，主要用作日用陶瓷、建筑陶瓷、卫生陶瓷，以及工业上应用的电绝缘陶瓷、过滤陶瓷、耐酸陶瓷等。

特种陶瓷是以人工化合物为原料的陶瓷，如氧化物陶瓷、氮化物陶瓷、碳化物陶瓷、硅化物陶瓷、硼化物陶瓷，以及石英质、刚玉质、碳化硅质陶瓷等，主要用于化工、冶金、机械、电子、能源和某些高新技术领域。

特种陶瓷是 20 世纪以来发展起来的,在现代化生产和科学技术的推动和培育下,它们发展得非常快,尤其在近 30 年,新品种层出不穷,令人眼花缭乱。

各种陶瓷的性能特点及应用见表 7 - 2。

表 7 - 2　各种陶瓷的性能特点及应用

| 陶瓷种类 | 陶瓷名称 | 性 能 特 点 | 应 用 |
|---|---|---|---|
| 普通陶瓷 | — | 质地坚硬,不氧化生锈,耐腐蚀,不导电,能耐一定高温,加工成型性好,成本低。但强度较低,耐高温性能不及工业陶瓷 | 日用陶瓷、绝缘电瓷、耐酸碱的化学瓷、输水管道、绝缘子、耐蚀容器等 |
| 特种陶瓷 | 氧化铝陶瓷 | 熔点高,硬度高,强度高,耐蚀性好。但脆性大,抗冲击性能和热稳定性差,不能承受环境温度的剧烈变化 | 制作耐磨、抗蚀、绝缘和耐高温材料 |
| | 氧化锆陶瓷 | 韧性较高,抗弯强度高,硬度高,耐磨,耐腐蚀,但在 1000℃ 以上高温蠕变速率高,力学性能显著降低 | 陶瓷切削刀具、陶瓷磨料球、密封圈及高温低速耐腐蚀轴承等 |
| | 碳化硅陶瓷 | 高熔点,高硬度,抗氧化性强,耐蚀,热稳定性好,高温强度大,热膨胀系数小,热导率大 | 用作各类轴承、滚珠、喷嘴、密封件、切削工具、火箭燃烧室内衬等 |
| | 氧氮化硅铝陶瓷(赛伦) | 耐高温,高强度,超硬度,耐磨损,耐腐蚀等 | 新型刀具材料,各种机械上的耐磨部件,可制作透明陶瓷,可用于人体硬组织的修复等 |
| | 氮化硅陶瓷 | 硬度很高,极耐高温,耐冷热急变的能力强,化学性能稳定,绝缘性高,耐磨性好,热膨胀系数小,具有自润滑性,抗震性好,抗高温蠕变性强,在 1200℃ 下工作,强度仍不降低 | 用于耐磨、耐腐蚀、耐高温绝缘的零件,高温耐腐蚀轴承、高温坩埚、金属切削刀具等 |
| | 氮化硼陶瓷 | 分六方氮化硼和立方氮化硼两种:六方氮化硼具有良好的耐热性,导热系数与不锈钢相当,热稳定性好,在 2000℃ 时仍然是绝缘体,硬度低,有自润滑性立方氮化硼的硬度仅次于金刚石,但耐热性和化学稳定性均大大高于金刚石,能耐 1300～1500℃ 的高温 | 六方氮化硼:高温耐腐蚀轴承、高温热电偶套管、半导体散热绝缘零件、玻璃制品成型模具立方氮化硼:适用于制造精密磨轮和切削难度大的金属材料的刀具 |

# 7.2　工业陶瓷的生产过程

工业陶瓷的品种繁多，生产工艺过程也各不相同，但一般都要经历以下几个步骤：坯料制备、成型、坯体干燥、烧结以及后续加工，如图 7-1 所示。

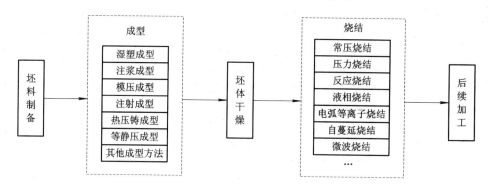

图 7-1　陶瓷的生产工艺过程

## 7.2.1　坯料制备

### 1. 配料

制作陶瓷制品，首先要按瓷料的组成，将所需各种原料进行称量配料，它是陶瓷工艺中最基本的一环。称料务必精确，因为配料中某些组分加入量的微小误差也会影响到陶瓷材料的结构和性能。

### 2. 混合制备坯料

配料后应根据不同的成型方法，混合制备成不同形式的坯料，如用于注浆成型的水悬浮液，用于热压注成型的热塑性料浆，用于挤压、注射、轧膜和流延成型的含有机塑化剂的塑性料，用于干压或等静压成型的造粒粉料等。坯料混合一般采用球磨或搅拌等机械混合法。

## 7.2.2　成型

成型是将坯料制成具有一定形状和规格的坯体。成型技术与方法对陶瓷制品的性能具有重要意义，由于陶瓷制品品种繁多，性能要求、形状规格、大小厚薄不一，产量不同，所用坯料性能各异，因此可以采用多种不同的成型方法。陶瓷的成型方法大致分为湿塑成型、注浆成型、模压成型、注射成型、热压铸成型、等静压成型以及塑性成型、带式成型等其他方法。

### 1. 湿塑成型

湿塑成型是在外力作用下，使可塑坯料发生塑性变形而制成坯体的方法，包括刀压、滚压、挤压和手捏等。这是最传统的陶瓷成型工艺，在日用瓷和工艺瓷中应用最多。

### 2. 注浆成型

注浆成型是将陶瓷悬浮料浆注入石膏模或多孔质模型内，借助模型的吸水能力将料浆中的水吸出，从而在模型内形成坯体。该方法适用于形状复杂、大型薄壁、精度要求不高的日用陶瓷、建筑陶瓷和美术陶瓷制品。电子陶瓷行业由于禁用黏土，因而很少使用该方法成型。

注浆成型工艺简单，但劳动强度大，不易实现自动化，且坯体烧结后的密度较小，强度较差，收缩、变形较大，所得制品的外观尺寸精度较低，因此性能要求较高的陶瓷一般不采用此法生产。但随着分散剂的发展，均匀性好的高浓度低黏度浆料的获得，以及强力注浆的发展，注浆成型制品的性能与质量在不断提高。

### 3. 模压成型

模压成型也叫干压成型，是将造粒工序制备的团粒（水的质量分数小于 6%）松散装入模具内，在压机柱塞施加的外压力作用下，团粒产生移动、变形、粉碎而逐渐靠拢，所含气体同时被挤压排出，形成较致密的具有一定形状、尺寸的压坯，然后卸模脱出坯体的过程。

模压成型的特点是操作方便，生产周期短，效率高，易于实现自动化生产，适宜大批量生产形状简单（圆截面形、薄片状等）、尺寸较小（高度为 0.3～60 mm、直径为 5～50 mm）的制品。由于坯体含水或其他有机物较少，因此坯体致密度较高，尺寸较精确，烧结收缩小，瓷件力学强度高。但模压成型坯体具有明显的各向异性，也不适于尺寸大、形状复杂制品的生产，并且所需的设备、模具费用较高。

### 4. 注射成型

注射成型是将陶瓷粉和有机黏结剂混合后，加热混炼并制成粒状粉料，经注射成型机，在 130～300℃温度下注射到金属模腔内，冷却后黏结剂固化成型，脱模取出坯体。

注射成型适于形状复杂、壁薄（0.6 mm）、带侧孔制品（如汽轮机陶瓷叶片等）的大批量生产，坯体密度均匀，烧结体精度高，且工艺简单、成本低；但金属模具的生产周期长，设计困难，费用昂贵。

### 5. 热压铸成型

热压铸成型利用蜡类材料热熔冷固的特点，将用配料混合后的陶瓷细粉与熔化的蜡料黏结剂加热搅拌成具有流动性与热塑性的蜡浆，在热压注机中用压缩空气将热熔蜡浆注满金属模空腔，蜡浆在模腔内冷凝形成坯体，再进行脱模取件。

热压铸成型用于批量生产外形复杂、表面质量好、尺寸精度高的中小型制品，且设备较简单，操作方便，模具磨损小，生产效率高；但坯体密度较低，烧结收缩较大，易变形，不宜制造壁薄、大而长的制品，且工序较繁，耗能大，生产周期长。

### 6. 等静压成型

等静压成型是利用液体或气体介质均匀传递压力的性能，把陶瓷粒状粉料置于有弹性的软模中，使其受到液体或气体介质传递的均衡压力而被压实成型的一种新型压制成型方法。

等静压成型的特点是坯体密度高且均匀，烧结收缩小，不易变形，制品强度高、质量好，适于形状复杂、较大且细长制品的制造；但等静压成型设备成本高。

等静压成型可分为湿式等静压成型与干式等静压成型两种。

1）湿式等静压成型

如图 7-2(a)所示，将配好的粒状粉料装入塑料或橡胶做成的弹性模具内，密封后置于高压容器内，注入液体到压力传递介质（压力通常在 100 MPa 以上），此时模具与高压液体直接接触，压力传递至弹性模具对坯料加压成型，然后释放压力取出模具，并从模具中取出成型好的坯体。湿式等静压容器内可同时放入几个模具，压制不同形状的坯体，该法生产效率不高，主要适用于成型多品种、形状较复杂、产量小的大型制品。

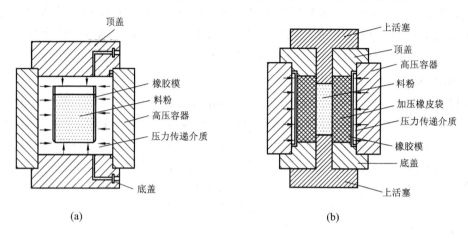

图 7 - 2　等静压成型示意图
(a) 湿式等静压成型；(b) 干式等静压成型

2）干式等静压成型

如图 7 - 2(b)所示，在高压容器内封紧一个加压橡皮袋，加料后的模具送入橡皮袋中加压，压成后又从橡皮袋中退出脱模；也可将模具直接固定在容器橡皮袋中。此法的坯料添加和坯件取出都在干态下进行，模具也不与高压液体直接接触。而且，干式等静压成型模具的两头（垂直方向）并不加压，适于压制长型、薄壁、管状制品。

**7. 其他成型方法**

1）塑性成型

塑性成型包括挤制成型与轧膜成型。这类成型方法的共同特点是要求泥料必须具有充分的可塑性，故其中所含有机黏结剂和水分比干压成型时多。

挤制成型是指将炼好并通过真空除气的泥料置于挤制筒内，在压力的作用下，通过挤嘴挤出各种形状的坯体，如棒状、管状等。

轧膜成型是一种非常成熟的薄片瓷坯成型工艺，大量地用于轧制厚度在 1 mm 以下的薄片状制品，如瓷片电容、厚膜电路基片等瓷坯。轧膜成型的过程是将预烧过的陶瓷粉料与一定量的有机黏结剂和溶剂拌和，置于两辊轴之间进行混炼，使这些成分充分混合均匀，伴随着吹风，使溶剂逐渐挥发，形成一层厚膜，然后，逐步调近轧辊间距，多次折叠，90°反向，反复轧炼，以达到必需的均匀度、致密度、光洁度和厚度为止。

2）带式成型方法

对于 0.08 mm 以下的坯体，如独石电容片等，用轧膜法难以成型，带式成型法就应运而生了。此类成型方法包括刮刀工艺、纸带浇注工艺和滚筒工艺。其中，以刮刀法（流延法）应用最为广泛，用于制造 50 $\mu$m 以下的膜材，见图 7 - 3。

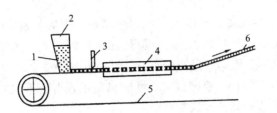

1—浆料；2—料斗；3—刮刀；4—干燥炉；5—基带；6—成品

图 7-3　流延成型

## 7.2.3　坯体干燥

成型后的各种坯体，一般含有水分，为提高成型后的坯体强度和致密度，需要进行干燥，以除去部分水分，同时使坯体失去可塑性。干燥的目的在于提高生坯的强度，便于检查、修复、搬运、施釉和烧制。

生坯内的水分有三种：一是化学结合水，是坯料组分物质结构的一部分；二是吸附水，是坯料颗粒所构成的毛细管中吸附的水分，吸附水膜厚度相当于几个到十几个水分子，并受坯料组成和环境的影响；三是游离水，处于坯料颗粒之间，基本符合水的一般物理性质。

生坯干燥时，游离水很容易排出。随着周围环境湿度与温度的变化，吸附水也有部分在干燥过程中被排出，但排出吸附水没有什么实际意义，因为它很快又从空气中吸收水分达到平衡。结合水要在更高温度下才能排出，它不是在干燥过程中所能排除的。

生坯的干燥形式有外部供热式和内热式。在坯体外部加热干燥时，往往外层的温度比内层高，这不利于水分由坯内向外表面扩散。若对坯体施以电流或电磁波，使坯体内部温度升高，增大内扩散速度，就会大大提高坯体的干燥速度。

## 7.2.4　烧结

烧结是对成型坯体进行低于熔点的高温加热，使其内的粉体间产生颗粒黏结，经过物质迁移导致致密化和高强度的过程。只有经过烧结，成型坯体才能成为坚硬的具有某种显微结构的陶瓷制品（多晶烧结体），烧结对陶瓷制品的显微组织结构及性能有着直接的影响。

烧结的方法很多，如常压烧结法、压力烧结法（热压烧结法、热等静压烧结法）、反应烧结法、液相烧结法、电弧等离子烧结法、自蔓延烧结法和微波烧结法等，以下对部分方法进行简要介绍。

**1. 常压烧结法**

普通烧结有时也称常压烧结，是指在通常的大气压下进行烧结的方法。传统陶瓷大多都是在隧道窑中进行烧结的，而特种陶瓷大都在电窑中烧成。普通烧结因无需加压，故成本较低。

**2. 压力烧结法**

压力烧结法可以分为普通热压烧结法、热等静压烧结法和超高压烧结法。

1）热压烧结法

热压烧结是将干燥粉料充填入石墨或氧化铝模型内，再从单轴方向边加压边加热，使成型与烧结同时完成，如图 7－4 所示。由于加热加压同时进行，陶瓷粉料处于热塑性状态，有利于粉末颗粒的接触、流动等过程的进行，因而可减小成型压力，降低烧结温度，缩短烧结时间，容易得到晶粒细小、致密度高、性能良好的制品。不过此烧结法不易生产形状复杂的制品，烧结生产规模较小，成本高。

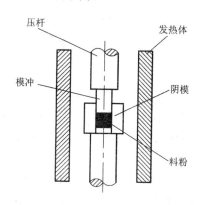

图 7－4　热压（成型）烧结示意图

2）热等静压烧结法

热等静压（HIP）烧结方法是借助于气体压力而施加等静压的方法。除 SiC、$Si_3N_4$ 使用该法外，$Al_2O_3$、超硬合金等也使用该法，它是很有希望的新烧结技术之一。热等静压烧结法可克服普通热压烧结的缺点，适合形状复杂制品的生产。目前一些高科技制品，如陶瓷轴承、反射镜及军工需用的核燃料、枪管等，也可采用此种烧结工艺。

3）超高压烧结法

超高压烧结法与合成金刚石的方法相同，在烧结金刚石和立方氮化硼时常采用这种方法；在其他难烧结物质的制备中也可采用此法。

**3. 反应烧结法**

反应烧结法是通过气相或液相与基体材料相互反应而对材料进行烧结的方法。最典型的代表性产品是反应烧结碳化硅和反应烧结氮化硅制品。此种烧结方法的优点是工艺简单，制品可稍微加工或不加工，也可制备形状复杂制品；缺点是制品中最终有残余未反应产物，结构不易控制，太厚制品不易完全反应烧结。

**4. 液相烧结法**

许多氧化物陶瓷采用低熔点助剂促进材料烧结。助剂的加入一般不会影响材料的性能或反而为某种功能产生良好的影响。作为高温结构使用的添加剂，要注意晶界玻璃是造成高温力学性能下降的主要因素。这可通过选择有很高的熔点或黏度的液相，或者选择合适的液相组成，然后作高温热处理，使某些晶相在晶界上析出，以提高材料的抗蠕变能力。

**5. 电弧等离子烧结法**

电弧等离子烧结加热方法与热压不同，它在施加应力的同时，还在制品上施加一个脉冲电源，材料被韧化的同时也致密化。实验已证明，此种方法烧结快速，能使材料形成细晶高致密结构,预计通过此方法来烧结纳米级材料更为适合,但迄今为止仍处于研究开发阶段,许多问题仍需深入探讨。

随着科技进步,新的烧结方法不断出现。目前,具有一定实用价值和应用前景的方法,如爆炸成型、气相沉积烧结法、熔融颗粒沉积高温自蔓延烧结法等,正广泛投入使用中。社会需求与高科技发展是陶瓷烧结水平不断提高与优化的原动力,陶瓷烧结技术将不断取得新的进步。

## 7.2.5　后续加工

陶瓷经成型、烧结后,因其表面状态、尺寸偏差、使用要求等的不同,需要进行一系列的后续加工处理。常见的处理方法主要有表面施釉、加工、表面金属化与封接等。

### 1. 表面施釉

陶瓷的施釉是指通过高温方法在瓷件表面烧附一层玻璃状物质,使其表面具有光亮、美观、致密、绝缘、不吸水、不透水及化学稳定性好等优良性能的一种工艺方法。除了一些直观效果外,釉还可以提高瓷件的机械强度与耐热冲击性能,防止工件表面的低压放电,提高瓷件的防潮功能。另外,色釉料还可以改善陶瓷基体的热辐射特性。

### 2. 加工

烧结后的陶瓷制品,在形状、尺寸、表面状态等方面一般难以满足使用要求,需要进行后续精密加工,使之符合表面粗糙度、形状、尺寸等精度要求,如磨削加工、研磨与抛光、超声波加工、激光加工甚至切削加工等。切削加工是采用金刚石刀在具在超高精度机床进行的,制造成本高,目前在陶瓷加工中仅有少量应用。

### 3. 表面金属化与封接

为了满足电性能的需要或实现陶瓷与金属的封接,需要在陶瓷表面牢固地涂敷一层金属薄膜,该过程叫陶瓷表面的金属化。

在很多场合,陶瓷需要与其他材料封接使用。常用的封接技术有玻璃釉封接、金属化焊料封接、激光焊接、烧结金属粉末封接等。该技术最早用于电子管中,目前使用范围日益扩大,除用于电子管、晶体管、集成电路、电容器、电阻器等元件外,还用于微波设备、电光学装置及高功率大型电子装置中。

# 习　　题

1. 试述陶瓷的概念、性能及分类。
2. 陶瓷为何是脆性的?
3. 陶瓷成型的坯料有哪几类? 试举一例陶瓷制品,并说明其成型方法。
4. 陶瓷的生产过程包括哪几个过程?
5. 陶瓷的特点和用途是什么?

# 第8章　复合材料及其成型

高分子材料、无机非金属材料和金属材料是当今三大材料，它们既有优点，但也有其缺点，如高分子材料易老化、不耐高温；无机非金属材料(陶瓷)缺韧性、易碎裂；金属材料易传热，绝缘性差。人们设想如果将这三大类不同的材料，通过复合组成新的材料，使它既能保持原材料的长处，又能弥补其自身短处，优势互补，提高材料的性能，扩大应用范围。因此，复合材料应运而生。复合材料就是将两种或两种以上不同性质的材料组合在一起，构成比其组成材料的性能更优异的一类新型材料。

## 8.1　复合材料简介

### 8.1.1　复合材料的定义

复合材料大多由以连续相存在的基体材料与分散于其中的增强材料两部分组成。增强材料是指能提高基体材料力学性能的物质，有细颗粒、短纤维、连续纤维等形态。因为纤维的刚性和抗拉伸强度大，所以增强材料大多数为各类纤维。所用的纤维可以是玻璃纤维、碳或硼纤维、氧化铝或碳化硅纤维、金属纤维(钨、铂、钽和不锈钢等)，也可以是复合纤维。纤维是复合材料的骨架，其作用是承受负荷、增加强度，它基本上决定了复合材料的强度和刚度。基体材料的主要作用是使增强材料黏合成型，且对承受的外力起传导和分散作用。基体材料可以是高分子聚合物、金属材料、无机非金属材料(陶瓷)等。

复合材料把基体材料和增强材料各自的优良特性加以组合，同时又弥补了各自的缺陷，因此，复合材料具有高强轻质、比强度高、刚度高、耐疲劳、抗断裂性能高、减震性能好、抗蠕变性能强等一系列优良性能。此外，复合材料还有抗震、耐腐蚀、稳定安全等特性，因而后来居上成为应用广泛的重要新材料。

### 8.1.2　复合材料的分类

复合材料按基体材料可分为聚合物基复合材料、金属基复合材料和陶瓷基复合材料。

#### 1. 聚合物基复合材料

聚合物基复合材料主要是指纤维增强聚合物材料，如将硅纤维包埋在环氧树脂中使复合材料强度增加，用于制造网球拍、高尔夫球棍和滑雪橇等。玻璃纤维复合材料为玻璃纤维与聚酯的复合体，可用作结构材料，如汽车和飞机中的某些部件、桥体的结构材料和船体等，其强度可与钢材相比。增强的聚酰亚胺树脂可用于汽车的"塑料发动机"，使发动机重量减轻，节约燃料。

玻璃钢是由玻璃纤维和聚酯类树脂复合而成的,是复合材料的杰出代表,具有优良的性能。它的强度高、质量轻、耐腐蚀、抗冲击、绝缘性好,已广泛应用于飞机、汽车、船舶、建筑甚至家具等的生产中。

**2. 金属基复合材料**

金属基复合材料是以金属为基体,以纤维、晶须、颗粒、薄片等为增强体的复合材料。基体金属多采用纯金属及合金,如铝、铜、银、铅、铝合金、铜合金、镁合金、钛合金、镍合金等。增强材料采用陶瓷颗粒、碳纤维、石墨纤维、硼纤维、陶瓷纤维、陶瓷晶须、金属纤维、金属晶须、金属薄片等。

铝基复合材料(如碳纤维增强铝基复合材料)是应用最多、最广的一种。由于其具有良好的塑性和韧性,加之具有易加工、工程稳定性和可靠性高及价格低廉等优点,受到人们的广泛青睐。

镍基复合材料的高温性能优良,这种复合材料被用来制造高温下工作的零部件。镍基复合材料应用的一个重要目标是,希望用它来制造燃气轮机的叶片,从而进一步提高燃气机的工作温度,预计可达到 1800℃以上。

钛基复合材料比其他结构材料具有更高的强度和刚度,有望满足更高速新型飞机对材料的要求。钛基复合材料的最大应用障碍是制备困难、成本高。

**3. 陶瓷基复合材料**

陶瓷本身具有耐高温、高强度、高硬度及耐腐蚀等优点,但其脆性大,若将增强纤维包埋在陶瓷中可以克服这一缺点。增强材料有碳纤维、碳化硅纤维和碳化硅晶须等。陶瓷基复合材料具有高强度、高韧性、优异的热稳定性和化学稳定性,是一类新型结构材料,已应用于或即将应用于刀具、滑动构件、航空航天构件、发动机制作、能源构件等领域。

# 8.2　复合材料成型工艺

复合材料成型的工艺方法取决于基体和增强材料的类型。以颗粒、晶须或短纤维为增强材料的复合材料,一般都可以用基体材料的成型工艺方法进行成型加工;以连续纤维为增强材料的复合材料的成型方法则不相同。

复合材料成型工艺和其他材料的成型工艺相比,有一个突出的特点,即材料的成型与制品的成型是同时完成的,因此,复合材料的成型工艺水平直接影响材料或制品的性能。一种复合材料制品可能有多种成型方法,在选择成型方法时,除了考虑基体和增强材料的类型外,还应根据制品的结构形状、尺寸、用途、产量、成本及生产条件等因素综合考虑。

## 8.2.1　聚合物基复合材料的成型工艺

随着聚合物基复合材料工业的迅速发展和日渐完善,新的高效生产方法不断出现。目前,成型方法已有 20 多种,并成功地用于工业生产。在生产中常用的成型方法有手糊成型法、缠绕成型法、模压成型法、喷射成型法、树脂传递模塑成型法等。

**1. 手糊成型法——湿法层铺成型**

手糊成型法是指以手工作业为主,把玻璃纤维织物和树脂交替地层铺在模具上,然后固化成型为玻璃钢制品的工艺。具体做法是：先在涂有脱模剂的模具上均匀涂上一层树脂混合液，再将裁剪成一定形状和尺寸的纤维增强织物，按制品要求铺设到模具上，用刮刀、毛刷或压棍使其平整并均匀浸透树脂、排除气泡。多次重复以上步骤层层铺贴，直至所需层数，然后固化成型，脱模修整获得坯件或制品。其工艺流程如图 8-1 所示。

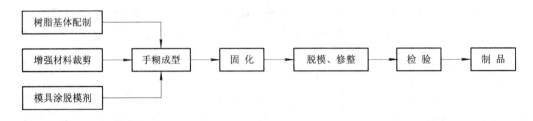

图 8-1 手糊成型工艺流程示意图

手糊成型法操作简单，适于多品种、小批量生产，不受制品尺寸和形状的限制，可根据设计要求通过手糊成型法制成不同厚度、不同形状的制品。但这种成型方法生产效率低，劳动条件差且劳动强度大；制品的质量、尺寸精度不易控制，性能稳定性差，强度较其他成型方法低。

手糊成型可用于制造船体、储罐、储槽、大口径管道、风机叶片、汽车壳体、飞机蒙皮、机翼、火箭外壳等大中型制件。

**2. 缠绕成型法**

缠绕成型法是采用预浸纱带、预浸布带等预浸料，或将连续纤维、布带浸渍树脂后，在适当的缠绕张力下按一定规律缠绕到一定形状的芯模上至一定厚度，经固化脱模获得制品的一种方法，图 8-2 为缠绕成型法示意图。与其他成型方法相比，缠绕法成型可以保证按照承力要求确定纤维排布的方向、层次，充分发挥纤维的承载能力，体现了复合材料强度的可设计性及各向异性，因而制品结构合理、比强度高；纤维按规定方向排列整齐，制品精度高、质量好；易实现自动化生产，生产效率高。但缠绕法成型需缠绕机、高质量的芯模和专用的固化加热炉等，投资较大。

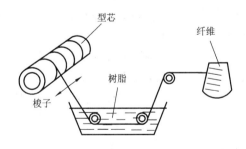

图 8-2 缠绕成型法示意图

缠绕成型法可大批量生产需承受一定内压的中空容器，如固体火箭发动机壳体、压力容器、管道、火箭尾喷管、导弹防热壳体及各类天然气气瓶、大型储罐、复合材料管道等。制品外形除圆柱形、球形外，还有矩形、鼓形、其他不规则形状的外凸型及某些复杂形状的回转型等。

### 3. 模压成型法

模压成型法是复合材料生产中最古老但又富有无限活力的一种成型方法，其基本过程是将一定量的经过一定预处理的模压料放入预热的压模内，施加较高的压力使模压料充满模腔。在预定的温度条件下，模压料在模腔内逐渐固化，然后将制品从压模内取出，再进行必要的辅助加工即得到最终制品。

模压成型方法适用于异形制品的成型，生产效率高，制品的尺寸精确、重复性好，表面粗糙度小、外观好，材料质量均匀、强度高，适于大批量生产。结构复杂制品可一次成型，无需有损制品性能的辅助机械加工。其主要缺点是模具设计制造复杂，一次投资费用高，制件尺寸受压机规格的限制，一般限于中小型制品的批量生产。

模压成型工艺按成型方法可分为压制模压成型、压注模压成型与注射模压成型。

1）压制模压成型

压制模压成型是将模塑料、预浸料（布、片、带需经裁剪）等放入金属对模（由凸模和凹模组成）内，由压力机（大多为液压机）将压力作用在模具上，通过模具直接对模塑料、预浸料进行加压，同时加温，使其流动充模，固化成型。

压制模压成型工艺简便，应用广泛，可用于成型船体、机器外罩、冷却塔外罩、汽车车身等制品。

2）压注模压成型

压注模压成型是将模塑料在模具加料室中加热成熔融状，然后通过流道压入闭合模具中成型固化，或先将纤维、织物等增强材料制成坯件置入密闭模腔内，再将加热成熔融状态的树脂压入模腔，浸透其中的增强材料，然后固化成型，如图 8-3 所示。

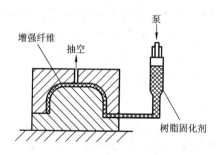

图 8-3　压注模压成型示意图

压注模压成型法主要用于制造尺寸精确、形状复杂、薄壁、表面光滑、带金属嵌件的中小型制品，如各种中小型容器及各种仪器、仪表的表盘、外壳等，还可制作小型车船外壳及零部件等。

3）注射模压成型

注射模压成型是将模塑料在螺杆注射机的料筒中加热成熔融状态，通过喷嘴小孔，以高速、高压注入闭合模具中固化成型，是一种高效率自动化的模压工艺，适于生产小型复杂形状零件，如汽车及火车配件、纺织机零件、泵壳体、空调机叶片等。

### 4. 喷射成型法

喷射成型法是将调配好的树脂胶液（多采用不饱和聚酯树脂）与短切纤维（长度为 25～50 mm）同时喷到模具上，再经压实、固化得到制品。如图 8-4 所示，将配制好的树脂液分别由喷枪的两个喷嘴喷出,同时,切割器将连续玻璃纤维切碎,由喷枪的第 3 个喷嘴均匀地喷出,并与胶液均匀混合后喷射到模具表面上沉积,每喷一层(厚度应小于 10 mm),即用辊子滚压,使之压实、浸渍并排出气泡,再继续喷射,直至完成坯件制作,最后固化成制品。

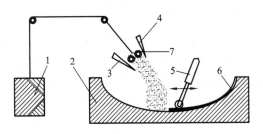

1—粗砂;2—模具;3—树脂+引发剂;4—树脂+促进剂;

5—压辊;6—制品;7—切割器;

图 8-4　喷射成型工艺示意图(两罐系统)

喷射成型法的生产效率高,劳动强度较低,适于批量生产大尺寸制品,制品无搭接缝,整体性好;但场地污染大,制品树脂含量高(质量分数约 65%),强度较低。喷射法可用于成型船体、容器、汽车车身、机器外罩、大型板等制品。

**5. 树脂传递模塑成型法**

树脂传递模塑成型法(RTM)是一种较新的工艺,一般是指在模具的型腔里预先放置增强材料(包括螺栓、聚氨酯泡沫塑料等嵌件),夹紧后,在一定温度及压力下从设置的注入孔将配好的树脂注入模具中,使之与增强材料一起固化,最后起模、脱模,从而得到制品。此法能制造出表面光洁、高精度的复杂构件,是近年来迅速发展起来的成型工艺。因其具有经济性好、可设计性好、挥发性物质少、环保性好、产品尺寸精度高和表面质量好等优点,在我国玻璃钢行业中所占的比重越来越大。

**6. 热压罐法成型**

热压罐法是利用金属压力容器——热压罐,对置放于模具上的铺层坯件加压(通过压缩空气实现)和加热(通过热空气、蒸汽或模具内加热元件产生的热量实现),使其固化成型。

热压罐法可获得压制紧密、厚度公差范围小的高质量制件,适用于制造大型和复杂的部件,如机翼、导弹载入体、部件胶接组装件等。但该法能源利用率低,热压罐重量较大、结构复杂,设备费用高。

**7. 层压成型法**

层压成型法是将纸、棉布、玻璃布等片状增强材料,在浸胶机中浸渍树脂,经干燥制成浸胶材料,然后按层压制品的大小,对浸胶材料进行裁剪,并根据制品要求的厚度(或质量)计算所需浸胶材料的张数,逐层叠放在多层压机上,进行加热层压固化,脱模获得层压制品。为使层压制品表面光洁美观,叠放时可于最上和最下两面放置 2~4 张含树脂量较高的面层用浸胶材料。

**8. 离心浇注成型法**

离心浇注成型法是利用筒状模具旋转产生的离心力将短切纤维连同树脂同时均匀喷洒到模具内壁形成坯件；或先将短切纤维毡铺在筒状模具的内壁上，再在模具快速旋转的同时，向纤维层均匀喷洒树脂液以浸润纤维形成坯件，坯件达到所需厚度后通热风固化。

离心浇注成型法的特点是制件壁厚均匀，外表光洁，可应用于大直径筒、管、罐类制件的成型。

**9. 拉挤成型法**

拉挤成型法是将浸渍树脂胶液的连续纤维，在牵引机构的拉力作用下，通过成型模定形，再进行固化，连续引拔出长度不受限制的复合材料管、棒、方形、工字形、槽形，以及非对称形的异形截面等型材，如飞机和船舶的结构件、矿井和地下工程构件等。拉挤成型的工艺如图 8-5 所示。拉挤工艺只限于生产型材，设备复杂。

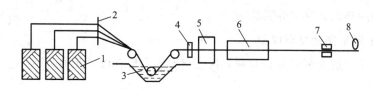

1—增强材料；2—分纱板；3—胶槽；4—纤维分配器；5—预成型模；6—成型模具；7—牵引器；8—切割器

图 8-5　拉挤成型工艺示意图

成型方法可进行"复合"，即用几种成型方法同时完成一件制品。例如成型一种特殊用途的管子，在采用纤维缠绕的同时，还可用布带缠绕或用喷射方法复合成型。

## 8.2.2　金属基复合材料的成型工艺

金属基复合材料的成型工艺根据复合时金属基体的物态不同，可分为固相法和液相法。由于金属基复合材料的加工温度高，工艺复杂，界面反应控制困难，成本较高，因此应用的成熟程度远不如树脂基复合材料，应用范围较小。目前，金属基复合材料主要应用于航空、航天领域。

**1. 颗粒增强金属基复合材料成型**

对于以各种颗粒、晶须及短纤维增强的金属基复合材料，其成型通常采用以下方法。

1）粉末冶金法

粉末冶金法是一种成熟的工艺方法。这种方法可以直接制造出金属基复合材料零件，主要用于颗料、晶须增强的金属基复合材料的成型。其工艺与金属材料的粉末冶金工艺基本相同，首先将金属粉末和增强体混合均匀，制得复合坯料，再压制烧结成锭，然后可通过挤压、轧制和锻造等二次加工制成型材或零件。

采用粉末冶金法制造的复合材料具有很高的比强度、比模量和耐磨性，已用于汽车、飞机和航天器等的零件、管、板和型材中。

2）铸造法

铸造法是一边搅拌金属或合金熔融体，一边向熔融体逐步投入增强体，使其分散混合，形成均匀的液态金属基复合材料，然后采用压力铸造、离心铸造和熔模精密铸造等方法形成金属基复合材料。

3）加压浸渍法

加压浸渍法是将颗粒、短纤维或晶须增强体制成含一定体积分数气体的多孔预成型坯体，将预成型坯体置于金属型腔的适当位置，浇注熔融金属并加压，使熔融金属在压力下浸透预成型坯体（充满预成型坯体内的微细间隙），冷却凝固形成金属基复合材料制品。采用此法已成功制造了陶瓷晶须局部增强铝活塞。图 8-6 为加压浸渍工艺示意图。

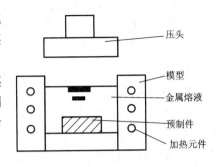

图 8-6　加压浸渍工艺示意图

4）挤压或压延法

挤压或压延法是将短纤维或晶须增强体与金属粉末混合后进行热挤或热轧，以获得制品。

**2. 纤维增强金属基复合材料成型**

对于以长纤维增强的金属基复合材料，其成型方法主要有以下几种。

1）扩散结合法

扩散结合法是生产连续长纤维增强金属基复合材料的最具代表性的复合工艺。按照制件形状及增强方向的要求，将基体金属箔或薄片以及增强纤维裁剪后交替铺叠，然后在低于基体金属熔点的温度下加热、加压并保持一定时间，基体金属产生蠕变和扩散，使纤维与基体间形成良好的界面结合，获得制件。图 8-7 为扩散结合法示意图。

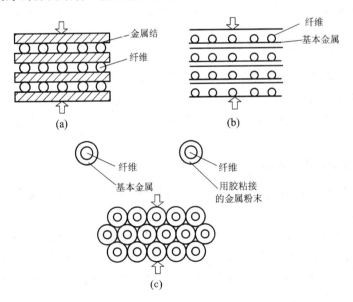

图 8-7　扩散结合法示意图

（a）金属箔复合法；（b）金属无纬带重叠法；（c）表面镀有金属的纤维结合法

扩散结合法易于精确控制，制件质量好，但由于加压的单向性，使该方法限于制作较为简单的板材、某些型材及叶片等制件。

2）熔融金属渗透法

熔融金属渗透法是指在真空或惰性气体介质中，使排列整齐的纤维束之间浸透熔融金属，如图 8-8 所示。该方法常用于连续制取圆棒、管子和其他截面形状的型材，而且加工成本低。

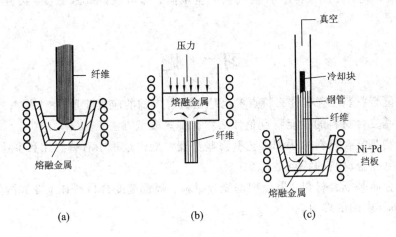

图 8-8　熔融金属渗透法示意图
（a）毛细管上升法；（b）压力渗透法；（c）真空吸铸法

3）等离子喷涂法

等离子喷涂法是指在惰性气体保护下，等离子弧向排列整齐的纤维喷射熔融金属微粒子。其特点是熔融金属粒子与纤维结合紧密，纤维与基体材料的界面接触较好；而且微粒在离开喷嘴后是急速冷却的，因此几乎不与纤维发生化学反应，也不损伤纤维。此外，还可以在等离子喷涂的同时，将喷涂后的纤维随即缠绕在芯模上成型，或者将喷涂后的纤维经过集束层叠，再用热压法压制成制品。

### 8.2.3　陶瓷基复合材料的成型工艺

陶瓷基复合材料的成型方法分为两类，一类是针对陶瓷短纤维、晶须、颗粒等增强体，复合材料的成型工艺与陶瓷基本相同，如料浆浇铸法、热压烧结法等；另一类是针对碳、石墨、陶瓷连续纤维增强体，复合材料的成型工艺常采用料浆浸渗法、料浆浸渍热压成型法和化学气相渗透法。

**1. 料浆浸渗法**

料浆浸渗法是将纤维增强体编织成所需形状，用陶瓷浆料浸渗，干燥后进行烧结。该法的优点是不损伤增强体，工艺较简单，无需模具；缺点是增强体在陶瓷基体中的分布不大均匀。

**2. 料浆浸渍热压成型法**

料浆浸渍热压成型法是将纤维或织物增强体置于制备好的陶瓷粉体浆料里浸渍，然后将含有浆料的纤维或织物增强体制成一定结构的坯体，干燥后在高温、高压下热压烧结为制品。与料浆浸渗法相比，该方法所获制品的密度与力学性能均有所提高。

### 3. 化学气相渗透法

化学气相渗透法是将增强纤维编织成所需形状的预成型体，并置于一定温度的反应室内，然后通入某种气源，在预成型体孔穴的纤维表面上产生热分解或化学反应，沉积出所需的陶瓷基质，直至预成型体中各孔穴被完全填满，即可获得高致密度、高强度、高韧度的制件。

# 习　题

1. 何谓复合材料？它有什么特点？为什么其有广阔的应用前景？
2. 金属基复合材料的性能特点是什么？有哪些成型方法？
3. 聚合物基复合材料的手糊工艺有哪些步骤？操作过程中有哪些注意事项？
4. 陶瓷基复合材料的特点是什么？
5. 举出金属基复合材料、聚合物基复合材料、陶瓷基复合材料在工业和国防中的应用实例，并分析其应用的理由。

# 第 9 章　快速成型技术

## 9.1　快速成型技术简介

快速成型技术(Rapid Prototyping，RP)又称快速原型制造技术，是 20 世纪 80 年代末发展起来的一种先进制造技术，它突破了传统的制造方法，直接根据计算机辅助设计(CAD)模型，不使用机械加工设备就可快速制造形状复杂的零件。该方法综合了 CAD 技术、数控技术、激光技术和材料技术等，是先进制造技术的重要组成部分。

### 9.1.1　快速成型技术的原理

快速成型技术的成型工艺均基于离散-叠加原理来实现快速加工原型或零件的生产。首先，由三维 CAD 软件设计零件的三维实体模型；然后，根据工艺要求，按照一定的规则将模型离散为一系列有序单元：通常对其进行切片分层，得到离散的多层平面，将三维模型变成一系列二维层片，并把各平面的数据信息传给成型系统的工作部件。用激光束或其他方法控制成型材料按照一定规律，精确、迅速地层层堆积黏结起来，形成三维的原型；最后，经后处理成为零件。具体工作原理如图 9-1 所示，激光扫描器在计算机控制下按加工零件各分解层面的形状对成型材料有选择性地扫描，从而形成一层片，再进行下一层的扫描，新层黏结在前一层上，直至整个零件制造完成。

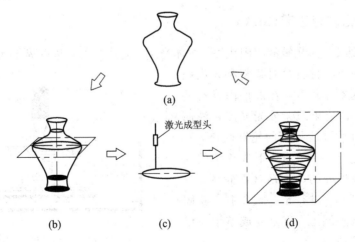

图 9-1　快速成型技术的工作原理

(a) 三维模型；(b) 二维截面；(c) 激光扫描；(d) 叠加三维制件

零件是点、线、面集合的空间实体，快速成型过程就是先将体-面-线离散，再将点-线-面叠加的过程。由于它把复杂的三维制造转化为一系列二维制造的叠加，因而可以在不用模具和工具的条件下生成几乎任意复杂的零部件，极大地提高了生产效率和制造柔性。

### 9.1.2　快速成型技术的分类及特点

快速成型工艺的种类很多，可按照材料的不同进行分类，快速成型材料包括液态材料、离散颗粒和实体薄片。液态材料的快速成型方法有液态树脂固化成型和熔融材料凝结成型，而液态树脂固化又包括逐点固化和逐面固化；熔融材料凝结成型又包括逐点凝结和逐面凝结。离散颗粒材料快速成型方法包括激光熔融颗粒成型和黏结剂黏结颗粒成型两种方法。实体薄片材料快速成型方法有薄片黏结堆积成型和光堆积成型两种。

按成型方法，快速成型可分为基于激光或其他光源的成型技术和基于喷射的成型技术两大类。前者包括光固化快速成型、叠层制造成型、选择性激光烧结成型等方法；后者包括熔融堆积成型工艺、三维印刷成型等方法。

快速成型方法与其他传统方法相比较，具有以下特点：

（1）快速成型技术具有高度的柔性，它属于非接触式加工，不使用刀具、夹具等专用工具，在计算机控制下制造出任意复杂形状的零件，从而摆脱了传统加工方法的局限性。

（2）快速成型技术方便地实现了设计制造一体化，通过离散分层模型工艺，将CAD、计算机辅助制造（CAM）技术和制造技术有效地结合在一起。

（3）快速成型技术与传统制造方法相比，不需要传统的刀具或工装等生产准备工作，任何复杂零件的加工均可在一台设备上完成，因此，很大程度上缩短了产品的开发周期，降低了开发成本。

（4）成型过程中无震动、噪声和废料。

# 9.2　快速成型工艺

### 9.2.1　光固化成型工艺（SLA）

光固化成型又称为光敏液相固化法、立体光刻、光造型等，是世界上第一种快速成型技术，它使用的成型材料是对某特种光束敏感的树脂。其基本原理为：在液槽内盛有液态的光敏树脂，激光束或紫外光光点在液面上按计算机切片软件所得到的轮廓轨迹，对液态光敏树脂进行扫描固化，形成连续的固化点，从而构成模样的一个薄截面轮廓。一个层面扫描完成后，进行下一层扫描，新固化的层黏结在前一层上，直至完成整个三维零件，如图9-2所示。

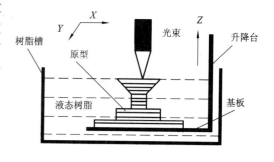

图9-2　光固化成型过程

这种方法精度高，成型速度较快，扫描质量好，但设备价格昂贵，需要支撑装置，树脂收缩会引起精度下降，并且光固化树脂有一定毒性。

光固化快速成型技术适合于制作中小型工件，能直接得到树脂或类似工程塑料产品，主要用于概念模型的原型制作，或用来完成简单装配检验和工艺规划。

## 9.2.2 叠层制造成型工艺(LOM)

叠层制造成型又称为分层实体制造，它采用薄片材料，如纸、塑料薄膜等。其成型工艺如图 9-3 所示。片材表面事先涂一层热熔胶，并卷套在纸辊上，并跨过支承辊缠绕到收纸辊上。将需进行快速成型产品的三维图形输入计算机的成型系统，用切片软件进行切片处理，得到沿产品高度方向上的一系列横截面轮廓线。步进电机带动收纸棍转动，使纸卷沿图中箭头方向移动一定距离。工作台上升与纸卷接触，热压辊滚压纸面，加热纸背面的热熔胶，并使这一层纸与前一层纸黏合。$CO_2$ 激光器发射的激光束跟踪零件的二维截面轮廓数据，进行切割，并将轮廓外的废纸余料切割出方形小格，以便成型过程完成后易于剥离余料。每切割完一个截面，工作台连同被切出的轮廓层自动下降至一定高度，然后步进电机再次驱动收纸辊将纸移到第二个需要切割的截面，重复循环工作，直至形成由一层层横截面黏叠的立体纸样。最后剥离废纸小方块，即可得到性能类似硬木或塑料的模样产品。

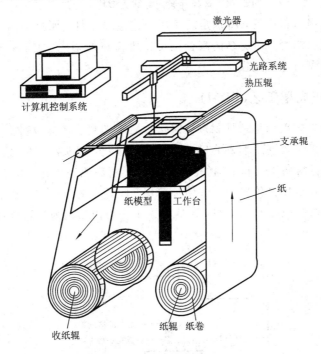

图 9-3 叠层制造成型工艺

这种方法只需切割片材上的截面轮廓，不用扫描整个截面，成型速度快，适于制造大型零件，成型时不需支撑装置。但零件精度不如光固化工艺高，设备复杂，成本较高，并且成型材料性能较差，因此，此法在快速成型中的地位日益降低。

## 9.2.3 选择性激光烧结成型工艺(SLS)

选择性激光烧结成型工艺是在一个充满氮气的惰性气体加工室中利用粉末状材料成型的，所采用的材料较广泛，包括尼龙、蜡、ABS 塑料、树脂、聚碳酸酯、金属及陶瓷粉末等。其工艺如图 9-4 所示。先将一层很薄的可熔粉末沉淀到圆柱形容器底板上，根据 CAD 数据控制 $CO_2$ 激光束的运动轨迹，对可熔粉末材料进行扫描熔化，并调整激光束的强度将粉末烧结。当激光在模样几何形状所确定的区域内移动时，就能将粉末烧结，从而生成模样的截面形状，并与下面已成型的部分黏结在一起。每层烧结都是在先制成的那层顶部进行，一层截面烧结完成以后，铺上新的一层材料粉末，选择性地烧结下层截面。未烧结的粉末在制完模样后，可用刷子或压缩空气去除。

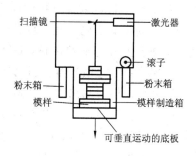

图 9-4　选择性激光烧结成型技术工艺

这种方法可选材料很广泛，特别是能直接制造金属零件，而且不需支撑装置。此工艺通常与铸造工艺紧密结合，如烧结的陶瓷型可作为铸造的型壳、型芯，蜡型可作蜡模，热塑性材料烧结的模型可作消失模。

## 9.2.4　熔融堆积成型工艺(FDM)

熔融堆积成型工艺采用热塑性材料，即蜡、ABS 塑料、聚碳酸酯、尼龙等，并以丝状供料。其工艺如图 9-5 所示。材料在喷头内被加热熔化，喷头沿零件截面轮廓和填充轨迹运动，并将熔化的材料挤压出非常细的热熔塑料丝，材料迅速固化，并与周围的材料黏结，并逐步堆积形成由切片软件给出的二维切片薄层。同理，制造模样从底层开始，一层一层进行，由于热塑性树脂或蜡冷却很快，这样形成了一个由二维薄层轮廓堆积并黏结成的立体模样。

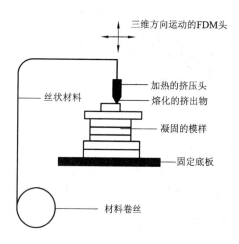

图 9-5　熔融堆积成型工艺

这种方法不用激光而用电能，维修方便，成本较低，使用的成型材料广泛，一般为无毒无味的热塑性材料,没有污染,如工程塑料 ABS、聚碳酸酯 PC、工程塑料 PPSF 以及没有产生毒气和化学污染的危险,适合于产品设计的概念建模以及产品的形状及功能测试,并且适合制作大型零件,因此得到快速发展。但是喷头为机械运动,速度有一定的限制。

## 9.2.5　三维打印技术(3DP)

三维打印采用粉末材料,如陶瓷粉末、金属粉末,但不是经过烧结连接的,而是通过喷头用黏结剂将零件的截面"印刷"在材料粉末上。其成型工艺如图 9-6 所示。将粉末由储料桶送出,再以滚筒将送出的粉末在加工平台上铺上一层很薄的原料,喷嘴按计算机模型切片后给出的轮廓喷出黏结剂,黏着粉末。完成一层,加工平台自动下降,储料桶上升,刮刀将粉末推平,再喷黏结剂,循环直到完成零件形状。未被喷射黏结剂的粉末,在成型过程中起支撑作用,在成型结束之后去除。

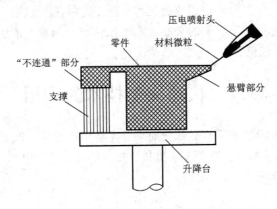

图 9-6　三维打印技术成型工艺

三维打印材料主要包括工程塑料、光敏树脂、橡胶类材料、金属材料和陶瓷材料等,另外,彩色石膏材料、人造骨粉、细胞生物原料以及砂糖等食品材料也在三维打印领域得到了应用。三维打印技术已用于模具制造、汽车、航空航天、服装、建筑、饰品及医疗行业等领域。目前已经研发出不同类型的三维打印机,它们可以"打印"航空发动机的重要零部件,皮肤、骨骼和身体其他器官,楼房和别墅,也可以"打印"出食物。三维打印产业在国内外受到了越来越广泛的关注,具有广阔的发展前景。

以上五种快速成型方式都是目前普遍使用的工艺,但事实上,在快速成型技术出现至今的 20 年里,还有其他的一些成型工艺,如逐层固化法(SGC)、发泡造型装置及发泡分层技术、多材料复合成型方法等。

## 9.2.6　快速成型工艺的比较

光固化快速成型工艺使用的是遇到光照射便固化的液体材料,称为光敏树脂。当扫描器在计算机的控制下扫描光敏树脂液面时,扫描到的区域就发生聚合反应和固化,这样层层加工即完成了原型的制造。光固化快速成型工艺所用的激光波长有限,这种工艺成型的零件有较高的精度且表面光洁。但其缺点是可用材料的范围较窄,材料成本较高,激光器价格昂贵,从而导致零件制作成本较高。

叠层制造成型工艺的层面信息通过每一层的轮廓来表示,激光扫描器的动作由这些轮廓信息控制，它采用的材料是具有厚度信息的片材。这种方法只需加工轮廓信息，因此可以达到很高的加工速度。缺点是材料范围很窄，每层厚度不可调整，每层轮廓被激光切割后会留下燃烧的灰烬，且燃烧时有较大的烟雾。

选择性激光烧结成型工艺使用固体粉末材料，该材料在激光的照射下，吸收能量，发生熔融固化，从而完成每层信息的成型。这种工艺材料适用范围很广，特别是在金属和陶瓷材料的成型方面有独特的优点。缺点是所成型的零件精度低和表面粗糙度较高。

熔融堆积成型工艺不采用激光作能源，而是用电能加热塑料丝，使其在挤出喷头前达到熔融状态，喷头在计算机的控制下将熔融的塑料丝喷涂到工作平台上，从而完成各个零件的加工过程。这种方法的能量传输和材料传输均不同于前面的三种工艺，系统成本较低。缺点是由于喷头的运动是机械运动，速度有一定限制，因而加工时间稍长；成型材料适用范围不广泛；喷头孔径不可能很小，因此原型的成型精度较低。

三维印刷工艺是一种简单的快速成型技术，操作简单，速度高，适合办公室环境使用。缺点是工件表面顺滑度受制于粉末的大小，因此工件表面粗糙，须用后处理加以改善；原型件结构较松散，强度较低。

# 9.3　快速成型技术的应用

由于快速成型技术能够缩短产品开发周期、提高生产效率、改善产品质量、优化产品设计，因此得到了极大重视，并在汽车、机械、航空航天、电子电器、医学、建筑、工业设计等领域有着广泛的应用。

**1. 新产品的开发**

快速成型技术的主要应用就是开发新产品，也就是产品的概念原型与功能原型的制造。目前，快速成型技术已参与了产品开发的几乎所有环节，其主要作用表现在以下几个方面。

1）为决策层提供决策直观性

一个新产品的开发总是从外形设计开始的，外观是否美观实用往往决定了该产品是否能够被市场接受，传统的做法是根据设计师的思想，先制作出效果图及手工模型，经决策层评审后再进行后续设计。但由于二维效果图的表达效果受到很大限制，决策过程不够直观，手工制作模型费时长，精度又差，手工模型与设计师的意图存在着较大的差异，这一问题一直不能得到较好的解决。快速成型技术能够迅速地将设计师的设计思想变成三维的实体模型，与手工制作相比，不仅节省了大量的时间，而且精确地体现了设计师的设计理念，为决策层产品评审的决策工作提供了直接准确的模型，减少了决策工作中的不正确因素。

2）减少人为缺陷，提高设计质量

在产品的开发设计过程中，由于设计手段和其他方面的限制，每一个设计都会存在着一些人为的设计缺陷，如果不能及早发现，就会影响接下来的工作，造成不必要的损失，甚至会导致整个设计的失败。因此，及早地发现并改正设计缺陷变得十分重要，使用快速成型技术可以将这种人为的影响减少到最低限度。快速成型技术由于成型时间短，精确度高，可以在设计的同时制造高精度的模型，使设计师能够在设计阶段对产品的整体或局部进行装配和综合评价，从而发现设计上的缺陷与不合理因素，不断地改进设计。快速成型技术的应用可把产品的设计缺陷消灭在设计阶段，最终提高产品整体的设计质量。

3）缩短设计周期，加快开发进度

快速成型技术的应用，可以做到产品的设计和模具生产并行。传统的设计手段中，只有在模具验收合格后才能进行整机的装配以及各种验收。设计修改模具和制造模具会导致设计与制造过程包含大量重复性的工作，延长模具的制造周期，最终导致修改时间约仅占整个制作时间的 20%～30%。应用快速成型技术之后，利用快速成型的制件进行整机装配和各种试验，随时与模具中心进行信息交流，这样模具制造与整机的试验评价并行工作，迅速完成从设计到投产的转换。另外，快速成型技术形成的模型对于模具的设计与制造过程有着明显的指导作用。对于具体产品来说，模具制造时间可以大大缩短，模具制造的质量可以得到提高，相应地对最终的产品质量提高起到了积极的影响。

4）提供样件

由于应用快速成型技术制作出的样品比二维效果图更加直观，比工作站中的三维图像更加真实，而且具有手工制作的模型所无法比拟的精度，因而在样件制作方面有比较大的优势。利用快速成型技术制作出的样件，使用户非常直观地了解尚未投入批量生产的产品的外观及其性能并及时做出评价，使生产方能够根据用户的需求及时改进产品，为产品的销售创造了有利条件，同时避免了由于盲目生产可能造成的损失。同时，在工程投标中投标方常常被要求提供样品，投标方可通过样品展示进行直观全面的项目介绍，用更加完善的设计，为中标创造有利条件。

**2. 快速模具制造**

模具是现代工业生产中最重要的工艺装备，其形状复杂又属单件生产，传统模具制作工艺复杂、时间长、费用高，而快速成型技术与传统工艺相结合推动了快速成型制造经济的发展，也取得了很多成果。目前，较多地以快速成型技术制作的非金属原型件为母模，结合传统的制造方法来间接快速制作模具。

快速成型技术与精密铸造相结合互补，是快速生产单件小批量复杂形状金属零件的有效方法。最常见的是快速成型技术与熔模精铸相结合，即用快速成型制作的原型件作母模，或者由原型件翻制的软质模具所生产的蜡模作母模，再借助传统的熔模铸造工艺来生产金属零件。快速成型技术在精密铸造中的应用可以分为三种：一是消失成型件（模）过程，用于小批量件生产；二是直接型壳法，用于小量生产；三是快速蜡模模具制造，用于大批量生产。

选择性激光烧结成型法现已实际用于制造注塑模和压铸模等模具，其可将金属粉末直接烧结成模具，烧结出的制件精度和表面质量都较好，经过短时间的微粒喷丸处理便可投入使用。如果模具精度要求很高，可在烧结成型后再进行高速精铣。

基于快速成型技术的快速制模法，可以根据所要求模具寿命的不同，结合不同的传统制造方法来实现。对于寿命要求不超过 500 件的模具，可使用以快速原型作母模、再浇注液态环氧树脂与其他材料（如金属粉）的复合物而快速制成的环氧树脂模。若是仅仅生产 20～50 件的注塑模，还可以使用由硅胶铸模法（以快速原型件为母模）制作的硅橡胶模具。对于寿命要求在几百件至几千件（上限为 3000～5000 件）的模具，则常使用由金属喷涂法或电铸法制成的金属模壳。

　　对于快速成型技术工艺制作的零件原型,还可以与陶瓷模法、研磨法等转换技术相结合来制造金属模具或金属零件。

**3. 医学仿生制造**

　　快速成型技术在医学方面的应用日益增多。根据电子计算机断层扫描(CT)扫描或磁共振成像(MRI)核磁共振的数据,采用快速成型方法可以快速制造人体骨骼和软组织的实体模型,它们可帮助医生进行辅助诊断和确定治疗方案,具有极大的临床价值和学术价值。目前,该技术具体应用在颅骨修复、人工关节成型及牙科等方面。

　　由于其独特的高度柔性的制造原理及其在产品开发过程中的优势,快速成型技术已越来越受到制造厂商和科技界人士的重视,其应用也正从原型制造向最终产品制造发展。

# 习　　题

1. 简述快速成型技术的含义及其常用的方法。
2. 指出快速成型技术的主要发展方向。
3. 说明分层实体制造(LOM)快速成型工艺的原理及特点。
4. 快速成型技术有哪些应用?

# 第 10 章　成型材料与方法选择

## 10.1　毛坯材料成型方法选择

### 10.1.1　常用的毛坯材料

材料成型中，常用的毛坯材料有金属材料、非金属材料和复合材料，其中金属材料尤其是钢铁材料仍是目前用量最大、应用最广的毛坯材料。常用的金属材料可分为铸造合金、压力加工金属材料等。

**1. 铸造合金**

铸造合金为具有一定铸造性能、用于生产铸件的合金，主要用于制造形状较复杂的毛坯和零件。常用的铸造合金有铸铁、铸钢、铸造有色合金。

1）铸铁

铸铁在铸造合金中的应用最广，常用的铸铁有灰口铸铁、可锻铸铁、球墨铸铁和蠕墨铸铁。其中灰口铸铁的铸造性能最好，有较高的抗压强度，但力学性能和焊接性均较差，常用于受力较大的零件，尤其是承压件，如机座、箱体及机床床身等。可锻铸铁的铸造性能及焊接性较差，但力学性能较好，一般不用于大中型零件，而多用于制造形状复杂、承受冲击载荷的薄壁小件。球墨铸铁因其力学性能较好，铸造性能仅略低于灰口铸铁，目前正逐渐替代可锻铸铁，主要应用于内燃机曲轴、连杆、齿轮等。蠕墨铸铁的铸造性能接近灰口铸铁，应用也日渐增多。

2）铸钢

铸钢的铸造性能差，力学性能优于铸铁，其中低碳铸钢的焊接性较好，一般用于制造承受重载荷、复杂载荷或冲击零件，如曲拐、齿轮等。

3）铸造有色合金

常用的铸造有色合金有铸造铝合金和铸造铜合金。其强度一般不高，铸造性能也较差，但具有较好的耐磨性、耐腐蚀性和耐热性，常用于制造耐热、耐蚀、导热要求的零件，如内燃机活塞、滑动轴承等。

**2. 压力加工金属材料**

压力加工过程中金属材料会产生一定的塑性变形，要求材料具有一定塑性，常用的材料有碳钢、低合金结构钢、合金钢及变形铝合金等。低碳钢和强度级别低的低合金结构钢塑性较好，焊接性良好，但强度较低；中碳钢和强度级别高的低合金结构钢力学性能较好，热加工时塑性较好，但焊接性较差，一般用于制造型材、板材及一般场合机械零件。高碳钢和合金钢强度高，但塑性差，热加工时有良好的塑性，但变形抗力较大，且焊接性差，常用于制造模具、量具、刃具、弹簧或耐磨耐蚀的机械零件。变形铝合金塑性较好，强度一般较低，焊接性较差，适于制造电器元件及齿轮、弹簧等。

常用金属毛坯材料的比较见表 10-1。

**表 10-1　常用金属毛坯材料的比较**

| 材料类别 | | 力学性能 | | 工艺性能 | | 焊接性 | 切削加工性 | 主要应用 |
|---|---|---|---|---|---|---|---|---|
| | | 抗拉强度 | 塑性韧性 | 铸造性能 | 塑性成型性 | | | |
| 铸造合金 | 灰口铸铁 | 较低或中等 | 极差 | 好 | — | 差 | 一般 | 形状复杂、壁厚差别较大、承载较小或中等的以及承受摩擦和震动的零件 |
| | 球墨铸铁 | 较高 | 较差 | 较好 | — | 差 | 一般 | 形状复杂、承载较大或较复杂的以及承受冲击、摩擦或震动的零件 |
| | 可锻铸铁 | 较高 | 较差 | 差 | — | 差 | 一般 | 形状复杂、承载较大的以及承受冲击、摩擦或震动的薄壁小件 |
| | 铸钢 | 较高或高 | 较好 | 差 | — | 一般 | 一般 | 形状复杂、承受重载荷、冲击载荷的或受力复杂的零件 |
| | 铸造铝合金 | 较低或中等 | 较差 | 差或较差 | — | 较差或一般 | 好 | 形状复杂、耐热、耐蚀性要求较高的零件 |
| 压力加工金属材料 | 低中碳钢、低合金结构钢 | 较高 | 较好 | 差 | 好 | 一般 | 较好 | 工程构件和一般机械零件 |
| | 高碳钢合金钢 | 中或高 | 差或一般 | 差 | 中或较差 | 一般 | 一般 | 工模具、刃具、量具、重要机械零件、耐磨、耐蚀件 |
| | 变形铝合金 | 较低或中等 | 较好 | 差或较差 | 好 | 较差或一般 | 好 | 工程构件、机械零件、电器元件 |
| | 变形铜合金 | 较低或中等 | 较好 | 差或较差 | 好 | 较差 | 好 | 机械零件、仪表零件、电器元件 |

## 10.1.2　材料成型方法的选择原则

合理选择材料成型方法不仅可以保证产品的质量,而且可以简化成型工艺,提高经济效益。因此,通常选择时必须考虑以下原则。

**1. 满足使用性能的要求**

零件的使用性能要求包括零件类别、用途、形状、尺寸、精度、表面质量以及材料的化学成分、金属组织、力学性能、物理性能和化学性能等方面的使用要求。不同的零件,其功能不同,使用要求也有所不同,且同类零件也因材料不同其成型方法有所不同。例如,杆类零件中机床的主轴和手柄,其中主轴是机床的关键零件,尺寸、形状和加工精度要求很高,且受力复杂,在长期使用中不允许发生过大的变形,通常可用 45 钢或 40Cr 钢等具有良好综合力学性能的材料,经锻造成型及严格切削加工和热处理制成;而机床手柄则通常采用低碳钢圆棒料或普通灰铸铁件为毛坯,经简单的切削加工制成。又如发动机曲轴,在工作过程中通常要承受很大的拉伸、弯曲和扭转应力,要求具有良好的综合力学性能,但根据不同使用要求其成型方法是不同的,高速大功率发动机曲轴一般采用强度和韧性较好的合金结构钢锻造成型;功率较小时可采用球墨铸铁铸造成型或用中碳钢锻造成型。

另外,根据零件形状、尺寸和精度的不同,成型方法也有所不同。通常轴杆类、盘套类零件的形状较为简单,可采用压力加工成型、焊接成型;机架箱体类零件往往具有复杂内腔,一般选择铸造成型,比如,机床床身是机床的主体,主要的功能是支承和连接机床的各个部件,以承受压力和弯曲应力为主,同时为了保证工作的稳定性,应有较好的刚度和减震性,机床床身一般又都是形状复杂并带有内腔的零件,故在大多数情况下,机床床身选用灰铸铁件为毛坯,其成型方法一般采用砂型铸造。而不同的成型方法能实现的精度等级也是不同的,如铸件,尺寸精度要求不高的可采用普通砂型铸造,尺寸精度要求较高的可采用熔模铸造、压力铸造及低压铸造等。对于锻件,尺寸精度低的采用自由锻造,尺寸精度要求高的可选用模型锻造。

**2. 适应成型工艺性要求**

成型工艺性包括铸造工艺性、锻造工艺性、焊接工艺性等。成型工艺性的好坏对零件加工的难易程度、生产效率、生产成本等起着十分重要的作用。因此,选择成型方法时,必须注意零件结构与材料所能适应的成型加工工艺性。当零件形状比较复杂、尺寸较大时,用锻造成型往往难以实现,如果采用铸造或焊接,则其材料必须具有良好的铸造性能或焊接性能,在零件结构上也要适应铸造或焊接的要求。另外,应针对不同的毛坯材料性能来选择合适的焊接方法:通常不能采用锻压成型的方法和避免采用焊接成型的方法来制造灰口铸铁零件,避免采用铸造成型的方法制造流动性较差的薄壁毛坯,不能用埋弧自动焊焊接仰焊位置的焊缝,不能采用电阻焊方法焊接铜合金构件,不能采用电渣焊焊接薄壁构件等等。

**3. 经济性原则**

经济性原则是指零件的制造材料费、能耗费、人工费用等成本最低。选择成型方法时,在保证零件使用要求的前提下,从材料价格、零件成品率、整个制造过程的加工费、材料利用率、零件寿命等方面对可供选择的方案从经济性上进行综合地分析比较,选择成本低廉的成型方法。例如,以往通常选用调质钢(如 40、45、40Cr 等)模锻成型方法加工发动机曲轴，而随着研究的深入，目前逐渐采用疲劳强度与耐磨性较高的球墨铸铁（如 QT600－3、QT700－2 等）替代，并利用砂型铸造成型，这样不仅可满足使用要求，而且成本降低了50％～80％，提高了铸件的耐磨性。

另外，还应考虑零件的生产批量，即单件小批量生产时，选用通用设备和工具以及低精度、低生产率的成型方法，这样，毛坯生产周期短，能节省生产准备时间和工艺装备的设计制造费用，虽然单件产品消耗材料较多，耗费工时长，但总成本较低；大批量生产时，应选用专用设备和工具，以及高精度、高生产率的成型方法，这样，毛坯生产率高，精度高，虽然专用工艺装置增加了费用，但材料的总消耗量和切削加工工时会大幅降低，总的成本也降低。例如，采用手工造型铸造和自由锻造方法，毛坯的制造费用一般较低，但原材料消耗和切削加工费用都比机器造型铸造和模型锻造高，因此此方法进行较大批量生产时，零件的整体制造成本较高。

同时，在选择成型方法时，必须考虑企业的实际生产条件，如设备条件、技术水平、管理水平等。一般情况下，如生产的零件满足使用要求，应充分利用现有生产条件。当采用现有条件不能满足产品生产要求时，也可考虑调整毛坯种类、成型方法，对设备进行适当的技术改造，或通过协作解决。

**4．环保节能原则**

现在，环境已成为全球关注的大问题。地球温暖化、臭氧层破坏、酸雨、固体垃圾、资源能源的枯竭等环境恶化问题不仅阻碍生产发展，甚至危及人类的生存。环境恶化和能源枯竭已是人类必须解决的重大问题，因此，在发展工业生产的同时，必须考虑环保和节能问题，必须做到以下几点：

（1）尽量减少能源消耗，选择能耗小的成型方案，并尽量选用低能耗成型方法的材料，合理进行工艺设计，尽量采用净成型、近净成型的新工艺。

（2）不使用对环境有害和产生对环境有害物质的材料，采用材料利用率高、易再生回收的材料。

（3）避免排出大量 $CO_2$ 气体，导致地球温度升高。例如汽车在使用时需要燃料并排出废气，则使用重量轻、发动机效率高的汽车可降低排耗，可通过更新汽车用材与成型方法实现。

**5．利用新工艺、新技术、新材料**

随着科技的不断发展，市场需求的不断增加，用户要求多变的、个性化的精制产品：产品的生产由大批量转变成小批量，多品种转变成少品种；产品的类型更新加快，生产周期缩短；同时还要求产品的质量高且成本低。因此，选择成型方法应扩大对新工艺、新技术、新材料的应用，如精密铸造、精密锻造、精密冲裁、冷挤压、液态模锻、特种轧制、超塑性成型、粉末冶金、注塑成型、等静压成型、复合材料成型以及快速成型等，以及采用少、无余量成型方法，以显著提高产品质量、经济效益与生产效率。

# 10.2　常用机械零件的毛坯成型方法选择

常用机械零件的毛坯成型方法有铸造、锻造、焊接、冲压、型材等，各零件的形状和用途不同，毛坯成型方法不同。常用成型方法的比较见表 10－2。

**表 10－2　常用成型方法的比较**

| 比较内容 | 成型方法 | | | | |
|---|---|---|---|---|---|
| | 铸造 | 锻造 | 冲压 | 焊接 | 粉末冶金 |
| 成型特点 | 液态成型 | 固态塑性变形 | 固态塑性变形 | 连接 | 压制烧结成型 |
| 常用材料 | 铸铁、铸钢、非铁合金 | 低、中碳钢、合金结构钢 | 低碳钢薄板、非铁合金薄板 | 低碳钢，低合金结构钢，不锈钢，非铁合金 | 金属或非金属粉末、高熔点金属材料或金属化合物 |
| 成型的形状 | 可成型带有内腔的复杂形状 | 自由锻较简单；模锻可较复杂 | 可较复杂 | 均可 | 形状简单 |
| 成型尺寸与重量 | 砂型铸造均可；特种铸造不宜过大 | 自由锻均可；模锻受限制，一般小于 150 kg | 最大板厚为 8～10 mm | 均可 | 不易过大 |
| 材料利用率 | 高 | 自由锻低；模锻较高 | 较高 | 较高 | 最高（近 100%） |
| 生产批量 | 砂型铸造可 | 自由锻单件小批；模锻成批、大量 | 大批量 | 单件、小批、成批 | — |
| 生产率 | 砂型铸造低 | 自由锻低；模锻较高 | 高 | 中、低 | 较高 |
| 应用举例 | 机架、床身、底座、导轨、变速箱、泵体、带轮、轴承座、曲轴、凸轮轴、齿轮等形状复杂的零件 | 机床主轴、传动轴、齿轮、连杆、凸轮、螺栓、弹簧、曲模、锻模、冲模等对力学性能尤其是强度和韧度要求较高的零件 | 汽车车身覆盖件、仪器仪表与电器的外壳及零件、油箱、水箱等各种用薄板成型的零件 | 锅炉、压力容器、化工容器、管道、吊车构架、桥梁、车身、船体、飞机构件等各种金属结构件、组合件，还可用于零件修补 | 轴承、金刚石工具、硬质合金、活塞环、齿轮等精密零件和特殊性能的制品 |

### 10.2.1　轴杆类零件

轴杆类零件为长径比较大的零件,常见的有光轴、阶梯轴、偏心轴和曲轴等,如图10-1所示,主要功用为支撑传动件,传递运动和动力,承受弯曲、扭转、拉伸、压缩等各种应力。轴径部分由于摩擦和冲击载荷等的作用,将产生磨损、变形或断裂等缺陷,因此要求零件具有较高的综合力学性能、一定的表面质量和耐磨性。

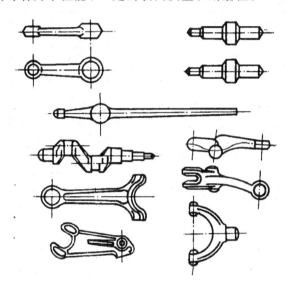

图10-1　轴杆类零件

轴杆类零件一般选择钢或铸铁,用锻造或铸造方法制造毛坯。通常光轴、直径变化较小的轴、力学性能要求不高的轴,可直接选用轧制圆钢制造。直径差较大的阶梯轴,通常采用锻造方法制造毛坯,单件小批量生产常采用自由锻,大批量可采用模型锻造。异形断面或弯曲轴线的轴,如凸轮轴、曲轴等,在满足使用要求的前提下,可选用球墨铸铁采用铸造方法制造毛坯,以降低制造成本。在某些情况下,也可以采用锻-焊或铸-焊结合的方法来制造轴杆类零件的毛坯。

### 10.2.2　盘套类零件

盘套类零件包括齿轮、带轮、飞轮、模具、法兰盘、联轴节、套环、垫圈等,如图10-2所示,它们通常为轴向尺寸小于径向尺寸,或两个方向尺寸相近。一般对于承受轻载、力学性能要求不高的盘套类零件采用铸造或结合焊接的方法制造,而对于承受重载、力学性能要求较高的零件则采用锻造方法。

齿轮是典型的盘套类零件,通常轮齿齿面承受接触应力和摩擦力,齿根承受交变的弯曲应力,还承受冲击力,轮齿易产生磨损、点蚀、变形或折断,因此,对其强度、韧性以及齿面的硬度和耐磨性都有一定要求。但在机械加工中,因工作条件有很大差异,毛坯制造方法也有所不同:力学性能要求不高的低速、轻载齿轮,可选用灰铸铁、球墨铸铁等材料铸造成型制造毛坯;要求表面硬度和良好的力学性能的高速、重载齿轮,可选用合金结构钢锻造成型后,进行齿部渗碳、淬火热处理,大批量生产时可采用热轧或精密模锻的方法;

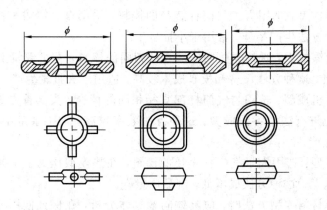

图 10 - 2　盘套类零件

而直径大于 500 mm 的齿轮锻造比较困难，通常可选用铸钢或球墨铸铁铸造成型结合焊接方法制造；低速、受力不大或开式运转齿轮可选用工程塑料注塑成型制造；带轮、飞轮等零件受力不大且结构简单，通常采用灰铸铁铸造成型，单件生产时也可采用低碳钢焊接完成；法兰根据受力情况及形状、尺寸等不同，可采用铸造或锻造加工，厚度较小的垫圈一般采用板材冲压成型。

## 10.2.3　机架、箱座类零件

机架、箱座类零件一般结构复杂，壁厚分布不均匀，形状不规则，重量从几千克至数十吨，工作条件也相差很大。机身、底座等一般的基础零件，主要起支承和连接机械各部件的作用，除承受压力外，还要求有较好的刚度和减震性；有些机械的机身、支架还要承受压、拉和弯曲应力的耦合作用，以及冲击载荷；工作台和导轨等零件，则要求有较好的耐磨性；箱体零件一般受力不大，但要求有良好的刚度和密封性，这类零件通常铸造成型。对于不易整体成型的大型机架可采用焊接成型方法完成，但结构会产生内应力，易产生变形，吸震性不好。

## 10.2.4　毛坯成型方法选择举例

图 10 - 3 所示发动机上的排气门，材料为耐热钢，可有下列几种成型方法。

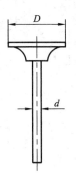

图 10 - 3　排气门

（1）胎模锻造成型：选用大于气门杆直径的棒料，采用自由锻拔长杆部，再用胎模镦粗头部法兰。这种方法生产率低，常用于小批量生产。

（2）平锻机模锻成型：选用与气门杆部直径相同的棒料，在平锻机上采用锻模模膛对头部进行局部镦粗。这种方法设备和模具成本较高，适用于大批量生产。

（3）摩擦压力机成型：选用与气门杆部直径相同的棒料，头部首先进行电热镦粗，然后在摩擦压力机上进行法兰终锻成型。这种方法效率较高，加工余量小，材料利用率高，可用于中小批量生产。

（4）热挤压成型：选用大于气门杆直径的棒料，在热模锻压力机上挤压成型杆部，闭合镦粗头部形成法兰。这种方法成本低，制品质量好。

总之，在选择材料成型方法时，应具体问题具体分析，在保证使用要求的前提下，力求做到质量好、成本低和制造周期短。

# 习　题

1．选择材料成型方法的原则是什么？

2．成型材料选择与成型方法选择之间有何关系？

3．从轴杆类、盘套类、箱体底座类零件中，分别举出 1～2 个零件，试分析如何选择毛坯成型方法。

4．为什么齿轮多用锻件，而带轮、飞轮多用铸件？

5．在什么情况下采用焊接方法制造箱体类零件毛坯？

6．选择某种熟悉的机械设备，试分析其主要零件材料的成型方法。

7．大批量生产（3 万件/年）如题 10 - 7 图所示的自来水管阀体，请选择材料成型方法。

8．某厂要生产如题 10 - 8 图所示的伞齿轮，要求耐冲击、耐疲劳、耐磨损，对力学性能要求较高，当生产 10 件、200 件与 10 000 件时，应如何选择材料成型方法？

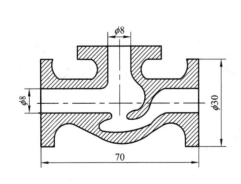

题 10 - 7 图

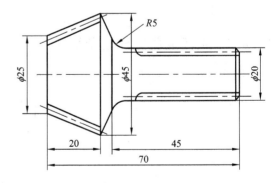

题 10 - 8 图

# 附录　习题参考答案

## ■ 第 1 章

1. 最常见的晶体结构有体心立方晶格、面心立方晶格和密排六方晶格 3 种。

其中：铬(Cr)、钼(Mo)、钨(W)属于体心立方晶格结构；

镍(Ni)、铝(Al)、铜(Cu)属于面心立方晶格结构；

镁(Mg)、锌(Zn)、铍(Be)属于密排六方晶格结构。

2. 固溶体中晶格结构保持为溶剂的晶格结构形式，溶质原子替换溶剂原子或游离在溶剂晶格结构原子间隙间。力学性能将综合溶剂和溶质性能，并因含量不同而有所区别，通常综合力学性能较好。

金属化合物一般用分子式表示其组成，具有复杂的晶体结构，通常机械性能为硬度高，脆性大。

3. (1) 含 0.45%C 的铁碳合金属于亚共析钢，如答题图 1-3(a)所示，在 1 点以上为液相(L)，当温度降到 1 点后，L 开始结晶出奥氏体(A)，在 1~2 间为 L+A，至 2 点全部结晶为奥氏体。2~3 是单相奥氏体，当温度降至 3 点时，从奥氏体的边界上开始析出铁素体(F)。当温度降至 4 点时，发生共析转变，形成珠光体(P)，亚共析钢室温平衡组织为铁素体和珠光体。

含 0.8%C 的铁碳合金属于过共析钢，如答题图 1-3(c)所示，在 1 点以上为液相 L，至 1 点，开始从液相中结晶出奥氏体，直到 2 点结晶完毕，形成单相奥氏体。当冷却到 3 点时，开始从奥氏体中沿境界先析出二次渗碳体($Fe_3C_{II}$)，至 4 点时发生共析转变形成珠光体。过共析钢室温平衡组织为珠光体与网状二次渗碳体组成的共析体。但是，由于其碳含量与共析钢非常接近，所以也可近似为共析钢。即如答题图 1-3(b)所示，在 1 点以上为液相 L，至 1 点后，开始从液相中结晶出奥氏体，在 1~2 点区间为 L+A，冷却到 2 点时，结晶完毕，全部为单相均匀奥氏体晶粒，2~3 点间是单相奥氏体。缓冷到 3 点发生共析转变形成珠光体，当温度从 727℃继续降低，珠光体不再发生变化。因此，共析钢的室温平衡组织为珠光体。

含 1.2%C 的铁碳合金属于过共析钢，即如答题图 1-3(c)所示，1 点，开始从液相中结晶出奥氏体，直到 2 点结晶完毕，形成单相奥氏体。当冷到 3 点时，开始从奥氏体中沿晶界先析出二次渗碳体($Fe_3C_{II}$)，至 4 点时发生共析转变形成珠光体。过共析钢室温平衡组织为珠光体与网状二次渗碳体组成的共析体。

(2) 随碳的质量分数增高，组织中渗碳体数量增加，渗碳体的分布和形态也发生变化。

随着含碳量增加，钢的硬度直线上升，而塑性、韧性明显降低。但是碳含量对碳钢的强度影响不同，当钢中碳的质量分数大于 0.9%，因二次渗碳体的数量随碳含量的增加而急剧增多，且呈网状分布于奥氏体晶界上，降低了碳钢的塑性和韧性，也明显地降低了碳钢的强度。

45钢、T8钢、T12钢的含碳量分别为0.45％、0.8％和1.2％，因此硬度HB随着碳含量增加是逐渐增大的，而A（断后伸长率）是逐渐降低的，对于强度而言，T12钢的碳含量大于0.9％，因此，$R_m$低于T8钢，与45钢相当。

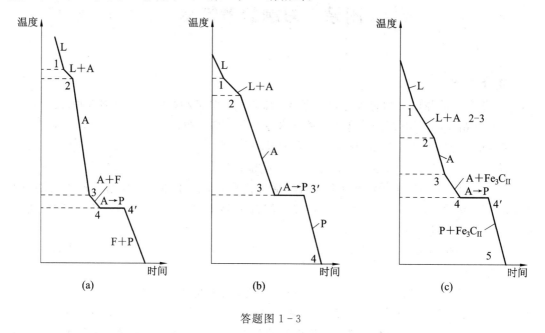

答题图1-3

4. 下面对各种零件的作用及选用材料作具体说明。

垫圈：用来保护被连接件的表面不受螺母擦伤，分散螺母对被连接件的压力。根据具体连接件材料可以选用优质碳素结构钢、弹簧钢、铜合金、橡胶等；

钢锯条：用于切断其他部件的工具。单金属钢锯条一般用普通碳素工具钢制成。大多数钢锯条由两种金属焊接而成，即碳钢锯身和高速钢锯齿组成，相比单金属锯条，其抗热及抗磨损性更高，寿命更长。

汽车曲轴：曲轴的受力是极其复杂的，需要承受弯曲和扭转交变载荷，另外由于其高速旋转，需要严格的动平衡。曲轴需要使用非常优质的材料制作，并经过严格的表面处理工艺。一般使用45、40Cr、35Mn2等中碳钢和中碳合金钢，目前其使用球墨铸铁的情况增多。

油箱：用于承装燃油，要求防泄漏、足够强度以及良好的耐腐蚀性，通常选用低碳钢、不锈钢或铝合金以及塑料油箱。

钟表发条：机械钟表的动力元件，要求有较高的弹性模量、抗拉强度以及适当的硬度，并具有较好的耐疲劳性能。钟表发条可以选用高强度不锈钢、弹簧钢制成。

缝纫机针：缝纫机针必须具有足够的硬度、强度和韧性，并具有一定耐磨性，可以选用优质碳素钢、碳素工具钢、合金工具钢、不锈钢。

菜刀：用于切割食材，需要具备一定硬度、强度及防锈性能，目前最常见的材料有碳素工具钢、不锈钢、合金工具钢和陶瓷4种。

台虎钳钳板：用于夹紧工件，要求有一定的硬度、强度和韧性，可以选用优质碳素钢、碳素工具钢、合金工具钢。

自行车车梁：是自行车的骨架，要求有一定强度、刚度及冲击韧性，可以选择碳素结构钢、合金结构钢。

5. 金属材料的热处理是指将金属或合金在固态范围内采用适当的方式进行加热、保温和冷却，以改变其组织，从而获得所需性能的一种工艺方法。

热处理的目的是强化金属材料，提高或改善工件的使用性能和加工工艺性，提高加工质量，延长工件和刀具使用寿命，节约材料，降低成本等。

6. 具体说明如答题表1-6所示。

**答题表 1-6**

| 工件名称 | 材料 | 使用性能 | 热处理方法 |
|---|---|---|---|
| 转轴 | 45 | 既强又韧，有良好的综合性能 | 调质处理 |
| 刮刀 | T12 | 硬度高，耐磨性好 | 淬火 |
| 弹簧 | 65Mn | 强度高，弹性好 | 淬火后回火 |
| 齿轮 | 20CrMnTi | 表面硬，耐磨，心部韧 | 表面淬火、渗碳或渗氮 |

■ 第 2 章

1. 合金的充型能力是指液态合金充满铸型型腔，获得尺寸正确、形状完整、轮廓清晰的铸件的能力。

合金流动性是影响充型能力的主要因素之一。流动性越好，液态合金充填铸型的能力越强，越易于浇注出形状完整、轮廓清晰、薄而复杂的铸件；有利于液态合金中的气体和熔渣的上浮和排除；易于对液态合金在凝固过程中所产生的收缩进行补缩。如果合金的流动性不良，铸件易产生浇不足、冷隔等铸造缺陷。

不同成分的铸造合金具有不同的结晶特点，表现为体积凝固和逐层凝固两种不同过程，因此导致合金的流动性能不同。

铸钢结晶过程中未发生共晶反应，以体积凝固方式结晶，内部容易出现枝晶，流动性差，而铸铁为共晶成分的合金，是在恒温下进行结晶，以逐层凝固方式结晶，因此铸铁的充型能力好于铸钢。

2. 合金的铸造性能主要指合金的充型能力、收缩、吸气性。

合金的充型能力不好，则易产生浇不足、冷隔，铸件形状不完整、轮廓不清晰等缺陷；

合金收缩性过大，引起缩孔、缩松缺陷，并易导致铸件有内应力而发生变形，甚至产生裂纹；合金的吸气性则表现为合金表面或内部出现气孔缺陷。

3. 浇注温度越高，合金的粘度越低，液态金属所含的热量越多，在同样冷却条件下，保持液态的时间越长，因而传给铸型的热量多，使铸型的温度升高，降低了液态合金的冷却速度，从而合金的流动性好，充型能力强。但是，如果浇注温度过高，会使液态合金的吸气量和总收缩量增大，增加了铸件产生气孔、缩孔等缺陷的可能性，因此在保证流动性的前提下，浇注温度不宜过高。

4. 所谓"顺序凝固"，就是使铸件按递增的温度梯度方向从一个部分到另一个部分依次凝固。在铸件可能出现缩孔的热节处，通过增设冒口或冷铁等一系列工艺措施，使铸件远离冒口的部位先凝固，然后是靠近冒口部位凝固，最后是冒口本身凝固。按此原则进行凝固，能使缩孔集中到冒口中，最后将冒口切除，就可以获得致密的铸件。

顺序凝固原则主要适用于纯金属和结晶温度范围窄，靠近共晶成分的合金，也适用于凝固收缩大的合金补缩。

所谓同时凝固，就是从工艺上采取必要的措施，使铸件各部分冷却速度尽量一致。具体方法就是将浇口开在铸件的薄壁处，以减小该处的冷却速度；而在厚壁处可放置冷铁以加快其冷却速度。铸件按同时凝固原则凝固，各部分温差小，热应力小，不易产生变形和裂纹，而且不必设置冒口，铸造工艺简化。

同时凝固原则主要适用于缩孔、缩松倾向较小的灰口铸铁等合金。

5. 铸件在凝固后继续冷却的过程中受到阻碍及热作用产生了固态收缩，而产生铸造内应力。

减小或消除铸造内应力，首先在铸件设计时，应尽量使铸件壁厚均匀、形状简单和结构对称。其次，在铸造工艺中采用同时凝固原则，在生产中使用用反变形法防止铸件变形。而在铸造完成后采用时效处理或去应力退火来消除内应力。

6. 热裂是凝固末期，金属处于固相线附近的高温下形成的裂纹，热裂纹的形状特征是裂纹短、缝隙宽、形状曲折、缝内呈氧化色，即铸钢件呈黑色，铝合金呈暗灰色。

合理地调整合金成分，合理地设计铸件结构，采用同时凝固原则和改善型砂的退让性是有效防止热裂纹的措施。

冷裂是在较低温度下形成的，此时金属处于弹性状态，当铸造应力超过合金的强度极限时产生，形状特征是裂纹细小，呈连续直线状，有时缝内有轻微氧化色。

对钢铁材料，应严格控制含磷量，并在浇注后不要过早落砂，以及用于减小铸造内应力的方法均可防止冷裂。

7. 气孔可分为侵入气孔、析出气孔和反应气孔 3 类。

溶解于金属液中的气体在冷却和凝固过程中，由于气体的溶解度下降而从合金中析出，在铸件中形成的气孔，称为析出气孔。

化铝时铝料油污过多容易产生反应气孔；起模时刷水过多容易产生侵入气孔；舂砂过紧容易产生侵入气孔；型芯撑有锈容易产生反应气孔。

8. 灰口铸铁的铸造性能：流动性好，体收缩和线收缩小，缺口敏感性小。

球墨铸铁的铸造性能：流动性和线收缩与灰铸铁的相近，体收缩及形成铸造应力倾向较灰铸铁的大，易产生缩孔、缩松和裂纹。

铸钢的铸造性能：流动性差，体收缩和线收缩较大，裂纹敏感性较大。

锡青铜的铸造性能：锡能提高青铜的强度和硬度。锡青铜的结晶温度范围宽，合金流动性差，易产生缩松。

铝硅合金的铸造性能：铝硅合金熔点较低，流动性较好，线收缩率低，热裂倾向小，气密性好，具有良好的铸造性能。

9. 金属型铸造是将液态金属浇注到用金属制成的铸型而获得铸件的方法。金属型通常使用铸铁或铸钢制成，可以反复使用，型腔采用机械加工的方法制成，铸件的内腔可用金属芯或砂芯获得。金属型铸件结构不能过于复杂，否则其难加工制作。金属型铸造实现了"一型多铸"，节省了造型材料和工时，提高了劳动生产率。由于金属导热性好，散热快，使铸件组织结构致密，力学性能高。同时铸件的尺寸精度和表面质量比砂型铸造高，切削加工余量小，加工费用低。但金属型生产成本高，周期长，铸造工艺严格，而且铸件要从金属型中取出，对铸件的大小及复杂程度有所限制。所以，金属型铸造主要适用于形状简单的有色合金铸件的大批量生产。而正是由于其铸件的尺寸不能过大，铸件结构不能过于复杂，金属型并不能取代砂型铸造。

10.（1）对铸件外形设计的要求：

① 避免不必要的曲面和侧凹，减小分型面和外部型芯；② 分型面应尽量平直；③ 凸台、筋条的设计应便于造型；④ 铸件应有合适的结构斜度。

（2）对铸件内腔设计的要求：

① 尽量不用或少用型芯；② 应使型芯安放稳定、排气畅通和清砂方便。

11. 在零件设计中所确定的非加工表面斜度为结构斜度。而在绘制铸造工艺图中加在垂直分型面的侧面所具有的斜度称为拔模斜度，以使工艺简化和保证铸件质量。

它们的作用均为便于造型，方便起模。

12. 轨道导轨部与支座厚度不同，冷却速度不一致，使支座凝固收缩完成后，导轨部还继续收缩，导致两个部分内部产生热应力。铸件厚壁部分或心部受拉伸应力；薄壁部分或表面受压缩应力。因此，轨道的变形如答题图 2-12 所示。

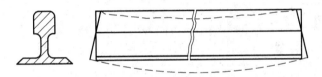

答题图 2-12

13. 采用分模手工造型方法，分型面位置见答题图 2-13。

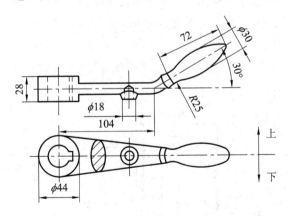

答题图 2-13

14.（1）题图零件给出 3 种分型面方案，如答题图 2-14(a)所示。

（2）图中 3 种方案中方案①最佳，其铸造工艺图见答题图 2-14(b)所示。

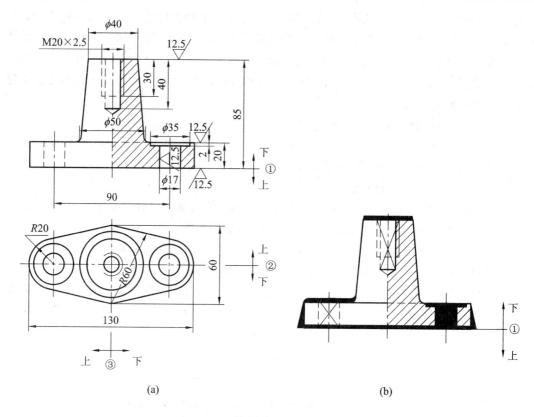

答题图 2－14

15．分型方案有很多种，这里对比 3 种方案，如答题图 2－15 所示，方案①合理，理由如下：

分型方案①：为分模造型，易出现错箱缺陷；中间孔铸出，型芯为竖直摆放，安装方便，但不稳定；螺栓凸台朝下不影响起模；此方案需要制作 1 个型芯，无需制作活块。

分型方案②：为整模造型，但分型面下出现挖砂造型，增加工艺复杂程度；中间孔铸出，型芯为竖直摆放，安装方便，但不稳定；螺栓凸台朝下不影响起模；此方案需要制作 1 个型芯，无需制作活块。

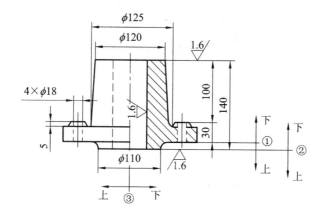

答题图 2－15

分型方案③：为分模造型，易出现错箱缺陷，中间孔铸出，型芯为水平摆放，安装方便，稳定；但是螺栓凸台影响起模，需要制作 4 个活块。此方案需要制作 1 个型芯，4 个活块。

16. 铸件有凸台结构，需要制作活块或型芯。结构改进如答题图 2-16 所示。

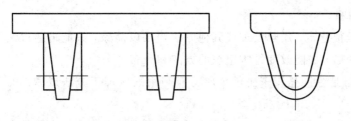

答题图 2-16

17. 铸件热节处如答题图 2-17(a)所示。壁厚改进如答题图 2-17(b)所示。

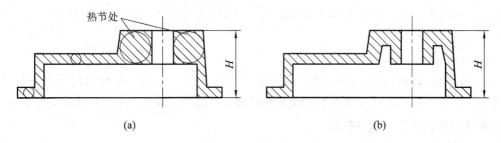

(a) (b)

答题图 2-17

## ■ 第 3 章

1. 只有在切应力作用下，才能产生滑移。而滑移是金属塑性变形的主要形式。

在塑性变形过程中金属的结晶组织将发生变化，晶粒沿变形最大的方向伸长，晶格与晶粒发生扭曲，同时晶粒破碎。

多晶体金属的晶界面积及不同位向的晶粒越多，即晶粒越细，其塑性变形抗力就越大，强度和硬度越高。同时，由于塑性变形时总的变形量是各晶粒滑移效果的总和，晶粒越细，单位体积内有利于滑移的晶粒数目越多，变形可分散在越多的晶粒内进行，金属的塑性和韧性便越高。

2. 随着塑性变形程度的增加，金属的强度、硬度升高，塑性和韧性下降的现象为加工硬化现象，即金属冷变形时产生加工硬化。

加工硬化是强化金属的重要方法之一，尤其是对纯金属及某些不能用热处理方法强化的合金，加工硬化会提高强度和硬度。但加工硬化亦给进一步加工带来困难，且使工件在变形过程中容易产生裂纹，不利于压力加工的进行，通常采用热处理退火工序消除加工硬化，使加工能继续进行。

3. 金属在外力作用下发生塑性变形时，晶粒沿变形方向伸长，分布在晶界上的夹杂物也沿着金属的变形方向被拉长或压扁，成为条状。在再结晶时，金属晶粒恢复为等轴晶粒，而夹杂物依然呈条状保留了下来，这样就形成了纤维组织，也称为锻造流线。

纤维组织形成后，金属力学性能将出现方向性，即在平行纤维组织的方向上，材料的抗拉强度提高；而在垂直纤维组织的方向上，材料的抗剪强度提高。因而可利用该纤维组织形成后材料性能的变化，合理分布纤维组织方向，使零件工作时正应力方向与纤维组织方向一致，切应力方向与纤维组织方向垂直；而且使纤维组织的分布与零件的外形轮廓相符合，而不被切断。

而纤维组织很稳定，用热处理或其他方法均难以消除，只能再通过锻造方法使金属在不同的方向上变形，才能改变纤维组织的方向和分布。

4. 金属的锻造性能是用来衡量金属材料利用锻压加工方法成型的难易程度，是金属的工艺性能之一。

金属的锻造性能主要取决于金属的本质和金属的变形条件。金属的本质是指金属的化学成分和组织状态。变形条件是指变形温度、变形速度和变形时的应力状态。

5. 始锻温度过高将可能出现过热和过烧现象，终锻温度过低使合金塑性下降、变形抗力增大，引起不均匀变形并获得不均匀的晶粒组织，并导致加工硬化现象严重，易产生锻造裂纹，损坏设备与工具。

45 钢的锻造温度范围为 1200～800℃。

6. 锻造前加热是锻压加工成型中很重要的变形条件，金属通过加热可得到良好的锻造性能。但是加热温度过高时也会产生相应的缺陷，如产生氧化、脱碳、过热和过烧现象，造成锻件的质量变差或锻件报废。

7. 分模面选择原则：

(1) 锻件应能从模膛中顺利取出。一般情况，分模面应选在锻件最大截面处。

(2) 应使上下模沿分模面的模膛轮廓一致，便于发现在模锻过程中出现的上、下模间错移，通常分模面应选在锻件外形无变化处。

(3) 应尽量减少敷料，以降低材料消耗和减少切削加工工作量。

(4) 模膛深度应尽量小，以利于金属充满模膛，便于取出锻件，且利于模膛的加工。

(5) 分模面应为平直面，以简化模具加工。

8. 预锻模膛的作用是使坯料变形到接近锻件的形状和尺寸，再进行终锻，金属容易充满模膛成型，以减小终锻模膛的磨损，因此结构和尺寸与锻件非常接近，只是为了便于起模，其圆角和斜度都更大。

制坯模膛与锻件的形状和尺寸相差较大，只用于完成锻件某一方向上变形。通常对于形状复杂的锻件，为了使坯料形状、尺寸尽量接近锻件，使金属能合理分布及便于充满模膛，就必须让坯料预先在制坯模膛内制坯。

9. 间隙过大或过小均导致上、下两面的剪切裂纹不能相交重合于一线。间隙太小时，凸模刃口附近的裂纹比正常间隙向外错开一段距离。这样，上、下裂纹中间的材料随着冲裁过程的进行将被第二次剪切，并在断面上形成第二光亮带，中部留下撕裂面，毛刺也增大；间隙过大时，剪切裂纹比正常间隙时远离凸模刃口，材料受到的拉伸力较大，光亮带变小，毛刺、塌角、斜度也都增大。因此，间隙过小或过大均使冲裁件断面质量降低，同时也使冲裁件尺寸与冲模刃口尺寸偏差增大。

间隙过小导致出现二次光亮带，中部留下撕裂面，毛刺增大，而且间隙越小，摩擦越严重，所以过小的间隙增加模具磨损，影响模具寿命。

10. 表示弯曲变形程度大小的物理量是弯曲半径。生产中，弯曲半径应大于其最小弯曲半径，确保不会弯裂。

表示拉伸变形程度大小的物理量是拉伸系数。生产中，拉伸系数应大于最小拉伸系数，确保不会发生拉裂。

11. 单件生产条件下可以采用自由锻造或胎模锻方法，一般考虑到生产成本选择自由锻造方法；

小批量生产条件下可以采用自由锻造或胎模锻方法；对于较复杂零件，可以选择胎模锻方法，提高质量；大批量生产条件下则需要采用模型锻造提高生产率。

自由锻工艺过程：镦粗—压肩—冲孔—扩孔—精整；（图略）

胎模锻和模型锻造工艺过程略。

12. 改进结构如答题图 3 - 12 所示。原设计中垂直分模面的表面没有设计斜度，转角处没有设计圆角过渡，改进结构中将 $\phi70$ 和 $\phi147$ 的轮廓表面增加斜度，斜度大小如图所示，转角处改为圆角，大小为 $R8$。

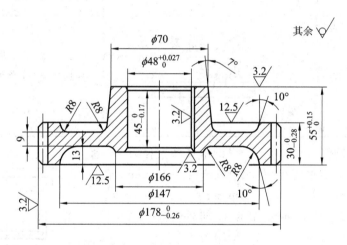

答题图 3 - 12

13. 分模面位置如答题图 3 - 13 点划线所示，锻件图略。

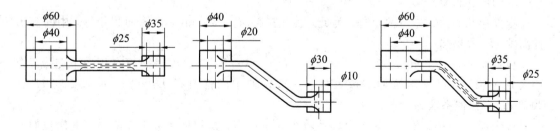

答题图 3 - 13

14. 具体工序简图见答题表 3 - 14 所示。

**答题表 3-14**

| 工序号 | 工序名称 | 工序草图 | 工序内容 |
|---|---|---|---|
| 1 | 落料 | 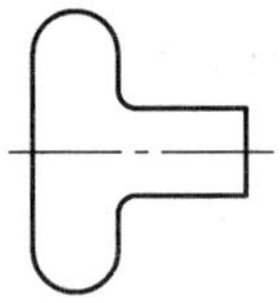 | 在坯料上落料，获得零件外形尺寸 |
| 2 | 冲孔 | 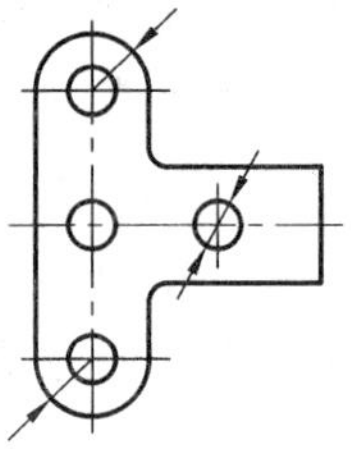 | 冲出 4 个孔 |
| 3 | 弯曲 | 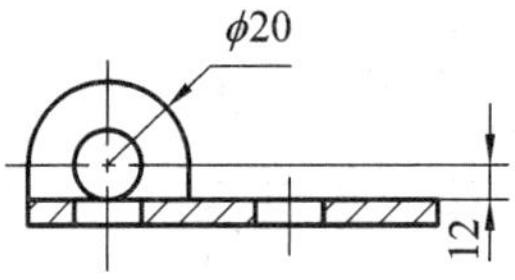 $\phi 20$ 12 | 使用弯曲模，将两侧弯曲成型 |

15. 参照答题图 3-15 所示，设圆形坯料直径为 $D$，板料厚度 $t=1$ mm，零件直径 $d_1=20$ mm$-t=19$ mm；$d_2=35$ mm$-t=34$ mm；$h_1=16.5$ mm$-t=15.5$ mm；$h_2=27.5-16.5+t/2=11.5$ mm；根据拉伸件毛坯直径计算公式

$$D=\sqrt{d_2^2+4(d_1h_1+d_2h_2)}\approx62.43 \text{ mm}$$

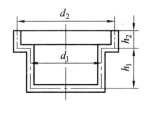

答题图 3-15

取圆形坯料直径 $D$ 为 62.5 mm。

零件形状为阶梯中空筒形件，为此，首先拉伸 $d_2=34$ mm，计算面积相等，中间筒形件高度 $H_1$ 为 20.2 mm。

板料厚度 $t=1$ mm，$t/D\times100=1.6$，$H/d_2=0.58$，查表可得需要有压边下完成，拉伸次数 $n=1$，可以一次拉伸完成，即第一次拉伸中间件直径 $D_1=34$ mm，高度 $H_1=20.2$ mm，拉伸系数 $m_1=D_1/D=0.544$。

查表可知，H62 第 1 次最小拉伸系数为 0.52；第 2 次拉伸系数为 0.72，第 3 次拉伸系数为 0.75。

$D_2=m_2\times D_1=0.72\times34$ mm$=24.48$ mm；

$D_3=m_3\times D_2=0.75\times24.48$ mm$=18.36$ mm$<19$ mm。

允许的变形程度未用足,3 次拉伸可以完成。应对各次拉伸系数作适当调整,使均大于相应的极限拉伸系数。

调整后实际拉伸系数选取为 $m_1 = 0.544$, $m_2 = 0.736$, $m_3 = 0.76$

$D_1 = 34$ mm, $H_1 = 20.2$ mm,

$D_2 = m_2 \times D_1 = 0.736 \times 34$ mm $= 25$ mm;

$D_3 = m_3 \times D_2 = 0.76 \times 25$ mm $= 19$ mm; 零件直径为 19 mm 筒壁高 $h_1 = 15.5$ mm;

推算得第 2 次拉伸时,直径为 25 mm 的筒壁高 $H_2 = 11.78$ mm;

为此,零件通过 3 次拉伸完成。工序图略。

## ■ 第 4 章

1. 焊接电弧是在电极与工件之间的气体介质中长时间而稳定的放电现象,即在局部气体介质中有大量电子(或离子)流通过的导电现象。

焊接电弧是由阴极区、阳极区、弧柱区 3 部分组成,阳极区温度约为 2600 K;阴极区温度较阳极区温度低,约为 2400 K;电弧中心区温度最高,能达到 6000~8000 K。

2. 直流电和交流电的焊接效果不同,直流电源使温度分布根据电极不同而不同,而当采用交流电焊机焊接时,因电流的极性是变化的,所以两极加热温度基本一样,都在 2500 K 左右。

正接法指焊件接电源正极,焊条接电源负极,此时,阳极区在被焊件上,温度较高,适用于焊接较厚的焊件。

反接法指焊件接电源负极,焊条接电源正极,此时,阳极区在焊条上,阴极区在工件上,因阴极区温度较低,故适用于焊接较薄焊件。

3. 焊条是由焊芯和药皮组成。焊芯起导电和填充焊缝金属的作用,焊条药皮主要起保证焊接顺利进行以及保证焊缝质量的作用。

选择焊条一般遵循下列原则:

(1)考虑母材的力学性能和化学成分。焊接低碳钢和低合金结构钢时,应根据焊接件的抗拉强度选择相应强度等级的焊条,即等强度原则;焊接耐热钢、不锈钢等材料时,则应选择与焊接件化学成分相同或相近的焊条,即等成分原则。

(2)考虑结构的使用条件和特点。承受冲击力较大或在低温条件下工作的结构件、复杂结构件、厚大或刚性大的结构件多选用抗裂性好的碱性焊条。如果构件受冲击力较小,构件结构简单,母材质量较好,应尽量选用工艺性能好,较经济的酸性焊条。

(3)考虑焊条的工艺性。对于狭小、不通风的场合,以及焊前清理困难,且容易产生气孔的焊接件,应当选择酸性焊条;如果母材中含碳、硫、磷量较高,则应选择抗裂性较好的碱性焊条。

(4)选用与施焊现场条件相适应的焊条。如对无直流焊机的地方,应选用交直流电源的焊条。

在确定了焊条牌号后,还应根据焊接件厚度、焊接位置等条件选择焊条直径。一般是焊接件愈厚,焊条直径应愈大。

4. 各种焊接方法的工艺特点和应用范围见答题表 4-4 所示。

答题表 4－4

| 焊接方法 | 工艺特点 | 应用范围 |
|---|---|---|
| 焊条电弧焊 | 接头形式不限，全位置焊接，焊接工艺性好，成形好，便于焊接，应用广泛 | 适用于碳钢、低合金钢、铸铁、铜及铜合金、铝及铝合金等材料的各类中小型结构 |
| 埋弧焊 | 接头形式不限，生产率高，焊接质量稳定可靠，焊接变形小，焊接质量高而且稳定，焊缝成型美观，但焊接位置仅适合平焊，并且设备费用高，工艺装备复杂，适合大批量生产 | 适用于碳钢、合金钢等材料的成批生产、中厚板长直焊缝和较大直径环焊缝 |
| 氩弧焊 | 保护效果好，焊缝质量优良，焊后变形小，焊缝致密，焊后无渣，成型美观，可实现全位置焊接，便于操作，易实现机械化和自动化 | 适用于铝、铜、镁、钛及其合金、耐热钢、不锈钢等材料致密、耐蚀、耐热的焊件 |
| $CO_2$ 气体保护焊 | 成本低、生产率高、操作性好、质量较好，可实现全位置焊接，便于操作 | 适用于碳钢、低合金钢、不锈钢材料的致密、耐蚀、耐热的焊件 |
| 电渣焊 | 生产率高，焊接时不需开坡口，焊接材料消耗少，成本低，焊接质量较好，但热影响区比其他焊接方法宽，晶粒粗大，易出现过热组织，适合对接接头，立焊 | 适用于碳钢、低合金钢、铸铁、不锈钢等材料的大厚铸、锻件的焊接 |
| 电阻焊 | 生产率很高，变形小，接头不需开坡口，不需填充金属和焊剂，操作简单，劳动条件好，易实现机械化与自动化。但设备费用昂贵，耗电量大，焊件截面尺寸受限制；接头形式只限于对接和搭接 | 适用于碳钢、低合金钢、不锈钢、铝及铝合金等材料的焊接，如薄板壳体、薄壁容器和管道、杆状零件的焊接 |
| 钎焊 | 工件加热温度低，变形小，接头光滑平整，尺寸精确，可焊接性能差异较大的异种金属及金属与非金属的焊接，生产率较高，设备简单，易于实现自动化。但接头强度较低，焊前清理及组装要求较高，接头形式常采用搭接、对接和套接 | 适用于碳钢、合金钢、铸铁、非铁合金等材料，一般用于强度要求不高，其他焊接方法难于焊接的焊件 |

5. 热影响区是指焊缝两侧受到热的影响而发生组织和性能变化的区域。

靠近焊缝部位温度较高，远离焊缝则温度越低，根据温度不同，把热影响区分为熔合区、过热区、正火区、部分相变区。

熔合区是熔池与固态母材的过渡区，又称为半熔化区。该区加热的温度位于液固两相线之间，成分及组织极不均匀，组织中包括未熔化但受热而长大的粗大晶粒和部分铸态组织，导致强度、塑性和韧性极差。这一区域很窄，但它对接头的性能起着决定性的不良影响。

过热区紧靠熔合区，由于该区被加热到很高温度，在固相线至 1100℃ 之间，晶粒急剧长大，最后得到粗大晶粒的过热组织，致使塑性、冲击韧性显著下降，易产生裂纹。此区宽度约 1～3 mm。

正火区金属被加热到比 $Ac_3$ 线稍高的温度。由于金属发生了重结晶，冷却后得到均匀细小的正火组织，所以正火区的金属力学性能良好，一般优于母材。

部分相变区被加热到 $Ac_1$～$Ac_3$ 之间，珠光体和部分铁素体发生重结晶使晶体细化，而部分铁素体未发生重结晶，而得到较粗大铁素体晶粒。由于晶粒大小不一，致使力学性能比母材稍差。

6. 金属焊接性能是金属材料的工艺性能之一，是金属材料对焊接加工的适用程度。它主要是指在一定的焊接工艺条件下，获得优质焊接接头的难易程度，以及在使用过程中安全运行的能力。焊接性一般包括两个方面的内容：一是工艺焊接性。主要是指在一定的焊接工艺条件下，出现各种焊接缺陷的可能性，或者说能得到优质焊接接头的能力。二是使用焊接性。

影响钢的焊接性的主要因素是化学成分，因此，可以根据钢材的化学成分来估算其焊接性好坏。通常把钢中的碳和合金元素的含量，按其对焊接性影响程度，换算成碳的相当含量，其总和称为碳当量。在实际生产中，对于碳钢、低合金钢等钢材，常用碳当量估算其焊接性。国际焊接学会推荐的碳当量计算公式如下：

$C_{当量} = C + Mn/6 + (Cu + Ni)/15 + (Cr + Mo + V)/5$

式中化学元素符号都表示该元素在钢中含量的百分数。

根据经验：$C_{当量} < 0.4\%$ 时，钢材塑性优良，淬硬倾向不明显，焊接性优良。

$C_{当量} = 0.4\% \sim 0.6\%$ 时，钢材塑性下降，淬硬倾向明显，焊接性能较差。

$C_{当量} > 0.6\%$ 时，钢材塑性较低，淬硬倾向很强，焊接性极差。

7. 高强度低合金结构钢中碳及合金元素含量较高，碳当量大于 0.4%，焊接性较差。主要表现在：一方面热影响区的淬硬倾向明显，热影响区易产生马氏体组织，硬度增高，塑性和韧性下降；另一方面，焊接接头产生冷裂纹的倾向加剧。

为防止其产生焊接缺陷，焊接时，焊前一般均需预热，预热温度大于 150℃。焊后还应进行热处理，以消除内应力。优先选用抗裂性好的低氢型焊条。焊接时，要选择合适的焊接规范以控制热影响区的冷却速度。

8. 焊接应力产生的原因是焊接过程中对焊件进行了局部的不均匀加热。

防止和减小焊接应力：

(1) 在设计焊接结构时，应选用塑性好的材料，避免焊缝密集交叉，焊缝截面过大及焊缝过长。

(2) 在施焊中要选择正确的焊接次序，以防止焊接应力及裂纹。

(3) 焊前对焊件进行预热是防止焊接应力最有效的工艺措施，这样可减弱焊件各部分温差，从而显著减小焊接应力。

(4) 焊接中采用小能量焊接方法或对红热状态的焊缝进行锤击，亦可减小焊接应力。

(5) 消除焊接应力最有效的方法是焊后进行去应力退火，即，将焊件加热至

500～600℃左右，保温后缓慢冷却至室温。此外还可采用振动法消除焊接应力。

具体说来，焊接变形形成原因较为复杂，与焊件结构、焊缝布置、焊接工艺及应力分布等诸多因素有关。

合理设计焊件结构可有效防止焊件变形，如可使焊缝的布置和坡口形式尽可能对称、采用大刚度结构，尽量减少焊缝总长度等。在焊接工艺上，对易产生角变形及弯曲变形的构件采用反变形法；对于焊缝较密集，易产生收缩变形的焊件可采用加裕量法，即在工件尺寸上加一个收缩裕量以补充焊后收缩；薄板焊接时易产生波浪变形，为防止其产生，可采用刚性夹持法，即将工件固定夹紧后施焊，焊后变形可大大缩小。

选择合理的焊接次序，也能有效防止焊接变形。对于长焊缝的焊接，为防止焊接变形，可采用分段焊或逆向分段焊。

9. 铸铁焊补时易产生如下缺陷：

（1）易产生白口组织；

（2）易产生裂纹；

（3）易产生气孔。

可以通过选择合理的焊条。如采用热焊法，焊后缓慢冷却。而冷焊法焊补时，应尽量采用小电流、短焊弧、窄焊缝、短焊道焊接，焊后立即用锤轻击焊缝，以松弛焊接应力。

10. 铝及铝合金的焊接特点是铝易氧化成氧化铝（$Al_2O_3$），易引起焊缝熔合不良和氧化物夹渣；氢能大量溶入液态铝而几乎不溶于固态铝，因此熔池在凝固时易产生氢气孔；铝的膨胀系数大，易产生焊接应力与变形，甚至开裂；铝在高温时的强度低、塑性差，焊接时由于不能支持熔池金属的重量会引起焊缝的塌陷和焊穿，因此常需要垫板。

目前，铝及铝合金常用的焊接方法有氩弧焊、气焊、电阻焊和钎焊。氩弧焊的效果最好。气焊时必须采用气焊熔剂（气剂401），以去除表面的氧化物和杂质。不论采用哪种焊接方法，在焊前必须用化学或机械方法去除焊接处和焊丝表面的氧化膜和油污，焊后必须冲洗。对厚度超过 5～8 mm 的焊件，预热至 100～300℃，以减小焊接应力，避免裂纹，且有利于氢的逸出，防止气孔的产生。

铜及铜合金的导热性好，热容量大，母材和填充金属不能很好熔合，易产生焊不透现象，并且线膨胀系数大，凝固时收缩率大，易产生焊接应力与变形。而铜在液态时吸气性强，特别是易吸收氢，凝固时随着对气体溶解度的减小，如气体来不及析出，易产生气孔；铜合金中的合金元素易氧化烧损，使焊缝的化学成分发生变化，性能下降。

为解决上述问题，铜及其合金在焊接工艺上要采取一系列措施及采用相应的焊接方法。主要焊接方法有氩弧焊、气焊、焊条电弧焊及钎焊。铜的电阻值极小，不宜采用电阻焊进行焊接。氩弧焊时，氩气能有效地保护熔池，焊接质量较好，对紫铜、黄铜、青铜的焊接都能达到满意的效果。气焊多用于焊接黄铜，这是由于气焊的温度较低，焊接过程中锌的蒸发较少。焊条电弧焊时应选用相应的铜及铜合金焊条。

11. 接头形式可分为对接接头、角接接头、搭接接头及 T 形接头 4 种。

当板厚大时，为了焊透要开各种形式坡口。

常见的坡口形式有不开坡口（I 形坡口）、Y 形坡口、双 Y 形坡口（X 形坡口）、U 形坡口等。

12. 图示拼焊不合理，出现焊缝密集交叉，改进后如答题图 4-12 所示。焊接次序为，先焊两侧短焊缝，后焊中间长焊缝。

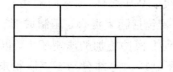

答题图 4-12

13. A 焊缝采用焊条电弧焊；B 和 C 焊缝采用埋弧焊。

14. 结构合理如答题图 4-14 所示。

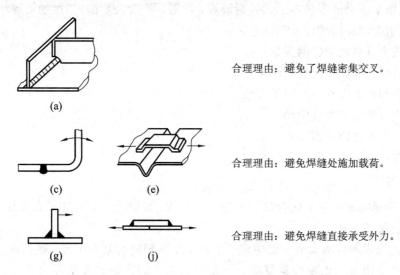

(a)　　合理理由：避免了焊缝密集交叉。

(c)　(e)　　合理理由：避免焊缝处施加载荷。

(g)　(j)　　合理理由：避免焊缝直接承受外力。

答题图 4-14

■ 第 5 章

1. 粉末的物理性能主要包括颗粒形状，颗粒大小和粒度组成，还有颗粒的比表面积，颗粒的密度、显微硬度等。粉末的工艺性能包括松装密度、流动性、压缩性与成型性。工艺性能也主要取决于粉末的生产方法和粉末的处理工艺。

粉末的制备方法有机械方法、物理方法和化学方法。

机械法制取粉末是将原材料机械地粉碎，常用的有机械粉碎法和雾化法两种。机械粉碎法是靠压碎、击碎和磨削等作用，将块状金属、合金或化合物机械地粉碎成粉末，包括机械研磨、涡旋研磨和冷气流粉碎等方法。雾化法是目前广泛使用的一种制取粉末的机械方法，易于制造高纯度的金属和合金粉末。将熔化的液态金属从雾化塔上部的小孔中流出，同时喷入高压气体，在气流的机械力和急冷作用下，液态金属被雾化、冷凝成细小粒状的金属粉末，落入雾化塔下的盛粉桶中。任何能形成液体的材料都可以通过雾化来制取粉末，这种方法得到的粉末称为雾化粉。

常用物理方法为蒸气冷凝法，即将金属蒸气经冷凝后形成金属粉末，主要用于制取具有大的蒸气压的金属粉末。例如，将锌、铅等的金属蒸气冷凝便可以获得相应的金属粉末。

常用的化学方法有还原法、电解法等。还原法是使用还原剂从固态金属氧化物或金属化合物中还原制取金属或合金粉末。电解法是从水溶液或熔盐中电解沉积金属粉末的方法，生产成本较高，电解粉末纯度高，颗粒呈树枝状或针状，其压制性和烧结性很好，因此，在特殊性能（高纯度、高密度、高压缩性）要求时使用。

2. 粉末冶金的工艺过程主要包括粉末混合、压制成型、烧结和后处理。

3. 在压制过程中，压坯受到上模冲施加的压制压力，以及侧压力、摩擦力、内应力等，各力产生不同的作用。而通常压制压力有部分用于克服粉末颗粒与模壁之间的摩擦力，产生压力损失。压力损失是模压中造成压坯密度分布不均匀的主要原因。

压坯中密度分布的不均匀性，可以通过双向压制得到很大的改善，因为双向压制时，与上下模冲接触的两端密度较高，而中间部分密度较低。

4. 金属粉末注射成型基本工艺包括混炼、注射、脱脂、烧结、二次加工等环节。

5. 粉末冶金制品的结构工艺性包括：

（1）避免模具出现脆弱的尖角；

（2）避免模具和压坯出现局部薄壁；

（3）锥面和斜面需有一小段平直带；

（4）需要有脱模锥角或圆角；

（5）适应压制方向的需要；

（6）结构设计符合压制工艺的要求。

### ■ 第 6 章

1. 单体是指组成高分子化合物的低分子化合物，是高分子化合物的合成原料，比如氯乙烯是聚氯乙烯的单体。

链节是指组成聚合物大分子链中成千上万个结构相同的基本单元，他们通过共价键重复连接，这种结构单元也称为重复单元。如聚氯乙烯的简写式方括号内的单元即为 1 个链节。

$$\left[CH_2-CH\right]_n$$
$$|$$
$$Cl$$

2. 共聚物制备是指把两种或多种不同特性的单体综合到一种聚合物中，使之具有优良的性能，共聚物在实际应用上具有十分重要的意义。如 ABS 塑料是丙烯腈、丁二烯和苯乙烯三元共聚物，它具有强度高、耐热、耐冲击、耐油、耐腐蚀及易加工的综合性能。

3. 工程塑料由合成树脂和一些添加剂组成。

合成树脂即人工合成线型高聚物，是塑料的主要成分（约 40％～100％），主要起黏接作用，能将其他组分胶结在一起组成一个整体，使塑料具有成型性能。合成树脂对塑料的类型、性能和应用起着决定作用。

添加剂是为了改善塑料的使用性能或成型工艺性能而加入的其他辅助成分，各种添加剂使塑料的应用更广泛。

4. 工程塑料的密度比钢铁材料要小得多，塑料对酸碱等化学药品均具有良好的抗腐蚀性能。塑料的密度比金属小得多，而比强度要比金属高。有很好的弯曲强度、剪切强度及抗冲击性能。具有很好的电绝缘性能、耐热性，且塑料有导热性低、摩擦系数小等优良的性能。

5. 塑料的成型方法有注射成型、挤出成型、压制成型、真空成型等。

注射成型又称注塑成型，是塑料成型的主要方法之一，主要适用于热塑性塑料和部分流动性好的热固性塑料。注射成型具有周期短的特点，一次成型仅需 $30\sim260$ s，生产率高，模具的利用率高，能成型几何形状复杂、尺寸精度高和带有各种镶嵌件的塑料制品，生产效率高，易于实现自动化操作，制品的一致性好，几乎不需要加工，适应性强。但成型设备昂贵。

挤出成型是塑料制品加工中最常用的成型方法之一，它具有生产效率高、可加工的产品范围广等特点。它可将大多数热塑性塑料加工成各种断面形状的连续状制品，如：塑料管、棒、板材、薄膜、单丝、异型材以及金属涂层、电缆包层、中空制品、半成品加工（如造粒工艺）得到的颗粒等。

压制成型又称压塑成型、模压成型，是塑料成型加工中较传统的工艺方法，主要用于热固性塑料的加工。主要特点：设备和模具结构简单，投资少，可生产大型制品，尤其是具有较大平面的平板类制品；工艺条件容易控制；制品收缩量小，变形小，性能均匀。但成型周期长，生产效率低，较难实现自动化生产。

真空成型也称吸塑成型，特点是生产设备简单，效率高，模具结构简单，能加工大尺寸的薄壁塑件，生产成本低。产品类型有塑料包装盒、餐具盒、罩壳类塑件、冰箱内胆、浴室镜盒等；常用材料有聚乙烯、聚丙烯、聚氯乙烯、ABS 塑料、聚碳酸酯等材料。

6. 注射成型适用于热塑性塑料和部分流动性好的热固性塑料。

注射成型过程中，主要控制的工艺参数有温度、压力和时间等。

温度的控制主要是控制料筒、喷嘴和模具 3 个部分的温度。

注射成型的压力分为塑化压力和注射压力。塑化压力是指注射机工作时物料塑化过程中所需要的压力。选择合适的螺杆转速，可使物料达到较高的塑化效率。注射压力是指在注射成型时，螺杆或柱塞的头部对物料所施加的压力。注射压力的大小和保压时间直接影响熔融物料充模和制品的性能。选择合适的注射压力及保压时间，使熔融物料克服流动阻力充满模腔，并在保压的过程中使模腔内物料冷却的收缩量得到补充，最后获得几何形状完整的制品。

7. 各塑料制品及其成型方法如下：

塑料瓶：聚乙烯、聚丙烯，吹塑、挤吹、注塑成型方法；

塑料盆：聚乙烯、聚丙烯，采用注塑成型方法；

塑料软管：聚乙烯、聚氯乙烯，挤出成型方法；

塑料下水道：聚氯乙烯、聚丙烯、ABS，挤出成型方法；

电视机壳体：聚丙烯、聚苯乙烯、ABS，采用注塑成型方法；

电冰箱内胆：聚苯乙烯、ABS，真空成型方法；

空气开关的壳体：酚醛塑料、聚酰胺，压制、注塑成型方法。

■ 第 7 章

1. 陶瓷是各种无机非金属材料的通称，在传统上是指陶器与瓷器，但也包括玻璃、搪瓷、耐火材料、砖瓦、水泥、石灰、石膏等无机非金属材料。由于这些材料都是用天然的硅酸盐矿物（即含二氧化硅的化合物如黏土、石灰石、长石、石英、砂子等原料）生产的，所以陶瓷材料也是硅酸盐材料。

陶瓷材料的性能主要从其力学性能、物理性能和化学性能三方面进行说明：

① 力学性能：陶瓷材料的弹性模量和硬度是各类材料中最高的，陶瓷材料的塑性变形能力很低，在室温下几乎没有塑性，呈现出很明显的脆性特征，韧性极低，抗拉强度很低，抗弯强度很高，而抗压强度非常高。② 物理性能：陶瓷材料的熔点高，具有比金属材料高得多的抗氧化性和耐热性，高温强度好，抗蠕变能力强。膨胀系数低，导热性差，是优良的高温绝热材料。但大多数陶瓷材料的热稳定性差，这是它的主要弱点之一。大多数陶瓷都是良好的绝缘体。③ 化学性能：陶瓷材料一般是不透明的，陶瓷的组织结构很稳定，具有良好的抗氧化性和不可燃烧性。此外，陶瓷对酸、碱、盐等介质均具有较强的耐蚀性，与许多金属熔体也不发生作用，因而是极好的耐蚀材料和坩埚材料。

陶瓷的种类繁多，大致可以分为传统陶瓷（也叫普通陶瓷）和特种陶瓷（也叫近代工业陶瓷）两大类。

2. 由于陶瓷晶体滑移系很少，共价键有明显的方向性和饱和性，离子键的同号离子接近时斥力很大，当产生滑移时，极易造成键的断裂，再加上有大量气孔的存在，所以陶瓷材料呈现出很明显的脆性特征，韧性极低。

3. 陶瓷成型的坯料原料有天然矿物原料和人工精制合成原料（氧化物和非氧化物两大类）两种。

陶瓷制品成型方法略。

4. 工业陶瓷的生产工艺过程一般都要经历以下几个步骤：坯体制备、成型、坯体干燥、烧结以及后续加工。

5. 陶瓷弹性模量和硬度很高，抗弯强度、抗压强度非常高，高温强度好，抗蠕变能力强，导热性差，是优良的高温绝热材料。具有良好的抗氧化性和不可燃烧性，较强的耐蚀性，是极好的耐蚀材料。

传统陶瓷主要用作日用陶瓷、建筑陶瓷、卫生陶瓷，以及工业上应用的电绝缘陶瓷、过滤陶瓷、耐酸陶瓷等。特种陶瓷是以人工化合物为原料的陶瓷，主要用于化工、冶金、机械、电子、能源和某些高新技术领域。

■ 第8章

1. 复合材料就是将两种或两种以上不同性质的材料组合在一起，构成比其组成材料的性能优异的一类新型材料。复合材料把基体材料和增强材料各自的优良特性加以组合，同时又弥补了各自的缺陷，所以，复合材料具有高强轻质、比强度高、刚度高、耐疲劳、抗断裂性能高，减震性能好，抗蠕变性能强等一系列的优良性能。此外，复合材料还有抗震、耐腐蚀、稳定安全等特性，因为具有这些特性，因而成为应用广泛的重要新材料。

2. 金属基复合材料是以金属为基体，以纤维、晶须、颗粒、薄片等为增强体的复合材料。

铝基复合材料（如碳纤维增强铝基复合材料）是应用最多、最广的一种。由于其具有良好的塑性和韧性，加之具有易加工性、工程稳定性和可靠性及价格低廉等优点，受到人们的广泛青睐。

镍基复合材料的耐高温性能优良，这种复合材料被用来制造高温下工作的零部件。镍基复合材料应用的一个重要目标，是希望用它来制造燃汽轮机的叶片，从而进一步提高燃汽机的工作温度，预计可达到1800℃以上。

钛基复合材料比其他结构材料具有更高的强度和刚度，有望满足更高速新型飞机对材料的要求。钛基复合材料的最大应用障碍是制备困难、成本高。

金属基复合材料的成型工艺以复合时金属基体的物态不同，可分为固相法和液相法。颗粒增强金属基复合材料成型通常采用粉末冶金法、铸造法、加压浸渍法、挤压或压延法。纤维增强金属基复合材料成型方法主要有扩散结合法、熔融金属渗透法、等离子喷涂法。

3．手糊成型法过程为以手工作业为主，把玻璃纤维织物和树脂交替地层铺在模具上，然后固化成型，脱模修整获得坯件或制品。

手糊工艺操作过程中注意事项：

用于手糊成型的布或毡，必须先进行表面处理，在使用前都不得沾上油，并且必须保持干燥。

增强材料应集中剪裁，以提高效率并节省材料，增强材料的搭接长度一般取 50 mm，在厚度要求严格时，可采取对接铺排，但要注意错缝。

树脂的黏度应合理，如果黏度太低，会发生胶水流动现象，影响质量；如果黏度太高，将导致涂胶困难。

铺糊前，检查模具是否漏涂，有胶衣层时，还需检查胶衣层是否凝胶（要软而不粘手）等。检查合格后，开始铺糊，要先刷胶，然后铺布，注意排出气泡，直到达到设计厚度。

涂刮时，用力从一端（或从中间向两端）把气泡赶净，使织物能紧密贴合，含胶量分布均匀。

对于嵌件的制品，金属嵌件必须经过酸洗、去油，保证和制品牢固粘结。

凝胶、固化到有一定强度时，可以用木制或铝制工具脱模，要防止将模具及制品划伤。

4．陶瓷基复合材料具有高强度、高韧性、优异的热稳定性和化学稳定性，是一类新型结构材料。

5．略。

## ■ 第 9 章

1．快速成型技术（RP）又称快速原型制造技术，突破了传统的制造方法，直接根据计算机辅助设计（CAD）模型，不使用机械加工设备就可快速制造形状复杂的零件，综合了 CAD 技术、数控技术、激光技术和材料技术等，是先进制造技术的重要组成部分。

按成型方法分可分为基于激光或其他光源的成型技术和基于喷射的成型技术两大类：前者包括光固化快速成型、叠层制造成型、选择性激光烧结成型等方法，后者包括熔融堆积成型工艺、三维印刷成型等。

2．由于快速成型技术的独特和高度柔性的制造原理及其在产品开发过程中所起的作用，已越来越受到制造厂商和科技界人士的重视，其应用也正从原型制造向最终产品制造方向发展。

3．分层实体制造又称为叠层制造成型，采用薄片材料，如纸、塑料薄膜等。片材表面事先涂一层热熔胶，并卷套在纸辊上，并跨过支承辊缠绕到收纸辊上。将需进行快速成型产品的三维图形输入计算机的成型系统，用切片软件进行切片处理，得到沿产品高度方向上的一系列横截面轮廓线。步进电机带动收纸辊转动，使纸卷向工作台方向移动一定距离。工作台上升与纸卷接触，热压辊滚压纸面，加热纸背面的热熔胶，并使这一层纸与前一层纸黏合。$CO_2$ 激光器发射的激光束跟踪零件的二维截面轮廓数据，进行切割，并将轮廓外的废纸余料切割出方形小格，以便呈现过程完成后易于剥离余料。每切割完一个截面，工作台连同被切出的轮廓层自动下降至一定高度，然后步进电机再次驱动收纸辊将纸移到第 2 个需要切割的截面，重复循环工作，直至形成由一层层横截面粘叠的立体纸样。然后剥离废纸小方块，即可得到性能似硬木或塑料的模样产品。

这种方法只需切割片材上截面轮廓，不用扫描整个截面，成型速度快，适于制造大型零件，成型时不需支撑装置。但零件精度不如光固化工艺高，设备复杂，成本较高。

4. 由于快速成型技术能够缩短产品开发周期、提高生产效率、改善产品质量、优化产品设计，因此得到了相关专业人士的极大重视，并在汽车、机械、航空航天、电子电器、医学、建筑、工业设计等领域的广泛应用，特别是新产品的开发、快速模具制造、医学仿生制造等领域。

### ■ 第 10 章

1. 合理选择材料成型方法不仅可以保证产品的质量，而且可以简化成型工艺，提高经济效益。因此，通常选择时必须考虑以下原则：

（1）满足使用性能的要求；

（2）适应成型工艺性要求；

（3）经济性原则；

（4）环保节能原则；

（5）利用新工艺、新技术、新材料。

2. 成型材料选择的原则：满足使用性能和材料的工艺性能，并简化制造工艺，降低成本。而材料的工艺性能决定成型方法及成型工艺的复杂程度，因此，成型材料选择与成型方法选择之间是相辅相成的，又互相制约的。

3. 略。

4. 齿轮、带轮、飞轮都为盘类零件，其中齿轮的功能为传递动力和运动，齿轮承担载荷较大，要求有一定强度和硬度；带轮通过皮带传递大距离运动轴之间的运动，通常载荷较小，运动速度不高；而飞轮主要功用为存储能力。根据他们的功用不同，齿轮的坯料要求组织致密，因此锻件更符合制造齿轮；而带轮通常结构稍微复杂，飞轮一般重量较大，所以铸件更符合要求。

5. 零件结构复杂，采用铸造、锻造等工艺难以整体成型时，需将零件分成不同部分，分别成型后焊接在一起。

6. 略。

7. 大批量生产条件下，阀体为内腔复杂零件，应使用机器造型砂型铸造方法。

8. 10 件为单件生产条件，数量较少，可采用自由锻造方法；

200 件为小批量生产条件，可采用自由锻造、胎模锻造方法；

10000 件为大批量生产条件，应采用模型锻造方法。

# 参 考 文 献

[1] 宋绪丁, 刘敏嘉. 工程材料及成型技术. 北京：人民交通出版社, 2003.

[2] 王文清, 李魁盛. 铸造工艺学. 北京：机械工业出版社, 1998.

[3] 吴诗惇. 冲压工艺学. 西安：西北工业大学出版社, 1994.

[4] 付宏生. 冷冲压成型工艺与模具设计制造. 北京：化学工业出版社, 2005.

[5] 芮树祥, 忻鼎乾. 焊接工工艺学. 哈尔滨：哈尔滨工程大学出版社, 2004.

[6] 李春峰. 特种成型与连接技术. 北京：高等教育出版社, 2005.

[7] 颜永年, 单忠德. 快速成型与铸造技术. 北京：机械工业出版社, 2004.

[8] 刘全坤. 材料成型基本原理. 北京：机械工业出版社, 2005.

[9] 沈其文. 材料成型工艺基础. 武汉：华中科技大学出版社, 2003.

[10] 任正义. 材料成型工艺基础. 哈尔滨：哈尔滨工程大学出版社, 2004.

[11] 翟封祥, 尹志华. 材料成型工艺基础. 哈尔滨：哈尔滨工业大学出版社, 2002.

[12] 陶冶. 材料成型技术基础. 北京：机械工业出版社, 2002.

[13] 齐克敏, 丁桦. 材料成型工艺学. 北京：冶金工业出版社, 2006.

[14] 韩建民. 材料成型工艺技术基础. 北京：中国铁道出版社, 2002.

[15] 王盘鑫. 粉末冶金学. 北京：冶金工业出版社, 2003.

[16] 张华诚. 粉末冶金使用工艺学. 北京：冶金工业出版社, 2004.

[17] 刘军, 佘正国. 粉末冶金与陶瓷成型技术. 北京：化学工业出版社, 2005.

[18] 陈剑鹤. 模具设计基础. 北京：机械工业出版社, 2003.

[19] 王明华, 徐端钧, 周永秋, 等. 普通化学. 5 版. 北京：高等教育出版社, 2002.

[20] 孙康宁. 现代工程材料成型与机械制造基础. 北京：高等教育出版社, 2005.

[21] 胡城立, 朱敏. 材料成型基础. 武汉：武汉理工大学出版社, 2001.

[22] 张荣清. 模具设计与制造. 北京：高等教育出版社, 2003.

[23] 邓明. 材料成型新技术及模具. 北京：化学工业出版社, 2005.

[24] 杨继全, 朱玉芳. 先进制造技术. 北京：化学工业出版社, 2004.

[25] 颜永年. 先进制造技术. 北京：化学工业出版社, 2002.

[26] 李梦群, 庞学慧, 吴伏家. 先进制造技术. 北京：中国科学技术出版社, 2005.

[27] 杨继全, 徐国财. 快速成型技术. 北京：化学工业出版社, 2006.

[28] 郭戈, 颜旭涛, 唐果林. 快速成型技术. 北京：化学工业出版社, 2005.

[29] 刘延林. 柔性制造自动化概论. 武汉：华中科技大学出版社, 2003.